JN236683

Visual Guide Book

How-nual 図解入門

よくわかる
物理数学
— PHYSICAL MATHEMATICS —
の基本と仕組み

物理、工学のための数学入門

国立東京工業高等専門学校教授
理学博士 **潮 秀樹** 著

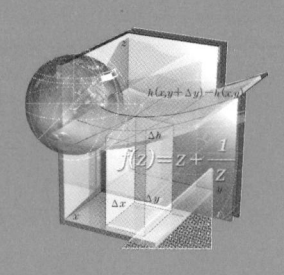

秀和システム

●注意
(1) 本書は著者が独自に調査した結果を出版したものです。
(2) 本書は内容について万全を期して作成いたしましたが、万一、ご不審な点や誤り、記載漏れなどお気付きの点がありましたら、出版元まで書面にてご連絡ください。
(3) 本書の内容に関して運用した結果の影響については、上記(2)項にかかわらず責任を負いかねます。あらかじめご了承ください。
(4) 本書の全部または一部について、出版元から文書による承諾を得ずに複製することは禁じられています。
(5) 本書に記載されているホームページのアドレスなどは、予告なく変更されることがあります。
(6) 商標
本書に記載されている会社名、商品名などは一般に各社の商標または登録商標です。

まえがき

　数学者以外の人が数学を学ぶ目的は、物理学や工学のためのスキルとして数学を使うことです。ところが、現在の数学の標準的な教授法は数学者のためのものです。現在の標準的な数学の教授法は目的となる定理を証明するための定理や、定理を証明するための系の証明から始まって、最後に目的とする定理の証明で終わります。学習をしているあいだ、どういう目的で学ぶのか知らされないまま多くの系や定理の証明を学び続けます。受験により強制される高校生はさておき、受験という強制力のない大学生の場合、素晴らしい数学の素質と忍耐力をもった少数の人だけが最後の定理にたどり着けます。しかも、最後の定理にたどり着いても、それだけではその定理をどう使うのかはわかりません。「証明は理解した。計算もできる。しかし、物理法則や工学の法則を記述する数学の式が何を意味しているのか理解できない」という状態です。これでは、数学の嫌いな大学生、数学をスキルとして使うことのできない大学生が増えていくばかりです。

　本書では、どういう目的で数学が考え出されたかということから出発して、あたりまえと感じられることの証明は省略し、全体の筋道を俯瞰しながら必要な定理や公式を学びます。公式を学ぶはじめの時点から、公式が何に使われるか、何のために学ぶのかといったことを理解した上で学習することは、興味を持続させることができるだけでなく、公式を学んだその時点で既に数学の公式をスキルとして使う力がついています。この方法が興味をもって数学を学ぶための最良の方法であり、同時に、スキルとして数学を使いこなせるようになるための唯一の方法であると信じています。

　本書には、物理を学ぶ学生にとっても工学の各分野を学ぶ学生にとっても必要十分な内容を盛り込むことができたと自負しています。本書を読まれたあとで、「行列はこんな意味をもつのか」、「行列式の意味がはじめてわかった」、「微分積分の意味がわかったから、応用するのはなんでもない」……と感じていただけることを願っています。

2004年2月

著者

よくわかる
図解入門　物理数学の基本と仕組み
CONTENTS

はじめに

第1章　ベクトルと行列

1-1　なぜベクトルの内積と外積を考えるのか ……………………………… 10
　　　ベクトルと成分
　　　ベクトルの内積は何を表すためのものか
　　　ベクトルの外積は何を表すためのものか
　　　内積と外積は「積」である
　　　成分で表した内積と外積

1-2　なぜ行列を考えるのか？　座標の回転との関係 ……………………… 18
　　　座標の回転を表す行列
　　　行列とベクトルの積
　　　連立方程式と行列

1-3　なぜ奇妙な行列演算規則が生まれたのか …………………………… 21
　　　平面内での回転と2行2列の行列の積
　　　n行n列の行列の積とその計算規則

1-4　逆行列の意味 ……………………………………………………………… 24
　　　平面内での回転と2行2列の行列の逆行列
　　　n行n列の場合の逆行列

1-5　逆行列の計算と行列式 …………………………………………………… 27
　　　2行2列の行列の行列式
　　　2行2列の行列の逆行列
　　　n行n列の場合の行列式
　　　n行n列の行列の逆行列
　　　2行2列の行列式と3行3列の行列式の覚え方

1-6　固有値と固有ベクトルの意味 …………………………………………… 35
　　　2行2列の行列の場合
　　　3行3列の行列の場合
　　　一般の行列の場合

第2章 微分と積分

- 2-1 なぜ微分を考えるのか―微分の意味― ……………………………… 48
  - 一階微分と導関数
  - 物理に現れるいろいろな微分
  - 微分を分数として考える
  - 二階微分と高階微分
- 2-2 偏微分の意味 ……………………………………………………………… 55
  - 偏微分
  - 全微分
  - 二階偏微分
  - 二階微分
  - 高階偏微分
- 2-3 ベクトルの微分と極座標 ……………………………………………… 61
  - ベクトルの微分
  - 成分を使ったベクトルの微分
  - 極座標を使ったベクトルの微分
- 2-4 なぜ積分を考えるのか―積分の意味― ……………………………… 67
  - 定積分と定積分の物理的な意味
  - 不定積分
  - 微分と積分の主な公式
- 2-5 線積分、面積分、体積積分の意味 …………………………………… 76
  - 線積分
  - 面積分
  - 体積積分
- 2-6 数値積分 …………………………………………………………………… 87
  - 数値積分の考え方
  - 人工衛星運動の数値計算による解
- 2-7 曲線座標による面積分と体積積分 …………………………………… 92
  - 曲線座標による面積分
  - 曲線座標による体積積分
- 2-8 微分方程式 ………………………………………………………………… 98
  - 直接積分型微分方程式（放物運動など）
  - 変数分離型微分方程式
  - 線形二階微分方程式（共振回路バネの振動）
  - 極座標の利用

第3章 ベクトル解析

- 3-1 勾配（grad） ……………………………………………………………… 114
  - 偏微分と勾配（grad）の定義
  - 勾配（grad）の方向
  - 勾配（grad）の大きさ
  - 山の傾斜の計算例
  - 勾配（grad）の例（電場）

- 3-2 発散（div） ………………………………………………………………… 121
  - ベクトル場の例（速度場）
  - 発散（div）の定義
  - 発散の計算例
  - 微小体積における湧き出す水の量
  - 曲線座標で考える発散
  - 電場における発散

- 3-3 回転（rot） ………………………………………………………………… 131
  - 回転（rot）の定義
  - 回転（rot）の意味
  - 保存力と回転（rot）の関係
  - 微小面積での積分と回転（rot）

- 3-4 便利な記号ナブラ（∇） ………………………………………………… 135
  - ナブラの定義と勾配、発散、回転
  - ナブラを使った公式

- 3-5 ガウスの定理 ……………………………………………………………… 139
  - ガウスの定理の導出
  - ガウスの定理の意味
  - ガウスの法則
  - ガウスの法則の使用例

- 3-6 ストークスの定理 ………………………………………………………… 148
  - ストークスの定理の導出式
  - ストークスの定理の意味
  - アンペールの法則
  - アンペールの法則の使用例

第4章 複素関数論

- 4-1 テーラー級数 …………………………………………………………… 154
  - 空気抵抗
  - テーラー級数の公式
  - 主要な関数のテーラー級数

- 4-2 複素関数 …………………………………………………………… 157
  - 複素平面
  - 複素関数の例（指数関数）
  - 交流回路における複素指数関数の応用
  - 写像

- 4-3 複素関数の微分と正則関数 …………………………………………………………… 173
  - 複素関数の微分
  - 正則関数の写像
  - 等角写像の応用
  - べき級数と項別微分

- 4-4 コーシー・リーマンの微分方程式 …………………………………………………………… 180
  - 図で見るコーシー・リーマンの微分方程式
  - コーシー・リーマンの微分方程式の導出
  - コーシー・リーマンの微分方程式と二次元での電位

- 4-5 複素関数の積分 …………………………………………………………… 184
  - 複素関数の積分
  - 原始関数

- 4-6 コーシーの積分定理とコーシーの積分公式 …………………………………………………………… 186
  - コーシーの積分定理
  - コーシーの積分公式
  - 正則関数は無限回微分可能
  - テーラー級数

- 4-7 留数とその応用 …………………………………………………………… 196
  - 留数の定理
  - 留数を使った定積分の計算

第5章 変分法

- 5-1 変分法はどのようなときに必要か …………………………………………………………… 204
  - 2点を結ぶ最短曲線と変分

変分の意味と方法
変分の直接的な方法
変分問題の例

5-2 オイラーの微分方程式と例 …………………………………… 212
オイラーの微分方程式
オイラーの微分方程式の使用例

5-3 解析力学への応用 ……………………………………………… 219
デカルト座標での運動方程式と最小作用の原理
最小作用の原理とラグランジュの運動方程式
ラグランジュの運動方程式の例
ハミルトニアンと正準方程式

5-4 ラグランジュの未定係数法と応用 …………………………… 234
条件付最大値を求める簡単な例
ラグランジュの未定係数法
ラグランジュの未定係数法の応用

第6章 関数空間

6-1 ベクトル空間と関数空間 ……………………………………… 248
ベクトル空間
関数空間
内積とユークリッドベクトル空間

6-2 フーリエ級数とフーリエ積分 ………………………………… 253
フーリエ級数
フーリエ級数展開の計算
フーリエ積分

6-3 演算子 …………………………………………………………… 262
ベクトル空間の演算子
関数空間の演算子
量子力学への応用例

6-4 線形常微分方程式 ……………………………………………… 273
同次方程式の場合
非同次方程式の特解
ラプラス変換と演算子法

索　引 ……………………………………………………………………… 283

第1章

ベクトルと行列

　位置、変位（位置の移動）、速度、加速度、力、磁場、電場など多くの大切な物理量は方向と大きさをもった量です。これらはベクトルと呼ばれます。行列は回転を表したり連立方程式を記述するのに便利なものとして導入しますが、その他いろいろなところで使われる大切なものです。歪みテンソル、応力テンソルを記述するときにも使いますし、誘電率テンソルを使って複屈折を調べたりするときにも有効です。固体物理で、ブリルアンゾーンやエネルギーバンドを考えるときに利用する対称性の考察にも必要不可欠なものです。

　この章では、回転、連立方程式、力学の問題などと関連させながら、ベクトルと行列の学習をしましょう。具体的には、ベクトルと行列の積、行列と行列の積、逆行列、逆行列が存在するかどうかを判別するための式である行列式、固有値、固有ベクトルなどを学びます。それぞれの概念のもつ意味を理解することができるとともに、どのようなときにどのようにして応用していけばよいのかがわかるでしょう。それが、スキルとしてベクトルと行列を使いこなすことにつながります。

1-1 なぜベクトルの内積と外積を考えるのか

　まず最初に、物理でよく使われるベクトルについて復習し、ベクトルの演算、内積*、外積*がどのようにして定義されたのか考えてみましょう。内積は仕事、電位などを表すときに使われ、相手ベクトル方向の成分が効いてきます。外積は力のモーメント、磁場中の電流に働く力を記述するときに使われ、相手ベクトルと垂直方向の成分が効いてきます。

▶▶ ベクトルと成分

　力は、力の大きさだけではなく、どの方向に力が働いているかが大切です。図1.1.1 のように F_1、F_2という二つの力が働くとき、合わせた力が F になることは実験でよく確かめられています。このような場合 $F = F_1 + F_2$ と書き、F_1、F_2、F のような量を**ベクトル***といいます。ベクトルは力、位置の変化を表す変位、速度などを記述するときに使われます。**力**、**変位**、**速度**、**加速度**、**電場**、**磁場**などはいずれも方向と大きさをもち、同じ性質を示します。これらを総称してベクトルと呼びます。

　ベクトルは**成分**を使って、次のように書かれます。

$$F = \begin{pmatrix} F_x \\ F_y \end{pmatrix} \quad\quad\quad (1.1.1)$$

図1.1.1：二つの力ベクトルの和

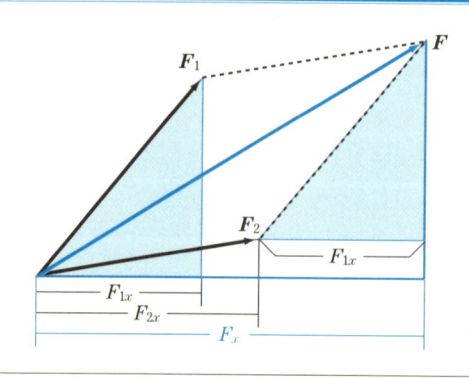

力ベクトルF_1とF_2の和はFとなります

---

*　**内積**　ベクトルとベクトルからスカラーを作り出す積。**スカラー積**とも呼ばれる。
*　**外積**　ベクトルとベクトルからベクトルを作り出す積。**ベクトル積**とも呼ばれる。
*　**ベクトル**　英語ではvectorと書く。

1-1 なぜベクトルの内積と外積を考えるのか

図1.1.1からわかるように、ベクトルの成分は次の式を満たしています。

$$\begin{pmatrix} F_{1x} \\ F_{1y} \end{pmatrix} + \begin{pmatrix} F_{2x} \\ F_{2y} \end{pmatrix} = \begin{pmatrix} F_{1x}+F_{2x} \\ F_{1y}+F_{2y} \end{pmatrix} \tag{1.1.2}$$

この式は、x成分がF_{1x}、F_{2x}である二つのベクトルの和はx成分が$F_{1x}+F_{2x}$であることを表しています。

変位（移動を表す量）も、移動する距離だけではなく、移動する方向が大切です。図1.1.2に示したように、点Aから点Bへの変位$\Delta \boldsymbol{r}_1$と点Bから点Cへの変位$\Delta \boldsymbol{r}_2$の和は点Aから点Cへの変位$\Delta \boldsymbol{r}$[*]になりますが、この関係は力ベクトルの場合とまったく同じです。

図1.1.2：二つの変位ベクトルの和

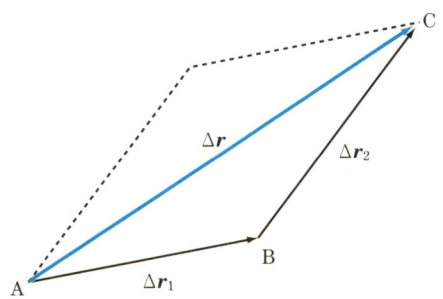

変位ベクトル$\Delta \boldsymbol{r}_1$と$\Delta \boldsymbol{r}_2$の和は$\Delta \boldsymbol{r}$となります

▶▶ ベクトルの内積は何を表すためのものか

仕事を例にとって**内積**を考えましょう。物体に力が働いて物体が力の方向に動いたとき、力のする**仕事**は力の大きさと変位の大きさ（動いた距離）の積で表されることはよく知られています。次ページの図1.1.3のように物体に加わった力$\boldsymbol{F}$と物体の変位$\Delta \boldsymbol{r}$の方向が異なるときは、力$\boldsymbol{F}$のする仕事は変位方向の力$\boldsymbol{F}_2$のする仕事と変位に垂直方向の力$\boldsymbol{F}_1$のする仕事の和になると考えることができます。

---

[*] 変位$\Delta \boldsymbol{r}$　点Aの位置を表すベクトル$\boldsymbol{r}_A$と点Cの位置を表すベクトル$\boldsymbol{r}_C$の差が点Aから点Cへの変位であるため、変位は$\Delta \boldsymbol{r}$のように表される。

1-1 なぜベクトルの内積と外積を考えるのか

> **図1.1.3：力と変位の方向が異なるときの仕事**

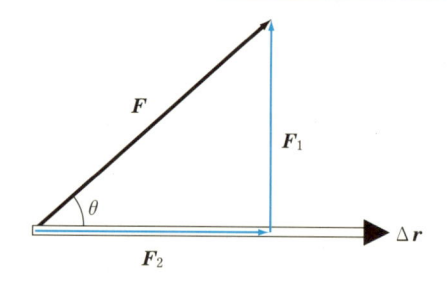

力Fが働いてΔr変位したときの仕事は $|F_2||\Delta r|=|F||\Delta r|\cos\theta$

変位に垂直方向の力F_1のする仕事はゼロ*ですから、変位方向の力の大きさ$|F_2|$と変位の大きさ$|\Delta r|$の積が仕事になります（記号$|F_2|$でベクトルF_2の大きさをあらわします）。力Fと変位Δrのあいだの角度θを使って、仕事Wを次のように表すこともできます。

$$W=|F||\Delta r|\cos\theta \qquad (1.1.3)$$

このような量は物理ではしばしば現れます。そこで、$|F||\Delta r|\cos\theta$ をベクトルの**内積**と呼び、$F\cdot\Delta r$と書くことにします。

▶▶ ベクトルの外積は何を表すためのものか

ベクトルの**外積**は力のモーメント、磁場中で電流に働く力などを表すときに使われます。ここでは、力のモーメントを例にとって考えましょう。図1.1.4のようにシーソーに力が加わったとき、回転するかどうかを決めるのはr_1F_1とr_2F_2の大きさで決まるということはよく知られています。つまり、回転させようとする働き（回転における力みたいなもの）は力の大きさと回転軸までの距離の積になります。これを**力のモーメント**（の大きさ）といいます。

---

*仕事はゼロ　月には地球の重力が働いているが月の速さは変わらない。それは、地球の重力が月の移動方向と垂直であるため仕事をしないから。

1-1 なぜベクトルの内積と外積を考えるのか

図1.1.4：回転における二つの力の働き

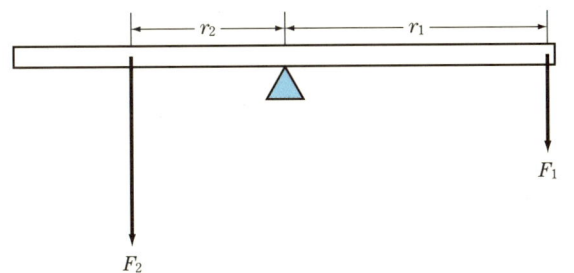

二つの力が釣り合って回転しなくなるのは$F_1 r_1 = F_2 r_2$のときです
このとき、回転における二つの力の働きは等しいということができます

　図1.1.5のように、斜めに力が加わったとき、力Fの力のモーメントは力F_1の力のモーメントと力F_2の力のモーメントの和になります。一方、力F_1は、回転を引き起こす働きがありませんから、力のモーメントがゼロです。

図1.1.5：斜めに働く力の力のモーメント

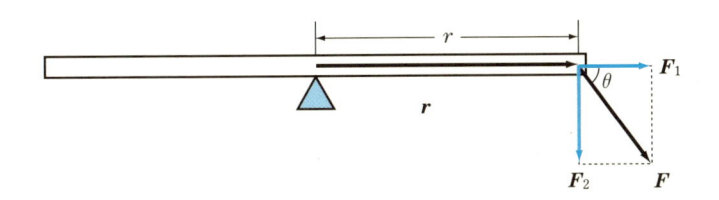

力Fが斜めに働いているとき、回転という観点からいえば、力F_2と同じ働きです
そのため、力のモーメントの大きさは$|F| r \sin\theta$です

　力Fの力のモーメントNは力F_2の力のモーメント$|r||F_2|$と等しくなり、次式で与えられます。

$$N = |r||F|\sin\theta \qquad (1.1.4)$$

　ところで、図1.1.6を見てください。力F_1はz方向の、力F_2はx方向の力です。力の大きさが同じFであるとすれば、力のモーメントの大きさも同じですが、この二つの力は異なった回転を引き起こします。一方はx軸の周りの回転を、他方はz軸の周りの回転を引き起こします。この二つの力の「回転を引き起こす働き」は異なって

1-1 なぜベクトルの内積と外積を考えるのか

いるということができます。つまり、力のモーメントは（回転軸の）方向と（力のモーメントの）大きさによって表せる量ということができます。図1.1.6の例では、力F_1は（回転軸の方向が）x方向であり、大きさが$|r||F_1|$である力のモーメントということができます。一方、力F_2は（回転軸の方向が）「$-z$方向」であり大きさが$|r||F_2|$である力のモーメントということができます。力のモーメントは方向と大きさをもつことがわかりました。言い換えれば、力のモーメントはベクトルであることがわかりました。

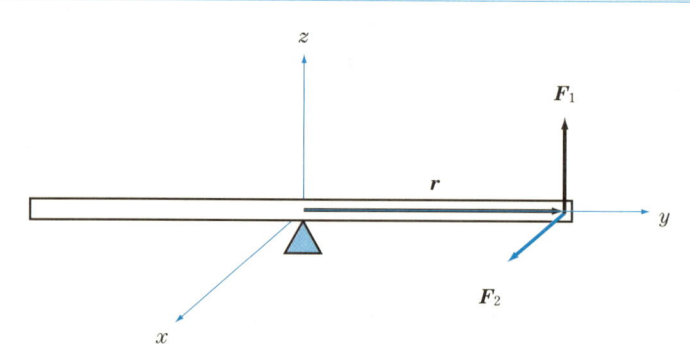

図1.1.6：モーメントの大きさは等しいが方向は異なる二つの力

なお、引き起こされる回転の方向に右ねじを回したとき、右ねじが進む向きを回転軸の方向ということにします（ですから、F_2による力のモーメントは「$-z$方向」です）。逆向きの回転は、逆向きを向いた回転軸をもつというわけです。図1.1.5の場合、力Fの力のモーメントベクトルNは「$-z$方向」を向き、大きさが$|r||F|\sin\theta$ということになります。このようなベクトルを以下の式で表し、二つのベクトルの**外積**と呼びます。

$$N = r \times F \tag{1.1.5}$$

このようにベクトルAとBの外積$A \times B$は図1.1.7に示したように、二つのベクトルに直交し、右ねじの進む向きを向いています。外積$A \times B$の大きさは、$|A||B|\sin\theta$です。もちろん、$B \times A$は$A \times B$とは逆向きを向くベクトルです。

磁場Hの中で速度vで運動する電荷qに働く**ローレンツ力F**も外積を使って表すことができます。真空の透磁率をμ_0として、$F = q\mu_0 v \times H$と表されます。

1-1　なぜベクトルの内積と外積を考えるのか

図1.1.7：右ねじとベクトル積の方向

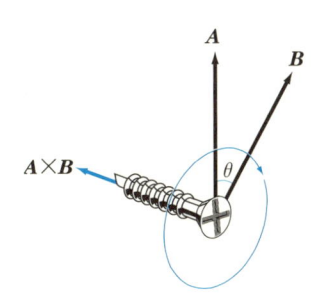

内積と外積は「積」である

「内積と外積は"積"である」とはちょっと変な表現ですが、言いたいことは、内積と外積も通常の積と同じように分配の法則の式 (1.1.6)、(1.1.7) を満たす「積」であるということです。

$$(a+b)c = ac + bc \tag{1.1.6}$$
$$a(b+c) = ab + ac \tag{1.1.7}$$

分配の法則は通常の数（**スカラー**と呼ぶことにしましょう）ならば当然のこととして活用している関係式ですが、ベクトルの内積であっても外積であっても、そしてスカラーとベクトルの積であっても成り立っています。具体例を書くと次のとおりです。

$$(\boldsymbol{A}+\boldsymbol{B})c = \boldsymbol{A}c + \boldsymbol{B}c \tag{1.1.8}$$
$$(\boldsymbol{A}+\boldsymbol{B}) \cdot \boldsymbol{C} = \boldsymbol{A} \cdot \boldsymbol{C} + \boldsymbol{B} \cdot \boldsymbol{C} \tag{1.1.9}$$
$$(\boldsymbol{A}+\boldsymbol{B}) \times \boldsymbol{C} = \boldsymbol{A} \times \boldsymbol{C} + \boldsymbol{B} \times \boldsymbol{C} \tag{1.1.10}$$

分配の法則を適用する場合、外積の場合は積の順番を変えてはならないことに注意する必要があります。積の順番を変えると符号が変わります。

成分で表した内積と外積

ここでx方向の単位長さのベクトルを$\boldsymbol{i}$、y方向の単位長さのベクトルを$\boldsymbol{j}$、z方向の単位長さのベクトルを$\boldsymbol{k}$と書くことにしましょう。次ページの図1.1.8からわかるように、ベクトル$\boldsymbol{A}$は成分A_x、A_y、A_zを使って次のように書き表せます。

$$\boldsymbol{A} = A_x \boldsymbol{i} + A_y \boldsymbol{j} + A_z \boldsymbol{k} \tag{1.1.11}$$

1-1 なぜベクトルの内積と外積を考えるのか

> **図1.1.8：x、y、z方向の単位ベクトルi、j、kによるベクトルAの表し方**

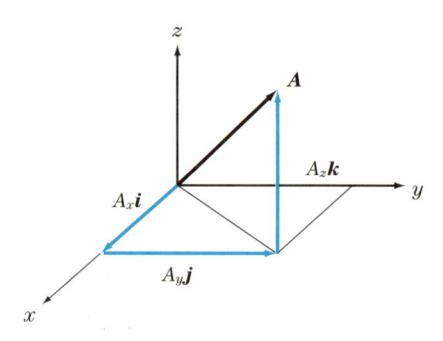

この表し方と分配の法則を使って、内積と外積を成分で表してみましょう。その際、定義からすぐに導かれるi、j、kの内積に関する次の関係と外積に関する次の関係を使います。

● 内積に関する関係

$i \cdot i = 1$
$j \cdot j = 1$
$k \cdot k = 1$
$i \cdot j = 0$
$j \cdot k = 0$
$k \cdot i = 0$ 　　　　　　　　　　　　　　　　　　　(1.1.12)

● 外積に関する関係

$i \times i = 0$
$j \times j = 0$
$k \times k = 0$
$i \times j = k$
$j \times k = i$
$k \times i = j$ 　　　　　　　　　　　　　　　　　　　(1.1.13)

最後の式から$i \times k = -j$が導かれることは言うまでもないでしょう。

1-1 なぜベクトルの内積と外積を考えるのか

まず、**内積**を成分で表してみましょう。

$$\begin{aligned}
\boldsymbol{A}\cdot\boldsymbol{B} &= (A_x\boldsymbol{i}+A_y\boldsymbol{j}+A_z\boldsymbol{k})\cdot(B_x\boldsymbol{i}+B_y\boldsymbol{j}+B_z\boldsymbol{k}) \\
&= A_xB_x\boldsymbol{i}\cdot\boldsymbol{i}+A_xB_y\boldsymbol{i}\cdot\boldsymbol{j}+A_xB_z\boldsymbol{i}\cdot\boldsymbol{k} \\
&\quad +A_yB_x\boldsymbol{j}\cdot\boldsymbol{i}+A_yB_y\boldsymbol{j}\cdot\boldsymbol{j}+A_yB_z\boldsymbol{j}\cdot\boldsymbol{k} \\
&\quad +A_zB_x\boldsymbol{k}\cdot\boldsymbol{i}+A_zB_y\boldsymbol{k}\cdot\boldsymbol{j}+A_zB_z\boldsymbol{k}\cdot\boldsymbol{k} \\
&= A_xB_x+A_yB_y+A_zB_z
\end{aligned} \quad (1.1.14)$$

ここで、$\boldsymbol{i}\cdot\boldsymbol{i}=1$ などを使いました。成分を並べてベクトルを表す方法でこの結果を書き直すと次のようになります。

$$\begin{aligned}
\boldsymbol{A}\cdot\boldsymbol{B} &= (A_x\ A_y\ A_z)\begin{pmatrix}B_x \\ B_y \\ B_z\end{pmatrix} \\
&= A_xB_x+A_yB_y+A_zB_z
\end{aligned} \quad (1.1.15)$$

前にあるベクトルを横に並べて書き、後ろにあるベクトルを縦に並べて書くのは、次の節で学ぶ行列の書き方に倣ったものです。

次に、外積を計算しましょう。

$$\begin{aligned}
\boldsymbol{A}\times\boldsymbol{B} &= (A_x\boldsymbol{i}+A_y\boldsymbol{j}+A_z\boldsymbol{k})\times(B_x\boldsymbol{i}+B_y\boldsymbol{j}+B_z\boldsymbol{k}) \\
&= A_xB_x\boldsymbol{i}\times\boldsymbol{i}+A_xB_y\boldsymbol{i}\times\boldsymbol{j}+A_xB_z\boldsymbol{i}\times\boldsymbol{k} \\
&\quad +A_yB_x\boldsymbol{j}\times\boldsymbol{i}+A_yB_y\boldsymbol{j}\times\boldsymbol{j}+A_yB_z\boldsymbol{j}\times\boldsymbol{k} \\
&\quad +A_zB_x\boldsymbol{k}\times\boldsymbol{i}+A_zB_y\boldsymbol{k}\times\boldsymbol{j}+A_zB_z\boldsymbol{k}\times\boldsymbol{k} \\
&= (A_yB_z-A_zB_y)\boldsymbol{i}+(A_zB_x-A_xB_z)\boldsymbol{j} \\
&\quad +(A_xB_y-A_yB_x)\boldsymbol{k}
\end{aligned} \quad (1.1.16)$$

ここで、$\boldsymbol{i}\times\boldsymbol{i}=0$、$\boldsymbol{i}\times\boldsymbol{j}=\boldsymbol{k}$ などを使いました。次の節で学ぶ行列式を使うと、**外積**は次のような単純な形に書くことができます。

$$\boldsymbol{A}\times\boldsymbol{B} = \begin{vmatrix} \boldsymbol{i} & \boldsymbol{j} & \boldsymbol{k} \\ A_x & A_y & A_z \\ B_x & B_y & B_z \end{vmatrix} \quad (1.1.17)$$

1-2
なぜ行列を考えるのか？座標の回転との関係

　回転を表すのに便利なものとして行列*があります。行列は連立方程式を表すにも便利です。物理の分野では、結晶の誘電率テンソル、応力テンソル、歪みテンソルをなど表すのに使われるとともに、量子力学の理解と応用のためになくてはならないツールです。

　この節では、座標の回転を行列で表すことができること、行列とベクトルの積、連立方程式も行列で表すと便利であることなどを学んでいきましょう。

▶▶ 座標の回転を表す行列

　平面内での座標の回転を考えましょう。図1.2.1のように座標軸を回転した場合、元の座標系での点Pの座標 (x, y) と新しい座標系での点Pの座標 (x', y') のあいだにどのような関係があるか計算してみましょう。

図1.2.1：座標軸の回転による座標の変換

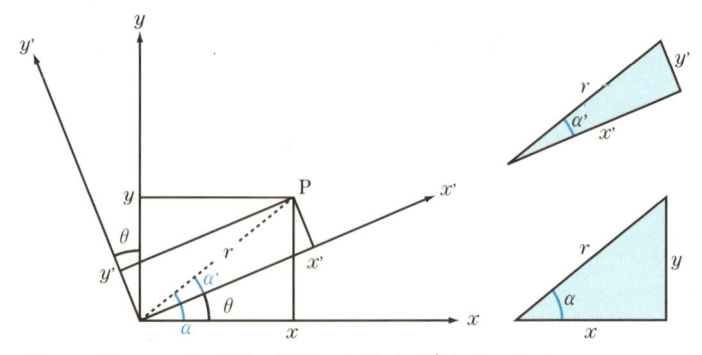

この計算の過程で、三角関数に対する加法定理*を用います。

$$x' = r\cos\alpha' = r\cos(\alpha - \theta)$$
$$= r\cos\alpha\cos\theta + r\sin\alpha\sin\theta$$
$$= x\cos\theta + y\sin\theta \qquad (1.2.1)$$

---

* 行列　　英語ではmatrixと書く。
* 加法定理　加法定理は次の二つの式。
　　　　　$\cos(\alpha+\beta) = \cos\alpha\cos\beta - \sin\alpha\sin\beta$
　　　　　$\sin(\alpha+\beta) = \sin\alpha\cos\beta + \cos\alpha\sin\beta$

1-2 なぜ行列を考えるのか？ 座標の回転との関係

$$y' = r\sin\alpha' = r\sin(\alpha - \theta)$$
$$= r\sin\alpha\cos\theta - r\cos\alpha\sin\theta$$
$$= y\cos\theta - x\sin\theta \tag{1.2.2}$$

整理して書き直すと次のようになります。

$$x' = \cos\theta\ x + \sin\theta\ y$$
$$y' = -\sin\theta\ x + \cos\theta\ y \tag{1.2.3}$$

座標軸を θ 回転すると座標がどう変換されるかは、4つの係数によって表されています。4つの係数を並べてみましょう。

$$\begin{pmatrix} \cos\theta & \sin\theta \\ -\sin\theta & \cos\theta \end{pmatrix} \tag{1.2.4}$$

これが、座標がどう変換されるかを表すものです。行と列の形で係数が並んでいるので**行列**といいます。

▶▶ 行列とベクトルの積

関数について思い出してみましょう。関数 f が x を x^2 に対応させるものであるとき、$f(x) = x^2$ と書きました。式（1.2.4）の行列が座標 (x, y) を式（1.2.3）で表される回転した座標に対応させるものであることを、関数の場合に習った形で書いてみましょう。

$$\begin{pmatrix} \cos\theta & \sin\theta \\ -\sin\theta & \cos\theta \end{pmatrix} \begin{pmatrix} x \\ y \end{pmatrix} = \begin{pmatrix} \cos\theta\ x + \sin\theta\ y \\ -\sin\theta\ x + \cos\theta\ y \end{pmatrix} \tag{1.2.5}$$

行列が、第1行目の成分が x で第2行目の成分が y であるベクトルを、第1行目の成分が $\cos\theta\ x + \sin\theta\ y$ で、第2行目の成分が $-\sin\theta\ x + \cos\theta\ y$ であるベクトルに対応させているということもできます。行列によって作り出されるベクトルの第1行目の成分は行列の第1行とベクトルの内積になっています。

つまり、第1行目の成分は

$$(\cos\theta\ \ \sin\theta) \begin{pmatrix} x \\ y \end{pmatrix}$$

となり、第2行目の成分は、

$$(-\sin\theta\ \ \cos\theta) \begin{pmatrix} x \\ y \end{pmatrix}$$

となります。

1-2 なぜ行列を考えるのか？　座標の回転との関係

座標軸を**回転**させたときの座標変換は、行列を使って次のように書き表すことができるわけです。

$$\begin{pmatrix} x' \\ y' \end{pmatrix} = \begin{pmatrix} \cos\theta & \sin\theta \\ -\sin\theta & \cos\theta \end{pmatrix} \begin{pmatrix} x \\ y \end{pmatrix} \qquad (1.2.6)$$

式（1.2.5）の計算規則は分配の法則を満たしているので、式（1.2.5）の左辺は**行列とベクトルの積**ということもできます。もちろん、ベクトルの外積の場合と同様、積の順番を入れ替えるとまったく別なものになってしまいます。

▶▶ 連立方程式と行列

ここまで、回転を表すのに便利なものとして行列を紹介してきました。行列はほかにもいろいろな使い方があります。連立方程式を記述することもできます。例えば、次のような連立方程式を行列を使って記述するにはどうしたらよいでしょう。

$$\begin{array}{c} a_{11}x_1 + a_{12}x_2 + \cdots + a_{1n}x_n = b_1 \\ \vdots \qquad \vdots \qquad \qquad \vdots \quad \vdots \\ a_{n1}x_1 + a_{n2}x_2 + \cdots + a_{nn}x_n = b_n \end{array} \qquad (1.2.7)$$

先に学んだ行列とベクトルの積に関する計算規則に従えば、次の式が上記の**連立方程式**を表していることが容易に理解できます。

$$\begin{pmatrix} a_{11} & a_{12} & \cdots & a_{1n} \\ \vdots & \vdots & \ddots & \vdots \\ a_{n1} & a_{n2} & \cdots & a_{nn} \end{pmatrix} \begin{pmatrix} x_1 \\ \vdots \\ x_n \end{pmatrix} = \begin{pmatrix} b_1 \\ \vdots \\ b_n \end{pmatrix} \qquad (1.2.8)$$

1-3
なぜ奇妙な行列演算規則が生まれたのか

　行列と行列の積の計算規則は初めて学ぶ人にとって、とても奇妙に思えます。しかし、このような計算規則にも理由があるのです。この節では、回転を考えることによって、2行2列の行列の積に関する計算規則を学び、次にそれを一般化してn行n列の行列の積に関する計算規則を学びましょう。

▶▶ 平面内での回転と2行2列の行列の積

　この節では行列と行列の積について考えてみましょう。座標軸をθ回転することを表す行列Aと座標軸をθ'回転することを表す行列Bはそれぞれ次のように表されます。

$$A = \begin{pmatrix} \cos\theta & \sin\theta \\ -\sin\theta & \cos\theta \end{pmatrix} \tag{1.3.1}$$

$$B = \begin{pmatrix} \cos\theta' & \sin\theta' \\ -\sin\theta' & \cos\theta' \end{pmatrix} \tag{1.3.2}$$

そして、座標軸をθ回転して得られる座標は次の式によって得ることができます。

$$\begin{pmatrix} x' \\ y' \end{pmatrix} = A \begin{pmatrix} x \\ y \end{pmatrix} \tag{1.3.3}$$

それでは、座標軸をθ回転したあと、さらに座標軸をθ'回転して得られる座標はどうなるのでしょう。式（1.3.3）で得られたベクトルをさらに行列Bで変換すればよいのですから、次式で表されます。

$$\begin{pmatrix} x'' \\ y'' \end{pmatrix} = B \left(A \begin{pmatrix} x \\ y \end{pmatrix} \right) \tag{1.3.4}$$

ところで、積というからには結合の法則を満たしていなければならないでしょう。そうすると、以下のようでなければなりません。

$$\begin{pmatrix} x'' \\ y'' \end{pmatrix} = (BA) \begin{pmatrix} x \\ y \end{pmatrix} \tag{1.3.5}$$

1-3 なぜ奇妙な行列演算規則が生まれたのか

一方、この左辺のベクトルは座標軸を $\theta + \theta'$ 回転して得られる座標ですから、次の式で与えられます。

$$\begin{pmatrix} x'' \\ y'' \end{pmatrix} = \begin{pmatrix} \cos(\theta+\theta') & \sin(\theta+\theta') \\ -\sin(\theta+\theta') & \cos(\theta+\theta') \end{pmatrix} \begin{pmatrix} x \\ y \end{pmatrix} \qquad (1.3.6)$$

式(1.3.5)と式(1.3.6)より、行列 A と B の積は次のようになります。

$$BA = \begin{pmatrix} \cos(\theta+\theta') & \sin(\theta+\theta') \\ -\sin(\theta+\theta') & \cos(\theta+\theta') \end{pmatrix}$$

$$= \begin{pmatrix} \cos\theta\cos\theta' - \sin\theta\sin\theta' & \sin\theta\cos\theta' + \cos\theta\sin\theta' \\ -\sin\theta\cos\theta' - \cos\theta\sin\theta' & -\sin\theta\sin\theta' + \cos\theta\cos\theta' \end{pmatrix} \quad (1.3.7)$$

行列 A、B の行列要素を具体的に書くと、次のように書けます。

$$\begin{pmatrix} \cos\theta' & \sin\theta' \\ -\sin\theta' & \cos\theta' \end{pmatrix} \begin{pmatrix} \cos\theta & \sin\theta \\ -\sin\theta & \cos\theta \end{pmatrix}$$

$$= \begin{pmatrix} \cos\theta\cos\theta' - \sin\theta\sin\theta' & \sin\theta\cos\theta' + \cos\theta\sin\theta' \\ -\sin\theta\cos\theta' - \cos\theta\sin\theta' & -\sin\theta\sin\theta' + \cos\theta\cos\theta' \end{pmatrix} \quad (1.3.8)$$

行列の積 BA の第1行第1列の要素は、行列 B の第1行と行列 A の第1列の内積です。第2行第1列の要素は、行列 B の第2行と行列 A の第1列の内積です。第1行第2列の要素は行列 B の第1行と行列 A の第2列の内積です。第2行第2列の要素は行列 B の第2行と行列 A の第2列の内積です。これが**2行2列の行列の積**を計算する規則です。

▶▶ n 行 n 列の行列の積とその計算規則

前述した**行列の積の計算規則**は、n 行 n 列の行列に対して次のようにまとめることができます。行列の積 BA の第1行第1列の要素は行列 B の第1行と行列 A の第1列の内積です。より一般的にいえば、第 i 行第 j 列の要素は行列 B の第 i 行と行列 A の第 j 列の内積です。

$$i\begin{pmatrix} \cdots & \cdots & \cdots & \cdots \\ b_{i1} & b_{i2} & \cdots & b_{in} \\ \cdots & \cdots & \cdots & \cdots \\ \cdots & \cdots & \cdots & \cdots \\ \cdots & \cdots & \cdots & \cdots \end{pmatrix} \begin{matrix} j \\ \begin{pmatrix} \vdots & a_{1j} & \vdots & \vdots \\ \vdots & a_{2j} & \vdots & \vdots \\ \vdots & \vdots & \vdots & \vdots \\ \vdots & a_{nj} & \vdots & \vdots \end{pmatrix} \end{matrix}$$

$$= i \begin{pmatrix} & & \vdots & & \\ \cdots & b_{i1}a_{1j}+b_{i2}a_{2j}+\cdots+b_{in}a_{nj} & \cdots & \cdots \\ & & \vdots & & \\ & & \vdots & & \end{pmatrix} \quad (1.3.9)$$

（上の j の位置に対応）

ここでは計算方法を示すためにこのように書きましたが、通常、次のように書きます。

$$\begin{pmatrix} b_{11} & b_{12} & \cdots & b_{1n} \\ \vdots & \vdots & \ddots & \vdots \\ b_{n1} & b_{n2} & \cdots & b_{nn} \end{pmatrix} \begin{pmatrix} a_{11} & a_{12} & \cdots & a_{1n} \\ \vdots & \vdots & \ddots & \vdots \\ a_{n1} & a_{n2} & \cdots & a_{nn} \end{pmatrix}$$

$$= \begin{pmatrix} b_{11}a_{11}+\cdots+b_{1n}a_{n1} & \cdots & b_{11}a_{1n}+\cdots+b_{1n}a_{nn} \\ \vdots & \ddots & \vdots \\ b_{n1}a_{11}+\cdots+b_{nn}a_{n1} & \cdots & b_{n1}a_{1n}+\cdots+b_{nn}a_{nn} \end{pmatrix} \quad (1.3.10)$$

1-4 逆行列の意味

普通の数 a の逆数 a^{-1} に対応するものとして、ある行列 A に対して逆行列 A^{-1} を考えましょう。行列 A が回転を表すとき逆行列 A^{-1} は元に戻す回転（逆回転）を表します。この節では元に戻す回転を考えることにより、2行2列の行列の逆行列を学び、次にそれを一般化して n 行 n 列の行列の逆行列を求めることにしましょう。なお、行列が連立方程式を記述する場合、逆行列を求めることは連立方程式の解を求めることになります。

▶▶ 平面内での回転と2行2列の行列の逆行列

座標軸を θ 回転したあと、座標軸を $-\theta$ 回転して得られる座標はどうなるのでしょう。結果は座標軸を回転しないことになり、座標は変換を受けないはずです。座標軸を θ 回転する行列を A、座標軸を $-\theta$ 回転する行列を B とすると、次のようになります。

$$A = \begin{pmatrix} \cos\theta & \sin\theta \\ -\sin\theta & \cos\theta \end{pmatrix} \tag{1.4.1}$$

$$B = \begin{pmatrix} \cos(-\theta) & \sin(-\theta) \\ -\sin(-\theta) & \cos(-\theta) \end{pmatrix} = \begin{pmatrix} \cos\theta & -\sin\theta \\ \sin\theta & \cos\theta \end{pmatrix} \tag{1.4.2}$$

行列の計算方法に従って BA を計算すると、次のようになります。

$$BA = \begin{pmatrix} \cos\theta & -\sin\theta \\ \sin\theta & \cos\theta \end{pmatrix} \begin{pmatrix} \cos\theta & \sin\theta \\ -\sin\theta & \cos\theta \end{pmatrix}$$

$$= \begin{pmatrix} \cos^2\theta + \sin^2\theta & \cos\theta\sin\theta - \sin\theta\cos\theta \\ \sin\theta\cos\theta - \cos\theta\sin\theta & \sin^2\theta + \cos^2\theta \end{pmatrix}$$

$$= \begin{pmatrix} 1 & 0 \\ 0 & 1 \end{pmatrix} \tag{1.4.3}$$

行列 BA が座標軸を変えないことに対応していることは、次の式から明らかです。

$$BA \begin{pmatrix} x \\ y \end{pmatrix} = \begin{pmatrix} 1 & 0 \\ 0 & 1 \end{pmatrix} \begin{pmatrix} x \\ y \end{pmatrix}$$

$$= \begin{pmatrix} x \\ y \end{pmatrix} \tag{1.4.4}$$

1-4 逆行列の意味

行列ABが行列BAと等しくなることは以下のように確かめられます。

$$AB = \begin{pmatrix} \cos\theta & \sin\theta \\ -\sin\theta & \cos\theta \end{pmatrix} \begin{pmatrix} \cos\theta & -\sin\theta \\ \sin\theta & \cos\theta \end{pmatrix}$$

$$= \begin{pmatrix} \cos^2\theta + \sin^2\theta & -\cos\theta\sin\theta + \sin\theta\cos\theta \\ -\sin\theta\cos\theta + \cos\theta\sin\theta & \sin^2\theta + \cos^2\theta \end{pmatrix}$$

$$= \begin{pmatrix} 1 & 0 \\ 0 & 1 \end{pmatrix} \tag{1.4.5}$$

ところで、下記の行列は**単位行列**と呼ばれます。

$$E = \begin{pmatrix} 1 & 0 \\ 0 & 1 \end{pmatrix} \tag{1.4.6}$$

行列の積において、「1」の役割を果たすという意味です。任意の行列Aに対して、$AE = EA = A$であることを確かめてみましょう。

$$AE = \begin{pmatrix} a_{11} & a_{12} \\ a_{21} & a_{22} \end{pmatrix} \begin{pmatrix} 1 & 0 \\ 0 & 1 \end{pmatrix} = \begin{pmatrix} a_{11} & a_{12} \\ a_{21} & a_{22} \end{pmatrix}$$

$$EA = \begin{pmatrix} 1 & 0 \\ 0 & 1 \end{pmatrix} \begin{pmatrix} a_{11} & a_{12} \\ a_{21} & a_{22} \end{pmatrix} = \begin{pmatrix} a_{11} & a_{12} \\ a_{21} & a_{22} \end{pmatrix} \tag{1.4.7}$$

行列Aに対し$BA = AB = E$を満たす式（1.4.2）のような行列Bがあるとき、行列Bを行列Aの**逆行列**と呼びA^{-1}と書きます。行列が回転を表しているとき、逆行列は元に戻す回転を表しています。

▶▶ n行n列の場合の逆行列

ここまでは2行2列の行列を例にとって説明しましたが、n行n列の行列の場合、単位行列Eは次のようになります。

$$E = \begin{pmatrix} 1 & 0 & \cdots & 0 \\ 0 & 1 & \ddots & \vdots \\ \vdots & \ddots & \ddots & 0 \\ 0 & \cdots & 0 & 1 \end{pmatrix} \tag{1.4.8}$$

任意のn行n列の行列Aに対して$AE = EA = A$が成り立つことは容易に確かめることができます。また、この場合も$AA^{-1} = A^{-1}A = E$を満たす行列A^{-1}を**逆行列**と呼びます。

1-4 逆行列の意味

ところで、単位行列Eのi行j列の成分をδ_{ij}と書きます。このδ_{ij}は次の式で定義され、**クロネッカーのデルタ**と呼ばれます。

$$\delta_{ij} = \begin{cases} 1 & (i=j) \\ 0 & (i \neq j) \end{cases} \tag{1.4.9}$$

行列が回転を表している場合逆行列が何を表しているかということはわかりました。それでは、行列を使って連立方程式を表す場合、逆行列は何を意味するのでしょうか。行列Aで表される次の連立方程式について考えてみましょう。

$$\begin{pmatrix} a_{11} & \cdots & a_{1n} \\ \vdots & \ddots & \vdots \\ a_{n1} & \cdots & a_{nn} \end{pmatrix} \begin{pmatrix} x_1 \\ \vdots \\ x_n \end{pmatrix} = \begin{pmatrix} b_1 \\ \vdots \\ b_n \end{pmatrix} \tag{1.4.10}$$

この式の両辺に左から逆行列A^{-1}を掛けてみましょう。

$$A^{-1} A \begin{pmatrix} x_1 \\ \vdots \\ x_n \end{pmatrix} = A^{-1} \begin{pmatrix} b_1 \\ \vdots \\ b_n \end{pmatrix}$$

逆行列の定義式$A^{-1}A = E$を使うと、上式は次のようになり、逆行列を求めることは連立方程式の解を求めることと同じであることがわかります。

$$\begin{pmatrix} x_1 \\ \vdots \\ x_n \end{pmatrix} = A^{-1} \begin{pmatrix} b_1 \\ \vdots \\ b_n \end{pmatrix} \tag{1.4.11}$$

逆行列が求まれば、必ず解は決定されます。解を決定できない次のような連立方程式の場合[*]、逆行列が存在しないということになります。

$$\begin{pmatrix} a & b \\ a & b \end{pmatrix} \begin{pmatrix} x_1 \\ x_2 \end{pmatrix} = \begin{pmatrix} c \\ c \end{pmatrix}$$

普通の数の場合、逆数が存在しないのは0の場合だけですが、行列では逆行列が存在するかしないかを判定するのはだいぶ難しくなります。次の節でそれを考えてみましょう。

---

[*] **連立方程式** $ax_1 + bx_2 = c$を満たすx_1、x_2の組は、すべて連立方程式を満たす。

1-5

逆行列の計算と行列式

　行列によって連立方程式が記述されている場合、逆行列を求めることは連立方程式を解くことと同じです。この節では、逆行列の求め方と同時に、逆行列が存在するための条件を考えてみましょう。逆行列が存在するかどうかを判別する式を行列式と呼びます。

▶▶ 2行2列の行列の行列式

次のような行列で表された2元連立方程式を考えてみましょう。

$$Ax = \begin{pmatrix} a_{11} & a_{12} \\ a_{21} & a_{22} \end{pmatrix} \begin{pmatrix} x_1 \\ x_2 \end{pmatrix} = \begin{pmatrix} b_1 \\ b_2 \end{pmatrix} \tag{1.5.1}$$

この連立方程式を具体的に書いてみると、次のようになります。

$$a_{11}x_1 + a_{12}x_2 = b_1 \tag{1.5.2}$$
$$a_{21}x_1 + a_{22}x_2 = b_2 \tag{1.5.3}$$

以下の式を計算することにより、解を求めることができます。

　式(1.5.2)×a_{22} －式(1.5.3)×a_{12}
　式(1.5.2)×a_{21} －式(1.5.3)×a_{11}

連立方程式の解を求めると、次のようになります。

$$\begin{pmatrix} x_1 \\ x_2 \end{pmatrix} = \frac{1}{a_{11}a_{22} - a_{12}a_{21}} \begin{pmatrix} a_{22}b_1 - a_{12}b_2 \\ -a_{21}b_1 + a_{11}b_2 \end{pmatrix} \tag{1.5.4}$$

この式の右辺のベクトルは次のように行列とベクトルの積として表すことができます。

$$\begin{pmatrix} a_{22}b_1 - a_{12}b_2 \\ -a_{21}b_1 + a_{11}b_2 \end{pmatrix} = \begin{pmatrix} a_{22} & -a_{12} \\ -a_{21} & a_{11} \end{pmatrix} \begin{pmatrix} b_1 \\ b_2 \end{pmatrix} \tag{1.5.5}$$

右辺が左辺に等しくなることを確認してください。もちろん、連立方程式が解をもってこのようになるためには、$a_{11}a_{22} - a_{12}a_{21} \neq 0$ が必要充分条件になっています。この式の左辺$a_{11}a_{22} - a_{12}a_{21}$は式（1.5.1）が解をもつかどうかの判別式という意味があります。次のパラグラフで示されるように、逆行列が存在するかどうかを判別する式という意味もあります。

2行2列の行列の逆行列

次に逆行列を求めたいのですが、まず、次のようにおいて行列 A^{-1} を定義してみましょう。

$$A^{-1}=\frac{1}{a_{11}a_{22}-a_{12}a_{21}}\begin{pmatrix} a_{22} & -a_{12} \\ -a_{21} & a_{11} \end{pmatrix} \tag{1.5.6}$$

そうすると、以下のようになります。

$$\begin{pmatrix} x_1 \\ x_2 \end{pmatrix} = A^{-1}\begin{pmatrix} b_1 \\ b_2 \end{pmatrix} \tag{1.5.7}$$

この式の右辺は、式（1.5.1）の右辺に左から行列 A^{-1} を掛けたものになっています。そうすると、式（1.5.1）の左辺に左から行列 A^{-1} を掛けたものは、式（1.5.7）の左辺になっているはずです。すなわち、$A^{-1}A$ は単位行列*になっているはずです。このことは、行列の計算規則を使って容易に確かめることができます。

式（1.5.6）で定義された行列 A^{-1} は行列 A の逆行列になっていることがわかりました。条件 $a_{11}a_{22}-a_{12}a_{21} \neq 0$ は、逆行列が存在するための必要充分条件であったわけです。先に述べたように、式 $a_{11}a_{22}-a_{12}a_{21}$ は行列が逆行列をもつかどうかを判別するための判別式になっています。この式を「行列の判別式」を省略して**行列式**と呼び、$\det A$ または $|A|$ と書きます。2行2列の行列の行列式は次のように表記できます。

$$\det A = |A| = a_{11}a_{22} - a_{12}a_{21} \tag{1.5.8}$$

行列式を使って、**逆行列**を表すと次のようになります。

$$A^{-1}=\frac{1}{|A|}\begin{pmatrix} a_{22} & -a_{12} \\ -a_{21} & a_{11} \end{pmatrix}$$

ところで、1行1列の行列はただの数です。逆行列（逆数）が存在するための条件は $a_{11} \neq 0$ ですから、1行1列の行列式は以下のようになります。

$$\det A = |A| = a_{11} \tag{1.5.9}$$

---

*$A^{-1}A$ は単位行列

$$\frac{1}{a_{11}a_{22}-a_{12}a_{21}}\begin{pmatrix} a_{22} & -a_{12} \\ -a_{21} & a_{11} \end{pmatrix}\begin{pmatrix} a_{11} & a_{12} \\ a_{21} & a_{22} \end{pmatrix} = \frac{1}{a_{11}a_{22}-a_{12}a_{21}}\begin{pmatrix} a_{11}a_{22}-a_{12}a_{21} & 0 \\ 0 & a_{11}a_{22}-a_{12}a_{21} \end{pmatrix}$$

1-5 逆行列の計算と行列式

▶▶ n 行 n 列の場合の行列式

この節では行列式を定義します。定義された行列式が逆行列の存在を判別する式になっていることは次の節で示します。行列式を定義するためには、余因子 $\tilde{a}_{ij}$ と余因子行列 ${}^t\tilde{A}$ を定義することが必要になります。

●余因子

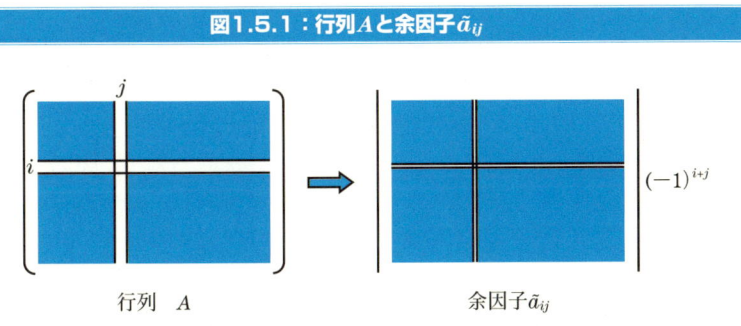

図1.5.1：行列 A と余因子 $\tilde{a}_{ij}$

余因子 $\tilde{a}_{ij}$ は i 行 j 列を除いた行列の行列式に $(-1)^{i+j}$ を掛けたものです

まず**余因子**を定義しましょう。図1.5.1に模式的に示したように、n 行 n 列の行列 A の第 i 行と第 j 列を取り除いて作った $n-1$ 行 $n-1$ 列の行列の行列式に $(-1)^{i+j}$ を掛けたものを第 (i,j) 余因子と呼び、$\tilde{a}_{ij}$ と書くことにしましょう。余因子 $\tilde{a}_{ij}$ は次のように定義されます。

$$\tilde{a}_{ij} = (-1)^{i+j} \begin{vmatrix} a_{11} & \cdots & a_{1j-1} & a_{1j+1} & \cdots & a_{1n} \\ \vdots & \ddots & \vdots & \vdots & \ddots & \vdots \\ a_{i-11} & \cdots & a_{i-1j-1} & a_{i-1j+1} & \cdots & a_{i-1n} \\ a_{i+11} & \cdots & a_{i+1j-1} & a_{i+1j+1} & \cdots & a_{i+1n} \\ \vdots & \ddots & \vdots & \vdots & \ddots & \vdots \\ a_{n1} & \cdots & a_{nj-1} & a_{nj+1} & \cdots & a_{nn} \end{vmatrix} \quad (1.5.10)$$

1-5 逆行列の計算と行列式

●余因子行列

図1.5.2：行列Aと転置行列${}^t\!A$

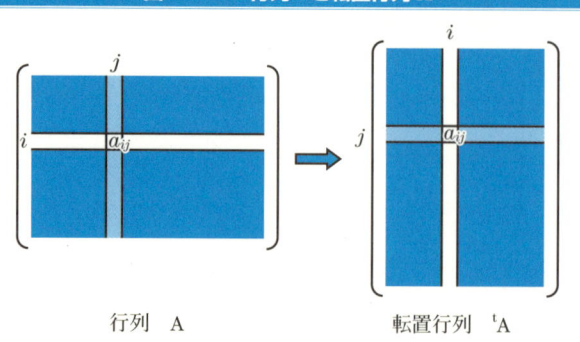

行列　A　　　　　　転置行列　${}^t\!A$

転置行列${}^t\!A$は行と列を入れ替えた行列です

　図1.5.2に模式的に示したように、行と列を入れ替えた行列を**転置行列**といい、${}^t\!A$と書きます。余因子$\tilde{a}_{ij}$を行列の要素とする行列の転置行列を**余因子行列**と呼び、${}^t\tilde{A}$と書くことにしましょう。余因子行列${}^t\tilde{A}$は次のように定義されます。

$$
{}^t\tilde{A} = i\begin{pmatrix} & \vdots^{\,j} & & \\ \cdots & \tilde{a}_{ji} & \cdots & \cdots \\ & \vdots & & \\ & \vdots & & \end{pmatrix} \tag{1.5.11}
$$

ここで、$\tilde{a}_{ji}$のjとiが入れ替わっているところに注意してください。

●行列式の定義

　余因子を使って、式（1.5.8）の行列式を、次のように表すことができます。

$$\det A = |A| = a_{11}\tilde{a}_{11} + a_{12}\tilde{a}_{12} \tag{1.5.12}$$

この式は、$\tilde{a}_{11} = a_{22}$、$\tilde{a}_{12} = -a_{21}$であることから容易に確認できます。

　この式は行列式を第1行の要素で書き表したものですが、第2行の要素で書き表すこともできますし、第1列または第2列の要素で書き表すこともできます。すなわち、次式が成り立ちます。

$$\det A = |A| = a_{21}\tilde{a}_{21} + a_{22}\tilde{a}_{22}$$

$$\det A = |A| = a_{11}\tilde{a}_{11} + a_{21}\tilde{a}_{21}$$

$$\det A = |A| = a_{12}\tilde{a}_{12} + a_{22}\tilde{a}_{22}$$

1-5 逆行列の計算と行列式

これらの式は、1行1列の行列の行列式を知って2行2列の行列の行列式を定義する式になっています。これを拡張して、$n-1$行$n-1$列の行列の行列式を知ってn行n列の行列の**行列式**を定義しましょう。第1行の要素で表した式（1.5.12）に対応する式は以下のようになります。

$$\det A = |A| = a_{11}\tilde{a}_{11} + a_{12}\tilde{a}_{12} + \cdots + a_{1n}\tilde{a}_{1n} \quad (1.5.13)$$

一般に、第i行の要素で表した式は、次のようになります。

$$\det A = |A| = a_{i1}\tilde{a}_{i1} + a_{i2}\tilde{a}_{i2} + \cdots + a_{in}\tilde{a}_{in} \quad (1.5.14)$$

また、第j列の要素で表した式は、次のようになります。

$$\det A = |A| = a_{1j}\tilde{a}_{1j} + a_{2j}\tilde{a}_{2j} + \cdots + a_{nj}\tilde{a}_{nj} \quad (1.5.15)$$

こうして定義される行列式が逆行列が存在するかどうかを判別する式になっているということは、次の節で証明されます＊。

▶▶ n行n列の行列の逆行列

この節では逆行列A^{-1}を求めるとともに、前節で定義した行列式$|A|$がゼロでないことが逆行列が存在する条件となることを示しましょう。

2行2列の場合、式（1.5.6）で表される2行2列の行列Aの**逆行列**A^{-1}を余因子行列${}^t\tilde{A}$を使って次のように表すことができます（図1.5.3を参照してください）。

$$A^{-1} = \frac{1}{|A|} {}^t\tilde{A} \quad (1.5.16)$$

このことは、余因子行列が次のように表されることから容易に確認できます。

$${}^t\tilde{A} = \begin{pmatrix} \tilde{a}_{11} & \tilde{a}_{21} \\ \tilde{a}_{12} & \tilde{a}_{22} \end{pmatrix} = \begin{pmatrix} a_{22} & -a_{12} \\ -a_{21} & a_{11} \end{pmatrix}$$

実は、式（1.5.16）はn行n列の行列に対しても正しい逆行列を与える式になっています。そのことを確認するためには次の式を示せばよいのです。

$$A\,{}^t\tilde{A} = |A|E \quad (1.5.17)$$

もちろん、Eは単位行列です。左辺の行列の第i行第j列の要素$(A\,{}^t\tilde{A})_{ij}$は、次のように書き表されます。

$$(A\,{}^t\tilde{A})_{ij} = a_{i1}\tilde{a}_{j1} + a_{i2}\tilde{a}_{j2} + \cdots + a_{in}\tilde{a}_{jn} \quad (1.5.18)$$

式（1.5.17）が成り立つには、以下の式が成り立てばよいのですが、$i=j$の場合は、式（1.5.14）より明らかです。

＊**証明されます** 本当は、式（1.5.14）（1.5.15）がすべて同じ値になることを証明する必要があるが、省略する。

1-5 逆行列の計算と行列式

$$a_{i1}\tilde{a}_{j1}+a_{i2}\tilde{a}_{j2}+\cdots+a_{in}\tilde{a}_{jn}=|A|\delta_{ij} \qquad (1.5.19)$$

　$i\neq j$ の場合は、式（1.5.14）より $a_{i1}\tilde{a}_{j1}+a_{i2}\tilde{a}_{j2}+\cdots+a_{in}\tilde{a}_{jn}$ はもとの行列 A の第 j 行を第 i 行で置き換えた行列の行列式になります。二つの行が同じである場合、行列式はゼロ*になりますから、$a_{i1}\tilde{a}_{j1}+a_{i2}\tilde{a}_{j2}+\cdots+a_{in}\tilde{a}_{jn}$ はゼロになり、式（1.5.17）は成り立ちます。また、式（1.5.16）は $|A|\neq 0$ が逆行列が存在するための条件であることを示しています。

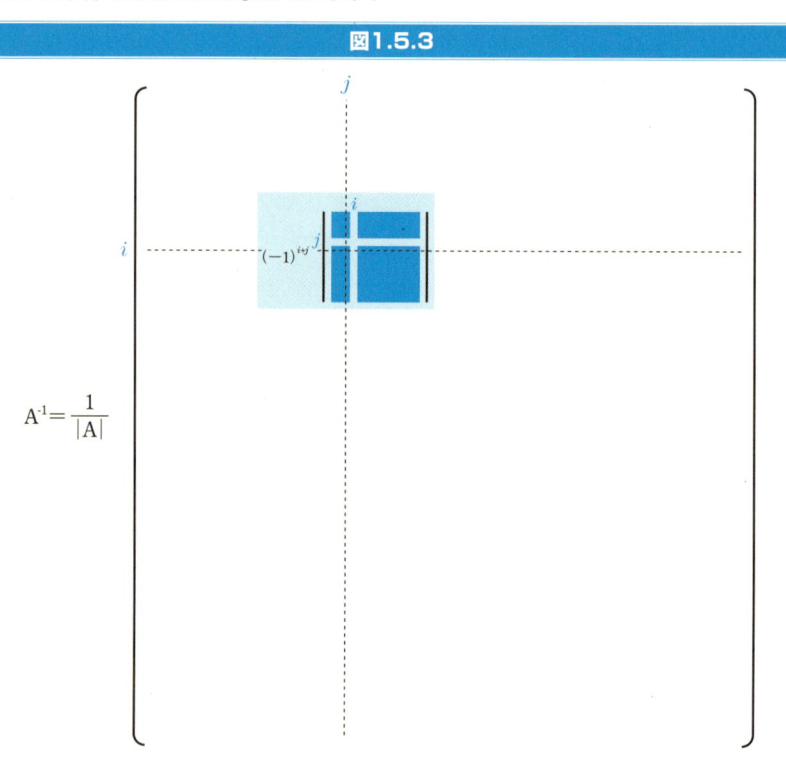

図1.5.3

$$A^{-1}=\frac{1}{|A|}\begin{bmatrix} & & j & & \\ & & \vdots & & \\ i\cdots & & (-1)^{i+j} & & \cdots \\ & & \vdots & & \\ & & & & \end{bmatrix}$$

▶▶ 2行2列の行列式と3行3列の行列式の覚え方

　2行2列の行列式と3行3列の行列式を覚えるのに、便利な方法があります。その覚え方を紹介しておきましょう。

●2行2列の場合

　2行2列の行列式は式（1.5.8）で表されますが、この式の覚え方は、図1.5.4に

＊**行列式はゼロ**　二つの行が同じである2行2列の行列の行列式がゼロであることは明らか。二つの行が同じである $n-1$ 行 $n-1$ 列の行列の行列式がゼロであれば、行列式の定義式（1.5.14）より、n 行 n 列の行列の行列式もゼロになる。数学的帰納法により、二つの行が同じである行列の行列式はゼロになる。

示されているように「たすきがけ」の計算をすると覚えます。つまり、「左上から右下へ行列の成分を掛けたものをプラスし（$+a_{11}a_{22}$）、右上から左下へ行列の成分を掛けたものをマイナスする（$-a_{12}a_{21}$）」と覚えます。

図1.5.4：2行2列の行列式の覚え方

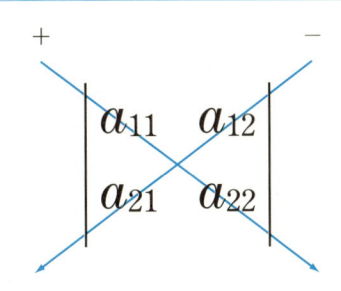

$$\begin{array}{cc} + & - \\ \begin{vmatrix} a_{11} & a_{12} \\ a_{21} & a_{22} \end{vmatrix} \end{array}$$

●3行3列の場合

次に、式（1.5.13）を使って3行3列の行列式を具体的に書き表してみましょう。

$$\begin{vmatrix} a_{11} & a_{12} & a_{13} \\ a_{21} & a_{22} & a_{23} \\ a_{31} & a_{32} & a_{33} \end{vmatrix} = a_{11}\begin{vmatrix} a_{22} & a_{23} \\ a_{32} & a_{33} \end{vmatrix} - a_{12}\begin{vmatrix} a_{21} & a_{23} \\ a_{31} & a_{33} \end{vmatrix} + a_{13}\begin{vmatrix} a_{21} & a_{22} \\ a_{31} & a_{32} \end{vmatrix}$$

(1.5.20)

この式を覚える方法を学ぶため、図1.5.5に示したように、行列の最初の2列を行列の右側にコピーしてみましょう。

図1.5.5：3行3列の行列式の覚え方（その1）

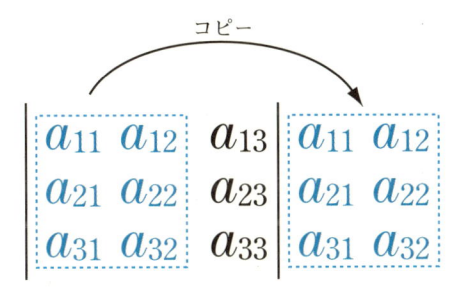

$$\begin{array}{|ccc|cc} a_{11} & a_{12} & a_{13} & a_{11} & a_{12} \\ a_{21} & a_{22} & a_{23} & a_{21} & a_{22} \\ a_{31} & a_{32} & a_{33} & a_{31} & a_{32} \end{array}$$

コピー

1-5 逆行列の計算と行列式

図1.5.6：3行3列の行列式の覚え方（その2）

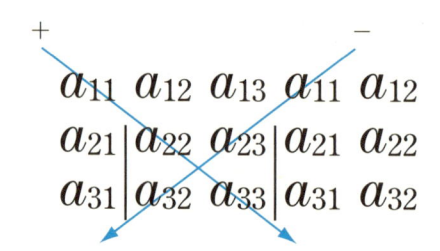

$$
\begin{array}{ccc|cc}
a_{11} & a_{12} & a_{13} & a_{11} & a_{12} \\
a_{21} & a_{22} & a_{23} & a_{21} & a_{22} \\
a_{31} & a_{32} & a_{33} & a_{31} & a_{32}
\end{array}
$$

図1.5.7：3行3列の行列式の覚え方（その3）

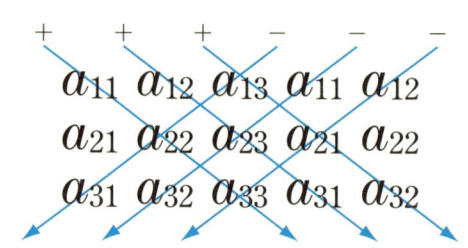

$$
\begin{array}{ccccc}
a_{11} & a_{12} & a_{13} & a_{11} & a_{12} \\
a_{21} & a_{22} & a_{23} & a_{21} & a_{22} \\
a_{31} & a_{32} & a_{33} & a_{31} & a_{32}
\end{array}
$$

　次に図1.5.6を見てください。左上から右下へ行列の成分を掛けた$a_{11}a_{22}a_{33}$と、右上から左下へ行列の成分を掛けてマイナスをつけた項$-a_{11}a_{23}a_{32}$の和は、式（1.5.20）の左辺第一項に等しくなっています。図1.5.7で表される6つの項の和が式（1.5.20）で表される行列式に一致することは容易に確かめられます。図1.5.7で表される6つの項というのは、左上から右下へ行列の成分を掛けた$a_{11}a_{22}a_{33}$、$a_{12}a_{23}a_{31}$、$a_{13}a_{21}a_{32}$という3つの項と、右上から左下へ行列の成分を掛けた項にマイナスをつけた$-a_{13}a_{22}a_{31}$、$-a_{11}a_{23}a_{32}$、$-a_{12}a_{21}a_{33}$という3つの項です。

　図1.5.7を利用した3行3列の行列式の覚え方はとても便利です。しかし、残念なことに、この方法は4行4列以上の次数の行列式には使えません。次数の高い行列の行列式は、プログラムを組んでコンピュータで計算させるのが一般的な方法となります。

1-6 固有値と固有ベクトルの意味

バネでつながれた物体は固有の振動数で振動します。この振動数を求め振動のパターン（振動のモード）を求める方法として、固有値と固有ベクトルを学びましょう。固有値と固有ベクトルは量子力学において非常に大切であるとともに、結晶光学や弾性学においても重要です。この節では、固有値を求める固有値方程式と固有ベクトルの求め方を説明します。

▶▶ 2行2列の行列の場合

図1.6.1のように、質量mの物体Aと物体Bがバネ定数kのバネでつながれていてx方向にのみ動けるとしましょう。

図1.6.1：バネでつながれた二つの物体の運動

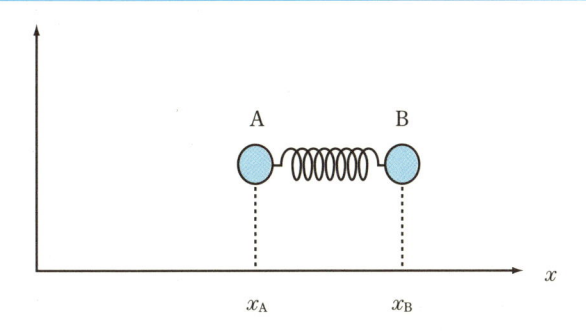

私たちは、物体が決まった振動数で振動することを知っています。このような力学系に固有の振動数を**固有振動数**と呼びます。このときの固有振動数を求めるのに行列を応用することができます。まず運動方程式から出発して、固有振動数を求める方程式を導くところからはじめましょう。

物体Aと物体Bの座標をそれぞれx_A、x_Bとしましょう。バネの自然な長さがlであるとすると、物体Aと物体Bに働く力は、ばねの伸び$x_B - x_A - l$に比例し、それらの力のx成分F_{Ax}、F_{Bx}は次ページのような式で与えられます。

1-6　固有値と固有ベクトルの意味

$$F_{Ax}=k(x_B-x_A-\ell)$$
$$F_{Bx}=-k(x_B-x_A-\ell)$$

物体Aと物体Bの運動方程式は、以下のようになります。

$$m\frac{d^2x_A}{dt^2}=k(x_B-x_A-\ell) \tag{1.6.1}$$

$$m\frac{d^2x_B}{dt^2}=-k(x_B-x_A-\ell) \tag{1.6.2}$$

もちろん、$x_A=0$、$x_B=\ell$ がこの方程式の解であることは当然ですが、これは、静止したままという状態です。この点の周りに固有振動数 ν で振動することを表す以下の式が運動方程式（1.6.1）、（1.6.2）の解になるためには、固有振動数がいくらでなければならないか考えていくことにしましょう。

$$x_A=x_1\cos(2\pi\nu t+\alpha) \tag{1.6.3}$$
$$x_B=x_2\cos(2\pi\nu t+\alpha)+\ell \tag{1.6.4}$$

●振動を表す式を作り、行列で表す

物体Aと物体Bの座標が式（1.6.3）、（1.6.4）で表される振動をしているとしましょう。式（1.6.3）、（1.6.4）を式（1.6.1）、（1.6.2）に代入すると、次のようになります。

$$-m(2\pi\nu)^2 x_1\cos(2\pi\nu t+\alpha)=k(x_2-x_1)\cos(2\pi\nu t+\alpha)$$
$$-m(2\pi\nu)^2 x_2\cos(2\pi\nu t+\alpha)=-k(x_2-x_1)\cos(2\pi\nu t+\alpha)$$

ここで、$2\pi\nu=\omega$、$\sqrt{\frac{k}{m}}=\omega_0$ とおいて、上式を $m\cos(2\pi\nu t+\alpha)$ で割ると、以下のようになります。

$$\omega^2 x_1=+\omega_0^2 x_1-\omega_0^2 x_2 \tag{1.6.5}$$
$$\omega^2 x_2=-\omega_0^2 x_1+\omega_0^2 x_2 \tag{1.6.6}$$

この式を行列を使って表すと、次のようになります（左辺と右辺を入れ替えてあります）。

$$\begin{pmatrix} \omega_0^2 & -\omega_0^2 \\ -\omega_0^2 & \omega_0^2 \end{pmatrix}\begin{pmatrix} x_1 \\ x_2 \end{pmatrix}=\omega^2\begin{pmatrix} x_1 \\ x_2 \end{pmatrix} \tag{1.6.7}$$

1-6 固有値と固有ベクトルの意味

行列Hとベクトル$\boldsymbol{x}$を、次のように定義します。

$$H = \begin{pmatrix} \omega_0^2 & -\omega_0^2 \\ -\omega_0^2 & \omega_0^2 \end{pmatrix} \quad (1.6.8)$$

$$\boldsymbol{x} = \begin{pmatrix} x_1 \\ x_2 \end{pmatrix} \quad (1.6.9)$$

すると、式（1.6.7）は次のように書くこともできます。

$$H\boldsymbol{x} = \omega^2 \boldsymbol{x} \quad (1.6.10)$$

この式のω^2を**固有値**、$\boldsymbol{x}$を**固有ベクトル**と呼びます。

●固有振動数

さて、式（1.6.5）、（1.6.6）を整理します。

$$(\omega^2 - \omega_0^2)x_1 + \omega_0^2 x_2 = 0 \quad (1.6.11)$$
$$\omega_0^2 x_1 + (\omega^2 - \omega_0^2)x_2 = 0 \quad (1.6.12)$$

これを行列で表すと次のようになります。

$$\begin{pmatrix} \omega^2 - \omega_0^2 & \omega_0^2 \\ \omega_0^2 & \omega^2 - \omega_0^2 \end{pmatrix} \begin{pmatrix} x_1 \\ x_2 \end{pmatrix} = 0 \quad (1.6.13)$$

式（1.6.11）、（1.6.12）は、$x_1 = 0$、$x_2 = 0$という解をもちますが、これは静止したままの状態を表す解です。振動を表すためには、$x_1 \neq 0$、$x_2 \neq 0$という解が存在しなくてはなりません。式（1.6.11）と式（1.6.12）が独立した別々の式である場合には、連立方程式は$x_1 = 0$、$x_2 = 0$という唯一の解をもちます。$x_1 \neq 0$、$x_2 \neq 0$という解が存在するためには、式（1.6.11）と式（1.6.12）が独立した別々の式ではなく、一方が他方を定数倍した式になっていて、一方の式を満たすx_1、x_2は常に他方の式も満たすようになっていなければなりません。別の言い方をすると、$x_1 \neq 0$、$x_2 \neq 0$という解が存在するためには、式（1.6.11）×$(\omega^2 - \omega_0^2)$から（1.6.12）×(ω_0^2)を引いた次の式の係数がゼロでなければなりません。

$$[(\omega^2 - \omega_0^2)^2 - (\omega_0^2)^2] x_1 = 0 \quad (1.6.14)$$

なお、この式の係数がゼロになるという条件は、行列式がゼロであるという次のような式で書き表されます。

$$\det(\omega^2 E - H) = \begin{vmatrix} \omega^2 - \omega_0^2 & \omega_0^2 \\ \omega_0^2 & \omega^2 - \omega_0^2 \end{vmatrix} = 0 \quad (1.6.15)$$

1-6 固有値と固有ベクトルの意味

もちろん、Eは単位行列です。固有値ω^2を求めるためのこの方程式は、**固有値方程式**と呼ばれます。

この固有値方程式の解である**固有値**は、次のように計算できます。

$$(\omega^2-\omega_0^2)^2-(\omega_0^2)^2=\omega^2(\omega^2-2\omega_0^2)=0 \qquad (1.6.16)$$

$$\omega^2=0$$

$$\omega^2=2\omega_0^2$$

固有値$\omega^2=0$、$\omega^2=2\omega_0^2$に対応して、**固有振動数**が求まります。

$$\nu=0$$

$$\nu=\frac{\sqrt{2}\omega_0}{2\pi}=\frac{\sqrt{2}}{2\pi}\sqrt{\frac{k}{m}}$$

前者の$\nu=0$は振動を表していませんから、$\nu=\frac{\sqrt{2}\omega_0}{2\pi}=\frac{\sqrt{2}}{2\pi}\sqrt{\frac{k}{m}}$が図1.6.1で示された力学系の固有振動数になります。

●固有ベクトルを求める

固有値$\omega^2=2\omega_0^2$に対応する**固有ベクトル**を、式（1.6.10）または式（1.6.5）、（1.6.6）から求めてみましょう。

$$2\omega_0^2 x_1=+\omega_0^2 x_1-\omega_0^2 x_2 \qquad (1.6.17)$$

$$2\omega_0^2 x_2=-\omega_0^2 x_1+\omega_0^2 x_2 \qquad (1.6.18)$$

図1.6.2：バネでつながれた二つの物体の固有振動

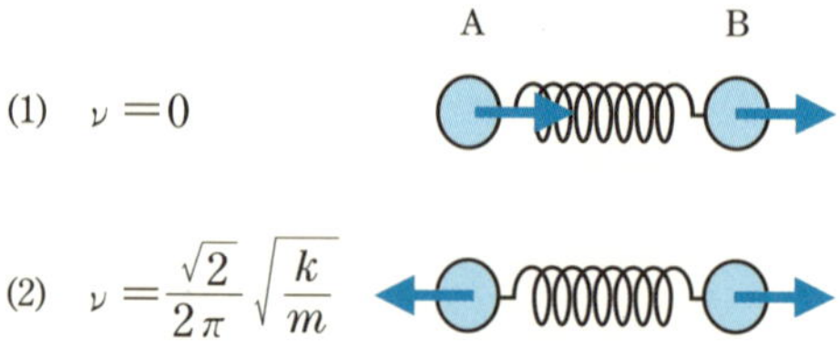

(1) $\nu=0$

(2) $\nu=\frac{\sqrt{2}}{2\pi}\sqrt{\frac{k}{m}}$

この二つの式は同じ方程式になり、$x_1 = -x_2$のとき成立します。$x_1 = -x_2$ということから、固有ベクトルは次のようになります。

$$\begin{pmatrix} x_1 \\ x_2 \end{pmatrix} = x_1 \begin{pmatrix} 1 \\ -1 \end{pmatrix} \qquad (1.6.19)$$

このことは図1.6.2(2)に示したように、物体Aと物体Bが逆向きに同じ振幅で振動していることを表しています。

つまり、固有振動数と、固有振動がどのような振動であるかを求めるためには、式(1.6.10)の固有値と固有ベクトルを求めてやればよいということになります。そのためには、固有値方程式(1.6.15)を解けばよいのです。

▶▶ 3行3列の行列の場合

今度はバネにつながれた3つの物体が振動する場合の固有振動数と振動のモードを考えてみましょう。

図1.6.3のように、質量mの物体Aと物体Bと物体Cがバネ定数kのバネでつながれていてx方向にのみ動けるとしましょう。私達は物体が決まった振動数（固有振動数）で振動することを知っています。このときの固有振動数を求めるのに先ほどと同じ方法で行列を応用することができます。まず運動方程式から出発して、振動数を求める方程式を導くところからはじめましょう。

図1.6.3：バネでつながれた三つの物体の運動

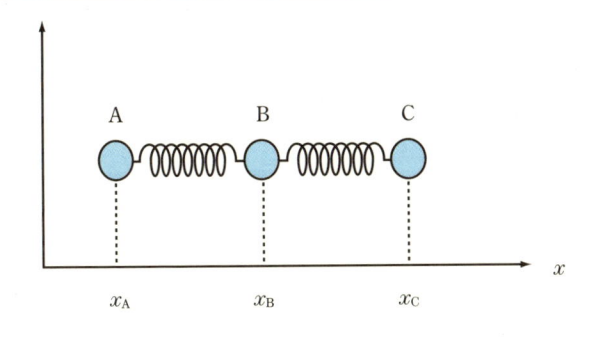

1-6 固有値と固有ベクトルの意味

物体Aと物体Bと物体Cの座標をそれぞれx_A、x_B、x_Cとしましょう。バネの自然な長さがℓであるとすると、物体Aと物体Bのあいだに働く力の大きさは、ばねの伸び$x_B - x_A - \ell$に比例し、物体Bと物体Cのあいだに働く力の大きさは、ばねの伸び$(x_C - x_B - \ell)$に比例します。物体A、物体B、物体Cに働く合力のx成分F_{Ax}、F_{Bx}、F_{Cx}は、次の式で与えられます。

$$F_{Ax} = k(x_B - x_A - \ell)$$
$$F_{Bx} = -k(x_B - x_A - \ell) + k(x_C - x_B - \ell)$$
$$F_{Cx} = -k(x_C - x_B - \ell)$$

物体A、物体B、物体Cの運動方程式は、以下のようになります。

$$m \frac{d^2 x_A}{dt^2} = k(x_B - x_A - \ell) \tag{1.6.20}$$

$$m \frac{d^2 x_B}{dt^2} = -k(x_B - x_A - \ell) + k(x_C - x_B - \ell) \tag{1.6.21}$$

$$m \frac{d^2 x_C}{dt^2} = -k(x_C - x_B - \ell) \tag{1.6.22}$$

●固有振動数を表す式と行列

もちろん、$x_A = 0$、$x_B = \ell$、$x_C = 2\ell$が運動方程式（1.6.20）、（1.6.21）、（1.6.22）の解であることは当然ですが、これは、静止したままという状態です。この点の周りに固有振動数νで振動する次のような式がこの方程式の解になるためには固有振動数がいくらでなければならないか、考えていくことにしましょう。

物体Aと物体Bの座標が次の式で表される振動をしているとします。

$$x_A = x_1 \cos(2\pi \nu t + \alpha) \tag{1.6.23}$$
$$x_B = x_2 \cos(2\pi \nu t + \alpha) + \ell \tag{1.6.24}$$
$$x_C = x_3 \cos(2\pi \nu t + \alpha) + 2\ell \tag{1.6.25}$$

これらを運動方程式（1.6.20）、（1.6.21）、（1.6.22）に代入します。

$$-m(2\pi\nu)^2 x_1 \cos(2\pi\nu t + \alpha) = k(x_2 - x_1)\cos(2\pi\nu t + \alpha)$$
$$-m(2\pi\nu)^2 x_2 \cos(2\pi\nu t + \alpha) = -k(x_2 - x_1)\cos(2\pi\nu t + \alpha)$$
$$+ k(x_3 - x_2)\cos(2\pi\nu t + \alpha)$$
$$-m(2\pi\nu)^2 x_3 \cos(2\pi\nu t + \alpha) = -k(x_3 - x_2)\cos(2\pi\nu t + \alpha)$$

1-6 固有値と固有ベクトルの意味

ここで、$2\pi\nu=\omega$、$\sqrt{\dfrac{k}{m}}=\omega_0$として、上式を$m\cos(2\pi\nu t+\alpha)$で割ると、次のようになります。

$$\omega^2 x_1 = +\omega_0^2 x_1 - \omega_0^2 x_2$$
$$\omega^2 x_2 = -\omega_0^2 x_1 + 2\omega_0^2 x_2 - \omega_0^2 x_3$$
$$\omega^2 x_3 = -\omega_0^2 x_2 + \omega_0^2 x_3$$

この式を行列を使って表すと（左辺と右辺を入れ替えてあります）、次のようになります。

$$\begin{pmatrix} \omega_0^2 & -\omega_0^2 & 0 \\ -\omega_0^2 & 2\omega_0^2 & -\omega_0^2 \\ 0 & -\omega_0^2 & \omega_0^2 \end{pmatrix} \begin{pmatrix} x_1 \\ x_2 \\ x_3 \end{pmatrix} = \omega^2 \begin{pmatrix} x_1 \\ x_2 \\ x_3 \end{pmatrix} \qquad (1.6.26)$$

行列Hとベクトル$\boldsymbol{x}$を、以下のように定義します。

$$H = \begin{pmatrix} \omega_0^2 & -\omega_0^2 & 0 \\ -\omega_0^2 & 2\omega_0^2 & -\omega_0^2 \\ 0 & -\omega_0^2 & \omega_0^2 \end{pmatrix} \qquad (1.6.27)$$

$$\boldsymbol{x} = \begin{pmatrix} x_1 \\ x_2 \\ x_3 \end{pmatrix} \qquad (1.6.28)$$

すると、式（1.6.26）は、次のように書くことができます。

$$H\boldsymbol{x} = \omega^2 \boldsymbol{x} \qquad (1.6.29)$$

または、

$$(\omega^2 E - H)\boldsymbol{x} = 0 \qquad (1.6.30)$$

●固有振動数

もしも$\det(\omega^2 E - H) \neq 0$であれば、式（1.6.30）を解いて唯一の解を求めることができるはずです。その唯一の解は$\boldsymbol{x}=0$です。逆にいえば、式（1.6.30）がゼロ以外の解をもち、固有振動数で振動する状態を表すためには、以下の式を満たす必要があります。

$$\det(\omega^2 E - H) = \begin{vmatrix} \omega^2 - \omega_0^2 & \omega_0^2 & 0 \\ \omega_0^2 & \omega^2 - 2\omega_0^2 & \omega_0^2 \\ 0 & \omega_0^2 & \omega^2 - \omega_0^2 \end{vmatrix} = 0 \qquad (1.6.31)$$

1-6 固有値と固有ベクトルの意味

つまり、2行2列の行列の場合と同様、この式が固有値を決める方程式になっています。この**固有値方程式**を解いて**固有値**を求めてみましょう。3行3列の行列式の計算方法に従うと、この式は以下のようになります。

$$(\omega^2-\omega_0^2)(\omega^2-2\omega_0^2)(\omega^2-\omega_0^2)-\omega_0^4(\omega^2-\omega_0^2)-\omega_0^4(\omega^2-\omega_0^2)=0$$

この式の左辺を因数分解すると、次のようになります。

$$(\omega^2-\omega_0^2)[(\omega^2-2\omega_0^2)(\omega^2-\omega_0^2)-2\omega_0^4]$$
$$=(\omega^2-\omega_0^2)(\omega^4-3\omega^2\omega_0^2+2\omega_0^4-2\omega_0^4)$$
$$=\omega^2(\omega^2-\omega_0^2)(\omega^2-3\omega_0^2)$$
$$=0$$

固有値は、$\omega^2=0$、ω_0^2、$3\omega_0^2$ となります。

振動を表さない $\omega^2=0$ 以外に、二つの固有値 $\omega^2=\omega_0^2$、$\omega^2=3\omega_0^2$ が存在します。これらは、図1.6.3の力学系の固有振動が $\nu=\dfrac{1}{2\pi}\sqrt{\dfrac{k}{m}}$、$\nu=\dfrac{\sqrt{3}}{2\pi}\sqrt{\dfrac{k}{m}}$ であることを示しています。

図1.6.4：バネでつながれた三つの物体の固有振動

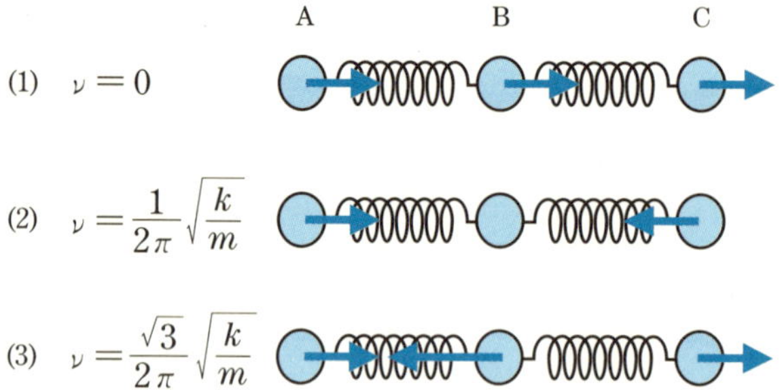

(1) $\nu=0$

(2) $\nu=\dfrac{1}{2\pi}\sqrt{\dfrac{k}{m}}$

(3) $\nu=\dfrac{\sqrt{3}}{2\pi}\sqrt{\dfrac{k}{m}}$

●固有ベクトル

それぞれの固有値に対する**固有ベクトル**を求めてみましょう。振動を表さない$\omega^2=0$の場合、式（1.6.29）は以下のようになります。

$$\begin{pmatrix} -\omega_0^2 & \omega_0^2 & 0 \\ \omega_0^2 & -2\omega_0^2 & \omega_0^2 \\ 0 & \omega_0^2 & -\omega_0^2 \end{pmatrix}\begin{pmatrix} x_1 \\ x_2 \\ x_3 \end{pmatrix}=0 \tag{1.6.32}$$

整理すると次のようになります。

$-x_1+x_2=0$

$x_1-2x_2+x_3=0$

$x_2-x_3=0$ （1.6.33）

結局、$x_2=x_1$、$x_3=x_1$ということで、振動しないで一緒に動いていく状態を表しています。固有ベクトルは、次のとおりです。

$$\boldsymbol{x}=x_1\begin{pmatrix} 1 \\ 1 \\ 1 \end{pmatrix} \tag{1.6.34}$$

固有値$\omega^2=\omega_0^2$の場合、式（1.6.29）は以下のようになります。

$$\begin{pmatrix} 0 & \omega_0^2 & 0 \\ \omega_0^2 & -\omega_0^2 & \omega_0^2 \\ 0 & \omega_0^2 & 0 \end{pmatrix}\begin{pmatrix} x_1 \\ x_2 \\ x_3 \end{pmatrix}=0 \tag{1.6.35}$$

整理すると次のようになります。

$x_2=0$

$x_1-x_2+x_3=0$

$x_2=0$ （1.6.36）

結局、$x_2=0$、$x_3=-x_1$ということで、物体Bは振動しないで物体Aと物体Cが逆向きに同じ振幅で振動している状態を表しています。固有ベクトルは次のとおりです。

$$\boldsymbol{x}=x_1\begin{pmatrix} 1 \\ 0 \\ -1 \end{pmatrix} \tag{1.6.37}$$

1-6 固有値と固有ベクトルの意味

固有値 $\omega^2 = 3\omega_0^2$ の場合、式（1.6.29）は次のようになります。

$$\begin{pmatrix} 2\omega_0^2 & \omega_0^2 & 0 \\ \omega_0^2 & \omega_0^2 & \omega_0^2 \\ 0 & \omega_0^2 & 2\omega_0^2 \end{pmatrix} \begin{pmatrix} x_1 \\ x_2 \\ x_3 \end{pmatrix} = 0 \tag{1.6.38}$$

整理すると次のようになります。

$2x_1 + x_2 = 0$

$x_1 + x_2 + x_3 = 0$

$x_2 + 2x_3 = 0$ (1.6.39)

結局、$x_2 = -2x_1$、$x_3 = -x_2/2 = x_1$ ということで、物体Aと物体Cが同じ向きに同じ振幅で振動し、物体Bが逆向きに2倍の振幅で振動している状態を表しています。

固有ベクトルは次のとおりです。

$$\boldsymbol{x} = x_1 \begin{pmatrix} 1 \\ -2 \\ 1 \end{pmatrix} \tag{1.6.40}$$

これらの振動のパターンは、図1.6.4に示されています。これらは**固有振動のモード**と呼ばれます。

▶▶ 一般の行列の場合

質量 m の n 個の物体がバネ定数 k のバネでつながれていて、x 方向にのみ動ける場合を考えてみましょう。行列 H とベクトル $\boldsymbol{x}$ を、以下のように定義します。

$$H = \begin{pmatrix} \omega_0^2 & -\omega_0^2 & 0 & \cdots & \cdots & 0 \\ -\omega_0^2 & 2\omega_0^2 & -\omega_0^2 & 0 & \cdots & 0 \\ 0 & -\omega_0^2 & 2\omega_0^2 & \ddots & \ddots & \vdots \\ \vdots & \ddots & \ddots & \ddots & -\omega_0^2 & 0 \\ 0 & \cdots & 0 & -\omega_0^2 & 2\omega_0^2 & -\omega_0^2 \\ 0 & \cdots & \cdots & 0 & -\omega_0^2 & \omega_0^2 \end{pmatrix} \tag{1.6.41}$$

$$\boldsymbol{x} = \begin{pmatrix} x_1 \\ x_2 \\ \vdots \\ \vdots \\ x_n \end{pmatrix} \tag{1.6.42}$$

1-6 固有値と固有ベクトルの意味

固有振動を表す式は、次のように書くことができます。

$$H\bm{x} = \omega^2 \bm{x} \tag{1.6.43}$$

または、

$$(\omega^2 E - H)\bm{x} = 0 \tag{1.6.44}$$

$\det(\omega^2 E - H) \neq 0$ であれば、式（1.6.44）を解いて唯一の解を求めることができるはずです。その唯一の解は$\bm{x} = 0$です。

逆にいえば、式（1.6.44）がゼロ以外の解をもち固有振動数で振動する状態を表すためには、次の式を満たす必要があります。

$$\det(\omega^2 E - H) = \begin{vmatrix} \omega^2 - \omega_0^2 & \omega_0^2 & 0 & \cdots & \cdots & 0 \\ \omega_0^2 & \omega^2 - 2\omega_0^2 & \omega_0^2 & 0 & \cdots & 0 \\ 0 & \omega_0^2 & \omega^2 - 2\omega_0^2 & \ddots & \ddots & \vdots \\ \vdots & \ddots & \ddots & \ddots & \omega_0^2 & 0 \\ 0 & \cdots & 0 & \omega_0^2 & \omega^2 - 2\omega_0^2 & \omega_0^2 \\ 0 & \cdots & \cdots & 0 & \omega_0^2 & \omega^2 - \omega_0^2 \end{vmatrix} = 0 \tag{1.6.45}$$

つまり、2行2列または3行3列の行列の場合と同様、この式が固有値を決める方程式になっています。

固有値と固有ベクトルを求めることは、固有振動の振動数を求めたり、固有振動がどのような振動であるかを求めたりするのに使われるばかりでなく、結晶中での複屈折を扱う場合や量子力学の状態を求める場合など、幅広く使われています。

第2章

微分と積分

　はじめて速度を学ぶとき、速度は移動距離を時間で割ったものと習います。言い換えれば、位置の変化する割合（位置の変化率）です。しかし、速度などいろいろな物理量が刻々変化するとき、その変化率は微分で表されます。また、移動距離は速度と時間の積ということができますが、速度が刻々変化している場合は、移動距離は速度を積分して得られます。大ざっぱな言い方をすれば、小中学校において割り算で記述された法則は、より進んだレベルでは微分で表され、小中学校において掛け算で記述された法則は、より進んだレベルでは積分で表されます。ですから、微積分はあらゆる物理分野の考察に必要不可欠のものです。

　この章では、速度・加速度などの物理量と関連させて、微分・積分の意味を考えていきます。さらに、偏微分、ベクトルの微分、線積分、面積分、体積積分についてもその意味を理解し、どのようなところで使われるかを学んでいきましょう。それが、スキルとして微分と積分を使いこなすことにつながります。

2-1
なぜ微分を考えるのか
─微分の意味─

最初に速度を例にとって、微分*することの意味、導関数*の表す意味を学びます。次に、導関数がいろいろなものを記述することができる例を学び、微分の物理的意味を理解することと数学的な取り扱いの関係を学んでいくことにしましょう。

▶▶ 一階微分*と導関数

図2.1.1のように一直線上を走る自動車を考えるとき、時刻t_1から時刻t_2のあいだの速度vは動いた距離を時間で割って、次の関係になることはよく知られています。

$$v = \frac{x_2 - x_1}{t_2 - t_1} = \frac{\Delta x}{\Delta t} \tag{2.1.1}$$

図2.1.2に示された位置と時刻のグラフ上では、速度vは点Aと点Bを結ぶ直線の傾き*になります。しかし、この例のように速度が刻々と変化する場合、瞬間の速度を考えなくてはなりません。瞬間の速度は、時刻t_1と時刻t_2の時間間隔を無限に小さくすることにより、次のように与えられます。

$$v = \lim_{\Delta t \to 0} \frac{x_2 - x_1}{t_2 - t_1} = \lim_{\Delta t \to 0} \frac{\Delta x}{\Delta t} \tag{2.1.2}$$

図2.1.1：一直線上を動く自動車

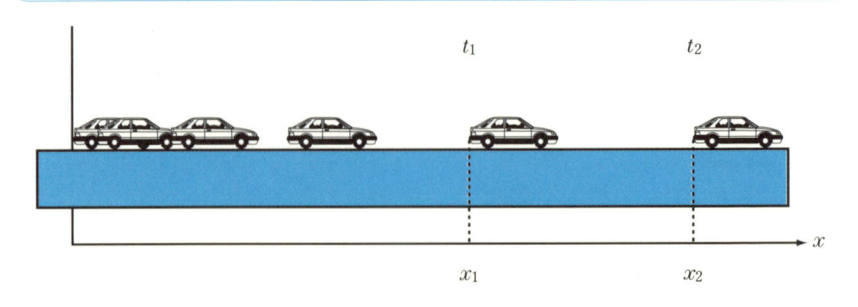

---

* 微分　　英語ではdifferentialと書く。
* 導関数　英語ではderivativeと書く。
* 一階微分　後に、一度微分した関数をもう一度微分することを学ぶ。それを二階微分という。これに対し、一度だけ微分する普通の微分を「一階微分」と呼んで区別することがある。
* 直線の傾き　時刻t_1が変われば、この値は変化する。

2-1 なぜ微分を考えるのか──微分の意味──

図2.1.2：位置と時刻のグラフ

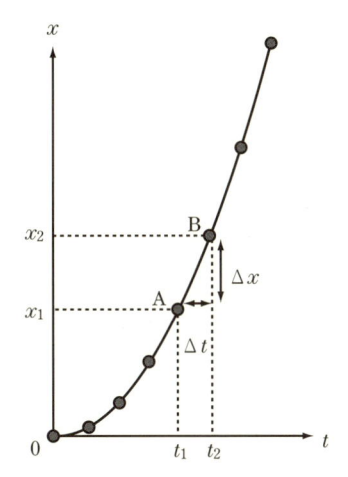

　この式の右辺はt_1の関数になっています。この式のt_1をtに置き換えた以下の式の右辺は**導関数**または**xをtで微分した式**[*]と呼ばれます。

$$v(t) = \lim_{\Delta t \to 0} \frac{x(t+\Delta t) - x(t)}{(t+\Delta t) - t} = \lim_{\Delta t \to 0} \frac{\Delta x}{\Delta t}$$

　導関数は、$x'(t)$、$\dot{x}(t)$または$\dfrac{dx}{dt}$[*]と書きます。物理では、通常、時刻の関数fを時刻で微分する場合は$\dot{f}(t)$または$\dfrac{df}{dt}$と書き、時刻以外の変数で微分する場合、例えば$f(x)$をxで微分する場合は$f'(x)$または$\dfrac{df}{dx}$と書きます。

$$\frac{dx}{dt} = \dot{x}(t) = \lim_{\Delta t \to 0} \frac{\Delta x}{\Delta t} \tag{2.1.3}$$

---

[*]「導関数」または「xをtで微分した式」　この式を単に微分ということも多いようだが、本書では次の節で学ぶように$dx = x'(t)dt$のようなものを微分と呼ぶ。そのため、上式の右辺は、「導関数」または「微分した式」と呼ぶ。

[*] $\dfrac{dx}{dt}$　この式を$\dfrac{d}{dt}x(t)$と書くこともよくある。

2-1 なぜ微分を考えるのか—微分の意味—

数学で最もよく現れるのは、$y=f(x)$をxで微分するケースでしょう。この場合の導関数を書いておきましょう。

$$\frac{dy}{dx}=\frac{df}{dx}=f'(x)=\lim_{\Delta x \to 0}\frac{\Delta f}{\Delta x}=\lim_{\Delta x \to 0}\frac{f(x+\Delta x)-f(x)}{\Delta x} \quad (2.1.4)$$

ちなみに、$\frac{df}{dx}$を$\frac{d}{dx}f$または$\frac{d}{dx}f(x)$*と書くことがよくあります。

▶▶ 物理に現れるいろいろな微分

図2.1.3は山の断面を表しています。山の高さは$z=h(x)$です。斜面の傾きは高さの差を水平距離で割ったものになりますが、斜面の傾きが一定でない場合は、微分をすることによって、斜面の傾きが次の式で与えられます。

$$\frac{dh}{dx}=\lim_{\Delta x \to 0}\frac{\Delta h}{\Delta x}$$

このように、微分した式の意味を考える場合、$\frac{dh}{dx}$*は**ΔhをΔxで割ったものを表している**と考えてください。つまり、小中学校で習った割り算で表された量は、微分した式で表されることになります。

棒の単位長さあたりの質量を**線密度**といいます。均一な棒の場合、線密度は棒の質量を長さで割って得られます。

図2.1.4のように、端から測って長さxの部分の質量が$m(x)$である棒の場合、線密度を表すのに微分した式が使われます。

$$\frac{dm}{dx}=\lim_{\Delta x \to 0}\frac{\Delta m}{\Delta x}$$

このような具合ですから、微分した式は物理において頻繁に現れることになります。位置エネルギーと力、反応生成物の量と反応速度、電位と電場……これらの関係を表すとき、常に微分が使われます。物理の法則はほとんどすべての場合、微分を使った式で書き表されるといっても過言ではありません。

---

* $\frac{d}{dx}f$または$\frac{d}{dx}f(x)$ この書き方は、$\frac{d}{dx}$が$f(x)$を$f'(x)$に変換する演算子であると考えている。ちょうど行列とベクトルの積が行列により変換されたベクトルを表しているように、演算子$\frac{d}{dx}$と関数$f(x)$の積が関数$f'(x)$を表していると考えているのである。

* $\frac{dh}{dx}$ 数学的な取り扱いの上では、次の項で定義される微分を使って、dhをdx割ったものと考える。

2-1 なぜ微分を考えるのか—微分の意味—

図2.1.3：山の高さ $h(x)$ と斜面の傾き $\dfrac{\mathrm{d}h}{\mathrm{d}x}$

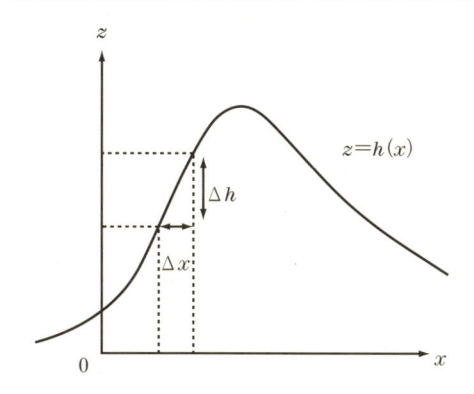

図2.1.4：棒の質量 $m(x)$ と線密度（単位長さあたりの質量） $\dfrac{\mathrm{d}m}{\mathrm{d}x}$

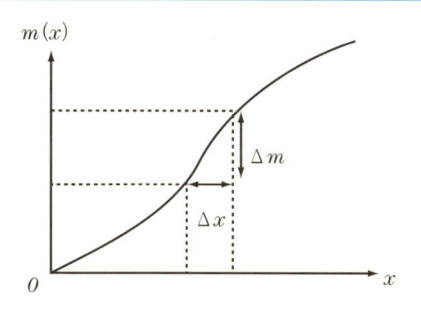

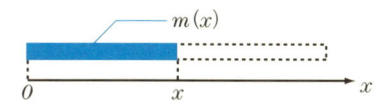

長さ x の部分の棒の質量を $m(x)$ とします

2-1 なぜ微分を考えるのか―微分の意味―

▶▶ 微分を分数として考える

　微分した式の意味を考える場合、「$\dfrac{\mathrm{d}f}{\mathrm{d}x}$ は Δf を Δx で割ったものを表していると考えてください」と言いました。ここで、変数 x の微小な変化 Δx に対し、関数 f の変化を Δf と書いています。このように考えることは、微分で書かれた式の物理的意味を考える場合、たいへん有効です。しかし、$\lim_{\Delta x \to 0}$ がついていますから、数学的な取り扱いをする場合、Δf を Δx 割ったものと考えることはできません。

　これを解決したのがライプニッツ*です。ライプニッツは $y=f(x)$ に対して、**微分 $\mathrm{d}y$** *を次のように定義しました。

$$\mathrm{d}y = \mathrm{d}f = f'(x)\mathrm{d}x \tag{2.1.5}$$

　独立変数 x の微分 $\mathrm{d}x$ は微小な変化量 Δx を書き換えただけで、同じものを表していると考えて差し支えありません。図2.1.5に $\mathrm{d}y$、$\mathrm{d}x$、Δx、Δy が何を表しているか図示してあります。このように定義すると、$\dfrac{\mathrm{d}y}{\mathrm{d}x}$ *は $\mathrm{d}y$ を $\mathrm{d}x$ 割ったものと考えることは数学的に正しい考え方になります。このように **$\dfrac{\mathrm{d}y}{\mathrm{d}x}$ を分数として取り扱う**ことができるということは、とても便利なことです。今後しばしば利用されます。

　ところで図2.1.5からわかるように、$\mathrm{d}y$ は Δx に対応した y の変化ではありません。しかし、物理的な意味を考える場合には、$\mathrm{d}y$ は y の微小な変化 Δy を表していると考えるのが便利です。つまり、物理的な意味を考える場合は分数 $\dfrac{\Delta y}{\Delta x}$ と考え、数学的に取り扱うときは分数 $\dfrac{\mathrm{d}y}{\mathrm{d}x}$ と考えるのです。

---

* **ライプニッツ**　ゴットフリート・ヴィルヘルム・ライプニッツ（Gottfried Wilhelm Leibniz）はドイツの哲学、数学、科学者（1646〜1716年）。
* **微分 $\mathrm{d}y$**　微小な量なので、微分という名前がよく似合う。このように、$\mathrm{d}y$ を微分と呼ぶことにするので、本書では $\dfrac{\mathrm{d}y}{\mathrm{d}x}$ は微分と呼ばずに「微分した式」と呼ぶ。
* $\dfrac{\mathrm{d}y}{\mathrm{d}x}$　$\dfrac{\mathrm{d}y}{\mathrm{d}x}$ を**微分商**と呼ぶこともある。

2-1 なぜ微分を考えるのか―微分の意味―

図2.1.5：微分と変化量

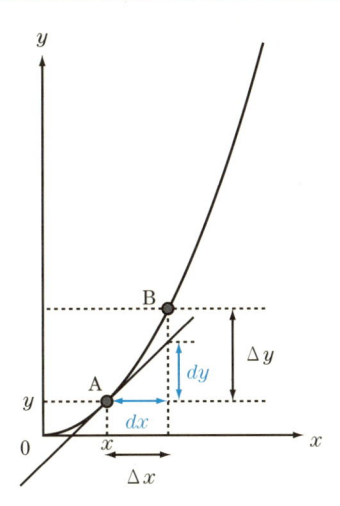

このように考えると、合成関数の微分など証明するまでもありません。例えば、$f(g(x))$を微分したいときは、以下のようになります。

$$df = f'(g)\,dg$$
$$= f'(g)g'(x)\,dx$$

上の式より、合成関数の導関数は次のようになります。

$$\frac{df}{dx} = f'(g)g'(x)$$

2-1 なぜ微分を考えるのか―微分の意味―

▶▶ 二階微分と高階微分

　微分した関数をもう一度微分することを**二階微分**するといいます。関数$f(x)$を二階微分して得られる二階導関数$f''(x)$は、次のようになります。

$$f''(x) = \lim_{\Delta x \to 0} \frac{\Delta f'}{\Delta x} = \lim_{\Delta x \to 0} \frac{f'(x + \Delta x) - f'(x)}{\Delta x} \qquad (2.1.6)$$

　それでは、$y = f(x)$の二階微分を求めてみましょう。

$$\begin{aligned}\mathrm{d}^2 y &= \mathrm{d}(\mathrm{d}y) = \mathrm{d}(f'(x)\mathrm{d}x) = \mathrm{d}(f'(x))\mathrm{d}x = f''(x)\mathrm{d}x\mathrm{d}x \\ &= f''(x)\mathrm{d}x^2\end{aligned} \qquad (2.1.7)$$

二階導関数を二階微分の商で表すと、次のようになります。

$$f''(x) = \frac{\mathrm{d}^2 f}{\mathrm{d}x^2}$$

前述したように、$\frac{\mathrm{d}}{\mathrm{d}x}$を関数から導関数を作り出す**演算子***とみなしたとき、この式を次のように書くことができます。

$$f''(x) = \frac{\mathrm{d}}{\mathrm{d}x}\left(\frac{\mathrm{d}}{\mathrm{d}x}f(x)\right) = \frac{\mathrm{d}}{\mathrm{d}x}\frac{\mathrm{d}}{\mathrm{d}x}f(x)$$

行列の場合と同様、積に関する結合の法則*が成り立っているために、カッコを省略することができます。

　二階微分も物理ではしばしば現れます。加速度aは速度の変化率ですから、速度の変化を微少な時間で割って、次のように表されます。

$$a(t) = \frac{\mathrm{d}v}{\mathrm{d}t} = \frac{\mathrm{d}^2 x}{\mathrm{d}t^2}$$

微分の微分は二階微分、二階微分の微分は三階微分、三階微分の微分は四階微分…
…これらを総称して、**高階微分**といいます。一般にn階微分は次のように表されます。

$$\begin{aligned}\mathrm{d}^n y &= \mathrm{d}(\mathrm{d}^{n-1} y) = \mathrm{d}(f^{(n-1)}(x)\mathrm{d}x^{n-1}) = \mathrm{d}(f^{(n-1)}(x))\mathrm{d}x^{n-1} \\ &= f^{(n)}(x)\mathrm{d}x\mathrm{d}x^{n-1} = f^{(n)}(x)\mathrm{d}x^n\end{aligned} \qquad (2.1.8)$$

ただし、$f^{(n)}(x)$はn階導関数で、次式で定義されます。

$$f^{(n)}(x) = \lim_{\Delta x \to 0} \frac{\Delta f^{(n-1)}}{\Delta x} = \lim_{\Delta x \to 0} \frac{f^{(n-1)}(x + \Delta x) - f^{(n-1)}(x)}{\Delta x} \qquad (2.1.9)$$

***演算子**　演算規則を決めるものというような意味から、ある関数から別の関数を作り出すものを演算子という。
***積に関する結合の法則**　結合の法則は、積に関して成り立つ$a(bc) = (ab)c$のような式である。

2-2 偏微分の意味

二つ以上の変数をもつ関数を微分する場合、どのようにすればよいかを考えてみましょう。例えば、山の高さは水平面上の位置を表す二つの変数 x と y の関数です。

▶▶ 偏微分

図2.2.1の $z = h(x, y)$ は、山の斜面を表していると考えましょう。

色付きの面は、x 軸に垂直な断面を示しています。この断面上での斜面の傾きは、高さの差を水平距離で割って次の式で与えられます。

$$\frac{h(x, y + \Delta y) - h(x, y)}{\Delta y}$$

傾きが一定でない場合は、極限値をとって次のようになります。

$$\lim_{\Delta y \to 0} \frac{h(x, y + \Delta y) - h(x, y)}{\Delta y} \tag{2.2.1}$$

図2.2.1：偏微分の意味

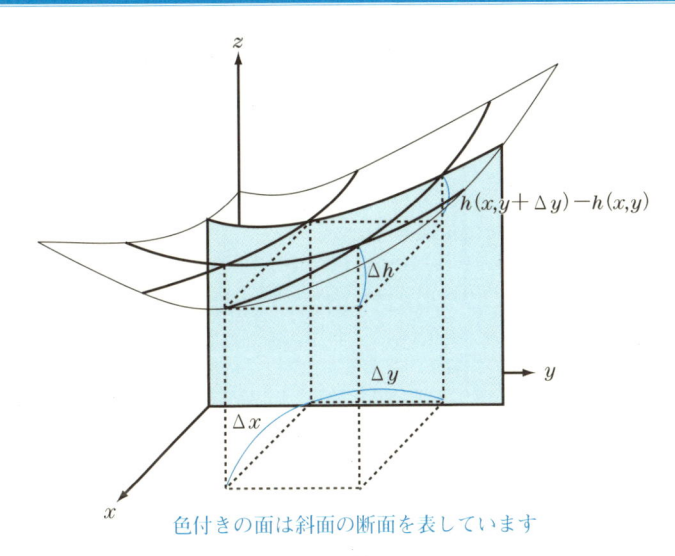

色付きの面は斜面の断面を表しています

2-2 偏微分の意味

このように、ほかの変数の値を変化させることなく、一つの変数に関して微分することを**偏微分**するといいます。関数$h(x, y)$をxに関して偏微分した式を$\frac{\partial h}{\partial x}$と書き、「ラウンド$h$、ラウンド$x$」と読みます。関数$h(x, y)$を$y$に関して偏微分した式は$\frac{\partial h}{\partial y}$と書きます。両式の定義は以下のようになります。

$$\frac{\partial h}{\partial x} = \lim_{\Delta x \to 0} \frac{h(x+\Delta x, y) - h(x, y)}{\Delta x} \tag{2.2.2}$$

$$\frac{\partial h}{\partial y} = \lim_{\Delta y \to 0} \frac{h(x, y+\Delta y) - h(x, y)}{\Delta y} \tag{2.2.3}$$

偏微分は、位置エネルギーから力を計算するときなどに必要となります。万有引力のような力が働く空間を考え、図2.2.2の点P、点Q、点R、点Sにおける位置エネルギーを$V(x, y, z)$、$V(x+\Delta x, y, z)$、$V(x, y+\Delta y, z)$、$V(x, y, z+\Delta z)$としましょう。

点Qの位置エネルギーと点Pの位置エネルギーの差$V(x+\Delta x, y, z) - V(x, y, z)$*は、点Qから点Pへ移動するあいだに力のする仕事に等しいことを物理で学んだと思

図2.2.2：空間の各点での位置エネルギー

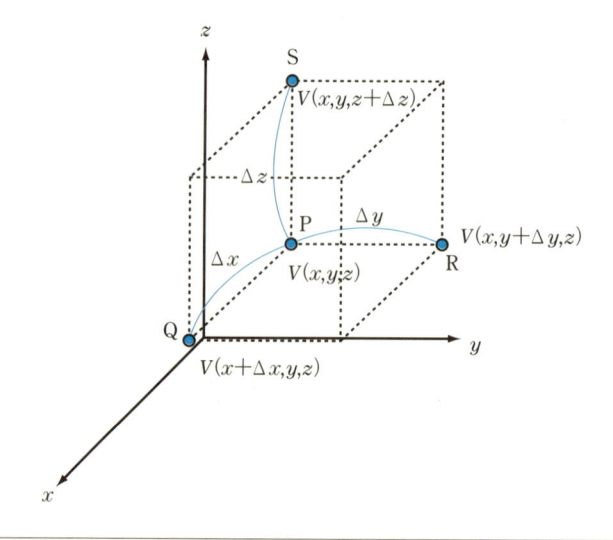

---

*$V(x+\Delta x, y, z) - V(x, y, z)$ これが力のする仕事に等しいということが位置エネルギーの定義である。

います。仕事は、第1章で学んだように移動方向の力と移動距離の積ですから、$-F_x \Delta x$ となります。両者を等しいとおくと、次のようになります。

$$V(x+\Delta x, y, z) - V(x, y, z) = -F_x \Delta x$$

この式より、位置エネルギー $V(x, y, z)$ から力 $\boldsymbol{F}$ の x 成分を求める次の式が得られます。

$$F_x = -\frac{\partial V}{\partial x}$$

同様にして、y 成分 z 成分も得られます。

$$F_y = -\frac{\partial V}{\partial y}$$

$$F_z = -\frac{\partial V}{\partial z}$$

万有引力の場合、位置エネルギー* は次のとおりです。

$$V(x, y, z) = -\frac{GMm}{r}$$

$$r(x, y, z) = \sqrt{x^2 + y^2 + z^2}$$

これを偏微分して力を求めてみましょう。

$$F_x = -\frac{\partial V}{\partial x}$$

$$= -\frac{\partial}{\partial x}\left(-\frac{GMm}{r}\right)$$

$$= \frac{\partial}{\partial x}\left(\frac{GMm}{\sqrt{x^2+y^2+z^2}}\right)$$

x で偏微分する場合は、y と z は変化させないで（すなわち y と z は定数と思って）、x だけの関数と思って微分すればよいのです。計算結果* は次のようになります。

$$\frac{\partial}{\partial x}\left(\frac{GMm}{\sqrt{x^2+y^2+z^2}}\right) = \frac{\partial}{\partial x}[GMm(x^2+y^2+z^2)^{-\frac{1}{2}}]$$

$$= -GMm\frac{1}{2}(x^2+y^2+z^2)^{-\frac{1}{2}-1} \cdot 2x$$

$$= -GMm\frac{x}{(\sqrt{x^2+y^2+z^2})^3}$$

---

* **位置エネルギー** 原点に質量 M の物体があったとき、位置 (x, y, z) にある質量 m の物体のもつ位置エネルギーである。G は万有引力定数である。
* **計算結果** 合成関数の微分の公式 $\frac{\mathrm{d}f(r(x))}{\mathrm{d}x} = f'(r)r'(x)$ を使う。

2-2 偏微分の意味

▶▶ 全微分

一変数のときに倣(なら)って関数 $f(x, y)$ の微分を定義しましょう。

以下の式を**全微分**といいます。

$$df = \frac{\partial f}{\partial x} dx + \frac{\partial f}{\partial y} dy \qquad (2.2.4)$$

この式の df が何を表しているかを図2.2.3に示してあります。微小な変化 dx、dy に対しては、関数 f の変化 $\Delta f = f(x+\Delta x, y+\Delta y) - f(x, y)$ を表していると考えて差し支えありません。式（2.2.4）のありがたさは、面積分・体積積分を学ぶ節（76ページ）で実感できるでしょう。

なお、$\frac{\partial f}{\partial x} dx$ と $\frac{\partial f}{\partial y} dy$ を**偏微分**と呼ぶこともあります。また、$\frac{\partial f}{\partial x}$ * を**偏微分商**、または **f を x で偏微分した式**と呼びます。

図2.2.3：偏微分と全微分

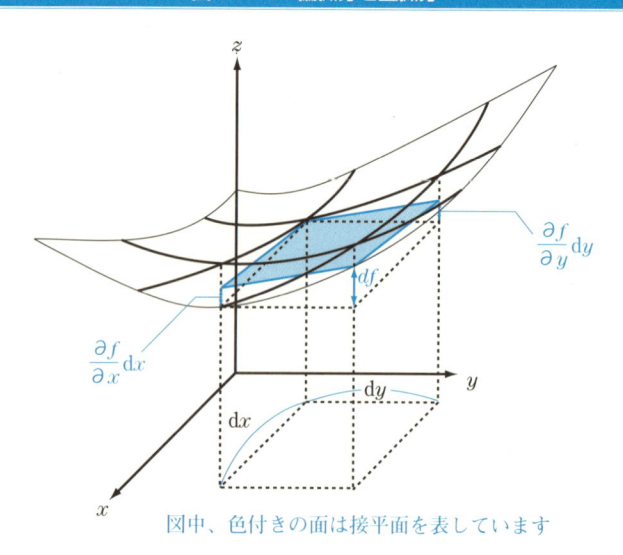

図中、色付きの面は接平面を表しています

---

* $\frac{\partial f}{\partial x}$　この式を偏微分ということも多いようだが、本書では偏微分商または偏微分した式と呼ぶことにする。

▶▶ 二階偏微分

二変数関数 $f(x, y)$ を偏微分した式をもう一度偏微分することを**二階偏微分**をするといいます。二階偏微分をして得られる式は次の4通りあります。

・x で偏微分したものを x で偏微分して得られる $\dfrac{\partial^2 f}{\partial x^2}$

・x で偏微分したものを y で偏微分して得られる $\dfrac{\partial^2 f}{\partial x \partial y}$

・y で偏微分したものを x で偏微分して得られる $\dfrac{\partial^2 f}{\partial y \partial x}$

・y で偏微分したものを y で偏微分して得られる $\dfrac{\partial^2 f}{\partial y^2}$

これらは、以下のように定義*されます。

$$\frac{\partial^2 f}{\partial x^2} = \frac{\partial}{\partial x}\left(\frac{\partial f}{\partial x}\right) \tag{2.2.5}$$

$$\frac{\partial^2 f}{\partial x \partial y} = \frac{\partial}{\partial y}\left(\frac{\partial f}{\partial x}\right) = \frac{\partial}{\partial x}\left(\frac{\partial f}{\partial y}\right) = \frac{\partial^2 f}{\partial y \partial x} \tag{2.2.6}$$

$$\frac{\partial^2 f}{\partial y^2} = \frac{\partial}{\partial y}\left(\frac{\partial f}{\partial y}\right) \tag{2.2.7}$$

この式にも示されているように、通常の物理で現れる関数の場合、$\dfrac{\partial^2 f}{\partial x \partial y}$ と $\dfrac{\partial^2 f}{\partial y \partial x}$ は等しくなります。本書では、この二つは等しいとして話を進めます。

---

*定義　ただし、$\dfrac{\partial}{\partial x}\left(\dfrac{\partial f}{\partial x}\right) = \dfrac{\partial\left(\dfrac{\partial f}{\partial x}\right)}{\partial x}$ である。

▶▶ 二階微分

二階微分を式で表すと以下のようになります。

$$d^2 f = d(df)$$

$$= d\left(\frac{\partial f}{\partial x}dx + \frac{\partial f}{\partial y}dy\right)$$

$$= \frac{\partial}{\partial x}\left(\frac{\partial f}{\partial x}dx + \frac{\partial f}{\partial y}dy\right)dx + \frac{\partial}{\partial y}\left(\frac{\partial f}{\partial x}dx + \frac{\partial f}{\partial y}dy\right)dy$$

$$= \frac{\partial^2 f}{\partial x^2}dxdx + \frac{\partial^2 f}{\partial y \partial x}dydx + \frac{\partial^2 f}{\partial x \partial y}dxdy + \frac{\partial^2 f}{\partial y^2}dydy$$

$$= \frac{\partial^2 f}{\partial x^2}dx^2 + 2\frac{\partial^2 f}{\partial x \partial y}dxdy + \frac{\partial^2 f}{\partial y^2}dy^2 \qquad (2.2.8)$$

この式を前に述べた記法、すなわち、$\frac{\partial}{\partial x}$などを演算子とみなす書き方で書いてみましょう。

$$d^2 f = \frac{\partial}{\partial x}\frac{\partial}{\partial x}dx^2 f + 2\frac{\partial}{\partial y}\frac{\partial}{\partial x}dxdy f + \frac{\partial}{\partial y}\frac{\partial}{\partial y}dy^2 f$$

$$= \left(\frac{\partial}{\partial x}dx + \frac{\partial}{\partial y}dy\right)^2 f \qquad (2.2.9)$$

式の変形[*]は、単純な因数分解の計算です。下の式を計算して上の式になることを確かめてください。なお、dxなどは定数であり、演算子の作用を受けません。

▶▶ 高階偏微分

高階偏微分は、式 (2.2.9) を拡張して次のようになります。

$$d^n f = \left(\frac{\partial}{\partial x}dx + \frac{\partial}{\partial y}dy\right)^n f \qquad (2.2.10)$$

この式を形式的に展開することができます。例として$n=3$の結果[*]を示すと、次のようになります。

$$d^3 f = \frac{\partial^3 f}{\partial x^3}dx^3 + 3\frac{\partial^3 f}{\partial x^2 \partial y}dx^2 dy + 3\frac{\partial^3 f}{\partial x \partial y^2}dxdy^2 + \frac{\partial^3 f}{\partial y^3}dy^3 \quad (2.2.11)$$

---

[*] 式の変形　　形式的に式 $(a+b)^2 = a^2 + 2ab + b^2$ を用いる
[*] $n=3$の結果　　公式 $(a+b)^3 = a^3 + 3a^2 b + 3ab^2 + b^3$ を使う。

2-3
ベクトルの微分と極座標

　位置座標を時間で微分することにより速度を求めることができることを48ページで学びました。しかし、平面や空間の運動では、位置も速度もベクトルで表されます。この節では速度を例にとって、ベクトルの微分について学ぶことにしましょう。

▶▶ ベクトルの微分

　図2.3.1の点Pにいた物体がΔt秒後に点Qに移動したとしましょう。

　位置ベクトルが$\boldsymbol{r}(t)$から$\boldsymbol{r}(t+\Delta t)$に変化するわけです。位置の移動を表す変位ベクトル$\Delta \boldsymbol{r}$は図に示してありますが、式で書くと、次のようになります。

$$\Delta \boldsymbol{r} = \boldsymbol{r}(t+\Delta t) - \boldsymbol{r}(t)$$

　図2.3.1の点Pから点Qに移動した物体の速度の大きさは、移動距離を時間で割って求められます。

$$\frac{|\Delta \boldsymbol{r}|}{\Delta t}$$

図2.3.1：位置ベクトルと微分

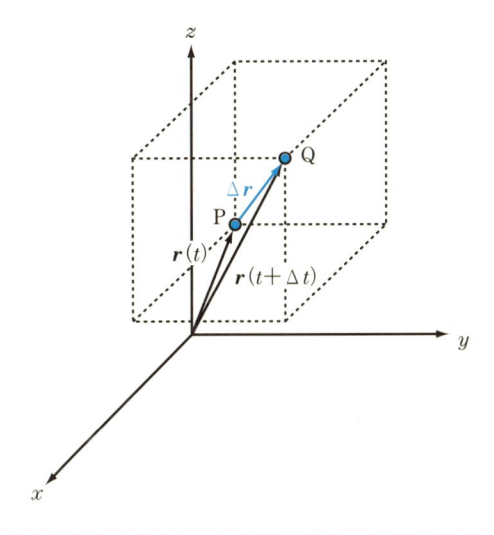

2-3 ベクトルの微分と極座標

　速度の方向は、点Pから点Qに向かう方向ですから、$\Delta \boldsymbol{r}$ の方向です。速度ベクトル[*]は次の式で表すことができます。

$$\frac{\Delta \boldsymbol{r}}{\Delta t}$$

　瞬間の速度 $\boldsymbol{v}(t)$ を求めるためには、時間 Δt をゼロに近づける極限をとればよいですから、次のようになります。

$$\boldsymbol{v}(t) = \lim_{\Delta t \to 0} \frac{\Delta \boldsymbol{r}}{\Delta t}$$

この式の右辺が**ベクトル $\boldsymbol{r}(t)$ を時間で微分した式**です。スカラーを微分した式と同じく次のように書きます。

$$\frac{\mathrm{d}\boldsymbol{r}}{\mathrm{d}t} = \dot{\boldsymbol{r}} = \lim_{\Delta t \to 0} \frac{\Delta \boldsymbol{r}}{\Delta t} \tag{2.3.1}$$

ここは時間で微分した式ですから $\dot{\boldsymbol{r}}$ と書きましたが、時間以外で微分する場合は $\boldsymbol{r}'$ と書きます。

▶▶ 成分を使ったベクトルの微分

　実際に微分の計算を実行するには、成分で表示して計算します。図2.3.2に示したように、ベクトル $\boldsymbol{r}$[*]は、その成分 x、y、z と x、y、z 方向の単位ベクトル $\boldsymbol{i}$、$\boldsymbol{j}$、$\boldsymbol{k}$ を使って、次のように書くことができます。

$$\boldsymbol{r}(t) = x(t)\boldsymbol{i} + y(t)\boldsymbol{j} + z(t)\boldsymbol{k} \tag{2.3.2}$$

---

[*] **速度ベクトル**　ベクトルの大きさが $\frac{|\Delta \boldsymbol{r}|}{\Delta t}$ と一致することはいうまでもない。ベクトルをスカラーで割っても方向は変わらないので、$\frac{\Delta \boldsymbol{r}}{\Delta t}$ の方向は $\Delta \boldsymbol{r}$ の方向と同じである。

[*] **ベクトル $\boldsymbol{r}$**　位置ベクトル $\boldsymbol{r}$ の場合、その x 成分は r_x ではなく x と書く。位置ベクトル以外の一般のベクトルの場合は $\boldsymbol{A}(t) = A_x(t)\boldsymbol{i} + A_y(t)\boldsymbol{j} + A_z(t)\boldsymbol{k}$ である。

2-3 ベクトルの微分と極座標

図2.3.2：位置ベクトルと成分

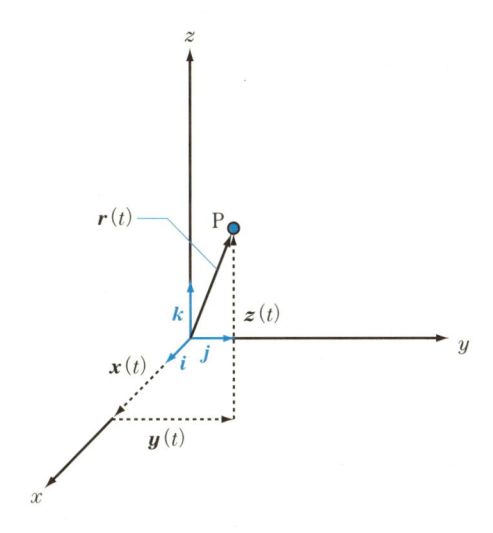

式 (2.3.1) に式 (2.3.2) を代入して、

$$\frac{d\boldsymbol{r}}{dt} = \lim_{\Delta t \to 0} \frac{\boldsymbol{r}(t+\Delta t) - \boldsymbol{r}(t)}{\Delta t}$$

$$= \lim_{\Delta t \to 0} \frac{x(t+\Delta t)\boldsymbol{i} + y(t+\Delta t)\boldsymbol{j} + z(t+\Delta t)\boldsymbol{k} - [x(t)\boldsymbol{i} + y(t)\boldsymbol{j} + z(t)\boldsymbol{k}]}{\Delta t}$$

$$= \lim_{\Delta t \to 0} \frac{x(t+\Delta t) - x(t)}{\Delta t}\boldsymbol{i} + \lim_{\Delta t \to 0} \frac{y(t+\Delta t) - y(t)}{\Delta t}\boldsymbol{j}$$

$$+ \lim_{\Delta t \to 0} \frac{z(t+\Delta t) - z(t)}{\Delta t}\boldsymbol{k}$$

$$= \frac{dx}{dt}\boldsymbol{i} + \frac{dy}{dt}\boldsymbol{j} + \frac{dz}{dt}\boldsymbol{k} \qquad (2.3.3)$$

この結果を言葉にすると、「ベクトルを微分した式のx成分（y成分、z成分）は、ベクトルのx成分（y成分、z成分）を微分した式になる」となります。

極座標を使ったベクトルの微分

回転している座標系で運動を考えたり、太陽の周りを回る惑星のように中心からの力を受けた運動を考える場合、極座標方向の成分を使ってベクトルの微分を考えることはとても有力な方法です。この節では平面運動を考えます。図2.3.3に示してある e_r、e_θ は、それぞれ、極座標 r、θ 方向の単位ベクトルです。

図2.3.3：極座標と微分

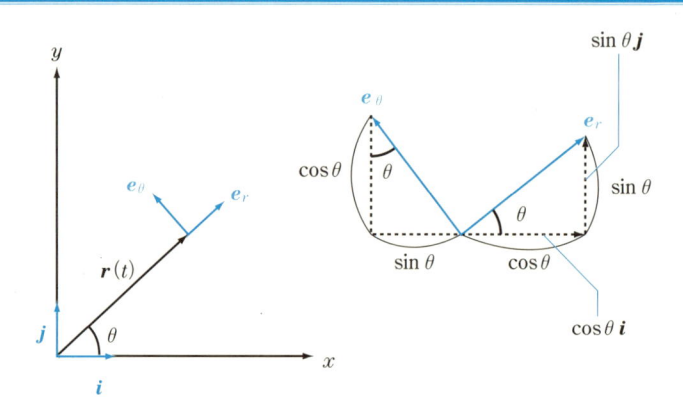

位置ベクトル r を e_r、e_θ で表してみましょう。結果は、$r(t) = r(t)e_r$ となり、とても単純です。ただし、$r(t) = |r(t)|$ です。

この式を式（2.3.1）に代入して、ベクトルを微分した式を求めましょう。この場合、位置ベクトルを微分しましたから、得られたベクトルは速度ベクトルです。

$$\frac{dr}{dt} = \lim_{\Delta t \to 0} \frac{r(t + \Delta t) - r(t)}{\Delta t}$$

$$= \lim_{\Delta t \to 0} \frac{r(t + \Delta t)e_r - r(t)e_r}{\Delta t}$$

$$\neq \lim_{\Delta t \to 0} \frac{r(t + \Delta t) - r(t)}{\Delta t} e_r$$

$$= \frac{dr}{dt} e_r$$

2-3 ベクトルの微分と極座標

 3番目の式が等号ではないことに気付かれましたか？ 実は、$\bm{e}_r$、$\bm{e}_\theta$ は時間の関数になっているのです。つまり、時間とともに物体が動いてその位置座標 r、θ が変化すると、$\bm{e}_r$、$\bm{e}_\theta$ の向きが変化します。正しい式※は以下のようになります。

$$\frac{d\bm{r}}{dt} = \lim_{\Delta t \to 0} \frac{r(t+\Delta t)\bm{e}_r(t+\Delta t) - r(t)\bm{e}_r(t)}{\Delta t}$$

$$= \lim_{\Delta t \to 0} \frac{r(t+\Delta t)\bm{e}_r(t+\Delta t) - r(t)\bm{e}_r(t+\Delta t) + r(t)\bm{e}_r(t+\Delta t) - r(t)\bm{e}_r(t)}{\Delta t}$$

$$= \lim_{\Delta t \to 0} \frac{r(t+\Delta t)\bm{e}_r(t+\Delta t) - r(t)\bm{e}_r(t+\Delta t)}{\Delta t}$$

$$+ \lim_{\Delta t \to 0} \frac{r(t)\bm{e}_r(t+\Delta t) - r(t)\bm{e}_r(t)}{\Delta t}$$

$$= \lim_{\Delta t \to 0} \frac{r(t+\Delta t) - r(t)}{\Delta t}\bm{e}_r(t+\Delta t) + r(t)\lim_{\Delta t \to 0}\frac{\bm{e}_r(t+\Delta t) - \bm{e}_r(t)}{\Delta t}$$

$$= \left(\lim_{\Delta t \to 0} \frac{r(t+\Delta t) - r(t)}{\Delta t}\right)\bm{e}_r(t) + r(t)\lim_{\Delta t \to 0}\frac{\bm{e}_r(t+\Delta t) - \bm{e}_r(t)}{\Delta t}$$

$$= \frac{dr}{dt}\bm{e}_r + r\frac{d\bm{e}_r}{dt} \tag{2.3.4}$$

 この式は、スカラー関数における積の微分の公式をスカラーとベクトルの積の場合にも適用してよいということを示しています。

 次に、これらの単位ベクトルを時間で微分して $\dfrac{d\bm{e}_r}{dt}$、$\dfrac{d\bm{e}_\theta}{dt}$ を求めてみましょう。

 図2.3.3より、以下のようになります。

$$\bm{e}_r = \cos\theta\,\bm{i} + \sin\theta\,\bm{j} \tag{2.3.5}$$

$$\bm{e}_\theta = -\sin\theta\,\bm{i} + \cos\theta\,\bm{j} \tag{2.3.6}$$

これらを微分して整理すると次の式が得られます。

$$\frac{d\bm{e}_r}{dt} = \frac{d\cos\theta}{dt}\bm{i} + \frac{d\sin\theta}{dt}\bm{j} = -\sin\theta\,\dot{\theta}\,\bm{i} + \cos\theta\,\dot{\theta}\,\bm{j}$$

$$\frac{d\bm{e}_\theta}{dt} = -\frac{d\sin\theta}{dt}\bm{i} + \frac{d\cos\theta}{dt}\bm{j} = -\cos\theta\,\dot{\theta}\,\bm{i} - \sin\theta\,\dot{\theta}\,\bm{j}$$

※**正しい式** 途中 $\bm{e}_r(t+\Delta t)$ を $\bm{e}_r(t)$ に置き換えているが、Δt をゼロに近づける極限をとるということで正当化される。

2-3 ベクトルの微分と極座標

ただし、$\dot{\theta} = \dfrac{\mathrm{d}\theta}{\mathrm{d}t}$ です。この式と、式（2.3.5）、（2.3.6）を比較すると、次式が得られます。

$$\frac{\mathrm{d}\boldsymbol{e}_r}{\mathrm{d}t} = \dot{\boldsymbol{e}}_r = \dot{\theta}\,\boldsymbol{e}_\theta \tag{2.3.7}$$

$$\frac{\mathrm{d}\boldsymbol{e}_\theta}{\mathrm{d}t} = \dot{\boldsymbol{e}}_\theta = -\dot{\theta}\,\boldsymbol{e}_r \tag{2.3.8}$$

式（2.3.4）に式（2.3.7）を代入すると、次のようになります。

$$\frac{\mathrm{d}\boldsymbol{r}}{\mathrm{d}t} = \dot{r}\,\boldsymbol{e}_r + r\dot{\theta}\,\boldsymbol{e}_\theta \tag{2.3.9}$$

この式は、位置ベクトルを微分したものですから速度ベクトル $\boldsymbol{v}$ を表しています。この式の $\dot{\theta}$ は角速度です。この式を等速円運動に適用すると、右辺第一項はゼロ*になりますから、速度は θ 方向に $r\dot{\theta}$ というよく知られた結果になります。

次に、速度 $\boldsymbol{v} = \dfrac{\mathrm{d}\boldsymbol{r}}{\mathrm{d}t}$ を微分して加速度 $\boldsymbol{a}$ を求めてみましょう。式（2.3.7）、（2.3.8）、（2.3.9）を使って、次の結果が得られます。

$$\begin{aligned}
\boldsymbol{a} &= \frac{\mathrm{d}\boldsymbol{v}}{\mathrm{d}t} = \frac{\mathrm{d}^2\boldsymbol{r}}{\mathrm{d}t^2} \\
&= \frac{\mathrm{d}(\dot{r}\,\boldsymbol{e}_r + r\dot{\theta}\,\boldsymbol{e}_\theta)}{\mathrm{d}t} \\
&= \ddot{r}\,\boldsymbol{e}_r + \dot{r}\,\dot{\boldsymbol{e}}_r + \dot{r}\dot{\theta}\,\boldsymbol{e}_\theta + r\ddot{\theta}\,\boldsymbol{e}_\theta + r\dot{\theta}\,\dot{\boldsymbol{e}}_\theta \\
&= \ddot{r}\,\boldsymbol{e}_r + \dot{r}\dot{\theta}\,\boldsymbol{e}_\theta + \dot{r}\dot{\theta}\,\boldsymbol{e}_\theta + r\ddot{\theta}\,\boldsymbol{e}_\theta - r\dot{\theta}\dot{\theta}\,\boldsymbol{e}_r \\
&= (\ddot{r} - r\dot{\theta}^2)\,\boldsymbol{e}_r + (2\dot{r}\dot{\theta} + r\ddot{\theta})\,\boldsymbol{e}_\theta
\end{aligned} \tag{2.3.10}$$

107ページで、この式を使って太陽の周りを回る惑星の楕円運動を考えます。

＊**右辺第一項はゼロ**　円運動なので、r は一定。時間で微分した $\dot{r}$ はゼロになる。

2-4 なぜ積分を考えるのか
―積分の意味―

最初に、速度と移動距離の関係を使って定積分の意味を考え、密度と質量の関係、電流と移動した電荷の関係、慣性モーメントの計算などの例を学びましょう。さらに、定積分と不定積分の関係や、いくつかの有用な微分積分の公式を学びましょう。

▶▶ 定積分と定積分の物理的な意味

速度が図2.4.1のように変化している場合、移動距離はどのようにして求めることができるでしょう。

図2.4.1：速度と移動距離（その1）

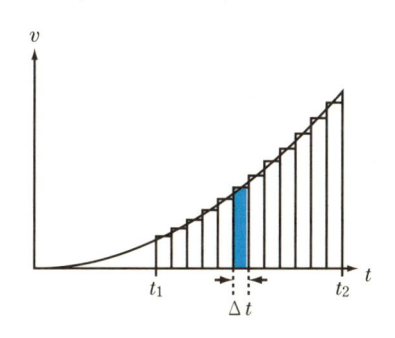

図に示した微小時間Δtの間の移動距離は速度×時間、つまり図の色付き四角形の面積になります。時刻t_1からt_2までの移動距離は、四角形の面積の総和で求めることができます。図2.4.1ではt_1からt_2までを12等分していますが、N等分してN個の四角形の面積の総和をとることにして、Nを無限大にする極限をとることにすれば、移動距離を厳密に求めることができます。図示すれば、次ページの図2.4.2の面積が移動距離を与えます。

2-4 なぜ積分を考えるのか─積分の意味─

図2.4.2：速度と移動距離（その2）

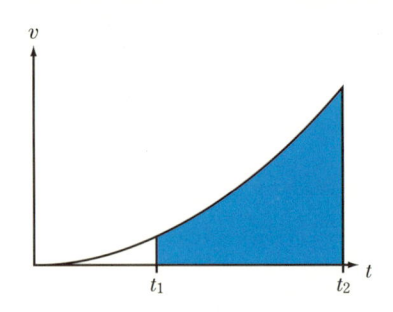

次式が、時刻t_1からt_2までの移動距離を表すことになります。

$$\lim_{N \to \infty} \sum_{i=1}^{N} v(t_i) \Delta t$$

このような式を**定積分**と呼び、次のような記号で記述します。

$$\int_{t_1}^{t_2} v(t) \mathrm{d}t = \lim_{N \to \infty} \sum_{i=1}^{N} v(t_i) \Delta t$$

下の図2.4.3の棒の質量を考えてみましょう。

図2.4.3：棒の質量

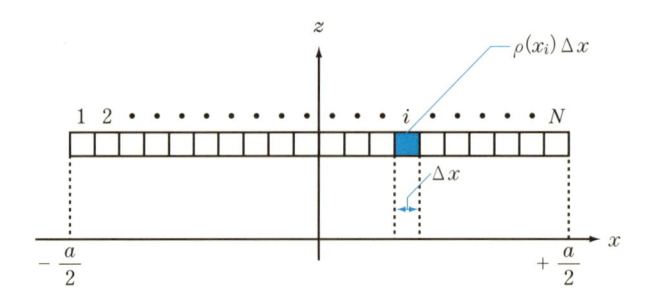

2-4 なぜ積分を考えるのか —積分の意味—

微小長さ Δx の部分の質量は、線密度（単位長さあたりの質量）ρ と長さ Δx の積です。棒全体の質量は $\lim_{N \to \infty} \sum_{i=1}^{N} \rho(x_i) \Delta x$ となり、やはり積分で次のように表すことができます。

$$\int_{-\frac{a}{2}}^{\frac{a}{2}} \rho(x) \, dx$$

もうひとつ例を考えてみましょう。下の図2.4.4の棒をz軸周りに回転させたときの慣性モーメント[*]を考えてみます。

図2.4.4：棒の慣性モーメント（その1）

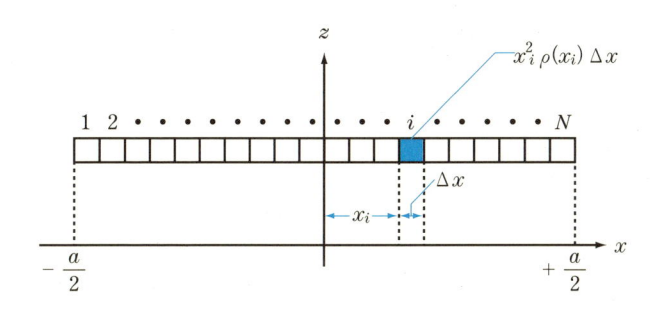

微小部分の慣性モーメントは、質量 $\rho \Delta x$ と回転軸までの距離の二乗の積 $\rho \Delta x x^2$ です。棒全体の慣性モーメントは、$\lim_{N \to \infty} \sum_{i=1}^{N} \rho(x_i) x^2 \Delta x$ となり、次ページの図2.4.5のように縦軸に $\rho(x_i) x^2$ をとったときの斜線部の面積になります。図2.4.5では均一な棒として $\rho(x_i) = \dfrac{M}{a}$ とした図を描いています。

---

[*] **z軸周りに回転させたときの慣性モーメント**　慣性モーメントは、回転において質量の役割を果たす。微小部分の慣性モーメントは、質量と回転軸までの距離の二乗の積である。

2-4 なぜ積分を考えるのか ―積分の意味―

図2.4.5：棒の慣性モーメント（その2）

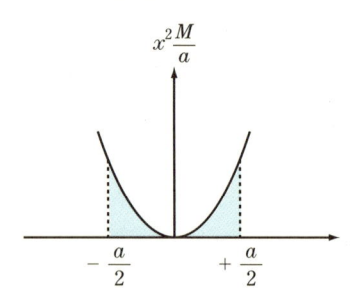

棒全体の慣性モーメントは、積分で次のように表すことができます。

$$\int_{-\frac{a}{2}}^{\frac{a}{2}} x^2 \rho(x) \, dx$$

速度や線密度が一定値であれば、「移動距離」や「棒の質量」といった量は「速度と時間の積」や「線密度と長さの積」などのように積で表されます。

しかし、一定値でない一般的な場合は積分で表されます。積分で表された式の物理的な意味を知りたい場合には、積分される関数と微少量の積が何を表しているか考えます。

次のいくつかの例が何を表しているか考えてください。ただし、$I(t)$は時刻tの電流、$F_x(x)$は位置xで物体に働く力のx成分です。

$$\int_{t_1}^{t_2} I(t) \, dt \tag{2.4.1}$$

$$\int_{x_1}^{x_2} F_x(x) \, dx \tag{2.4.2}$$

電流と時間の積が流れた電荷の量になりますから、$I(t)dt$は微少時間dtの間に流れた電荷の量になります。そうすると、式（2.4.1）は時刻t_1からt_2までに流れた電荷の量を表していることになります。力と移動距離の積は仕事です。$F_x(x)dx$は、微少変位dxを移動するあいだに力のした仕事量になります。そうすると式（2.4.2）は、位置x_1からx_2まで移動する間に力のした仕事量を表していることになります。

不定積分

数学では、独立変数をx、関数を$f(x)$と書くことが多いので、$f(x)$をxで積分する式で記述しましょう。前節で学んだ定積分$\int_{x_1}^{x_2} f(x)\,\mathrm{d}x$は、縦軸を$f(x)$、横軸を$x$としたときのグラフの面積を表します。定積分では変数xを変数x'や変数tに変えても定積分の値は変わりませんから、変数をx'としましょう。積分の上限をxにすると、得られる式は図2.4.6に示された面積を表しています。

図2.4.6：不定積分

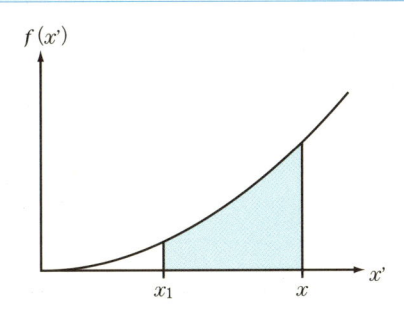

これはxの関数になっています。この関数を$F(x)$とおきましょう。

$$F(x) = \int_{x_1}^{x} f(x')\,\mathrm{d}x' \tag{2.4.3}$$

微小変化Δxに対する関数の変化$\Delta F = F(x+\Delta x) - F(x)$は、$x+\Delta x$までの面積から$x$までの面積を引いたもので、図2.4.7の微小な四角形の面積$f(x)\Delta x$に等しくなります。

2-4 なぜ積分を考えるのか―積分の意味―

図2.4.7：原始関数

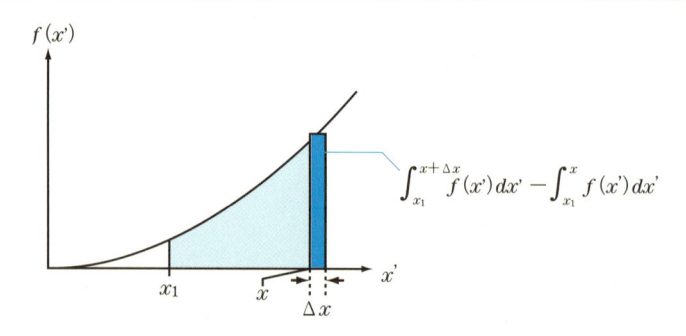

$$\int_{x_1}^{x+\Delta x} f(x')dx' - \int_{x_1}^{x} f(x')dx'$$

その結果、次のようになります。

$$dF = f(x)dx \tag{2.4.4}$$

$$\frac{dF}{dx} = f(x) \tag{2.4.5}$$

$F(x)$の導関数が$f(x)$です。つまり、関数$F(x)$から微分によって導き出される関数が$f(x)$です。一方、式（2.4.5）を満たす関数$F(x)$は、元の関数という意味で**原始関数**＊と呼ばれます。この式から原始関数を求めることができます。

原始関数（式（2.4.5）を満たす関数$F(x)$）を求めるには、「微分したとき$f(x)$になるのはどういう関数だったかな？」と思い出してみればよいのです。例えば、$f(x) = \cos x$であれば、$\sin x$を微分すると$\cos x$であったことを思い出して、$F(x) = \sin x$＊とすればよいのです。

微分すると$\cos x$になる関数は、$\sin x$だけではありません。これに定数を加えたものはすべて、微分すると$\cos x$になります。式（2.4.3）の積分の下限の値が異なっていても、$F(x)$は式（2.4.5）を満たすので、それは当然です。

このように、原始関数は定数だけ不定性をもっています。

次に、定積分を原始関数を使って計算することを考えると、次の式が成り立ちます。

$$\int_a^b f(x')dx' = \int_{x_1}^b f(x')dx' - \int_{x_1}^a f(x')dx'$$
$$= F(b) - F(a) * \tag{2.4.6}$$

＊**原始関数** 元祖関数といったほうが意味がはっきりするが、原始関数というのが通常呼ばれる名前である。

＊$F(x) = \sin x$ 式（2.4.3）で定義された関数$F(x)$は、$\sin x - \sin x_1$となる。微分したときに$f(x)$となり、しかも、$F(x_1) = 0$を満たす。

＊$F(b) - F(a)$ この式の第2項はx_1とbのあいだの面積からx_1とaのあいだの面積を引いたものなので、第一項と等しくなる。

この式は原始関数の差ですから、原始関数に定数項が加わっても成り立ちます。なお、式（2.4.6）を次のような記号で表すのが普通です。

$$\int_a^b f(x') \mathrm{d}x' = [F(x)]_a^b \tag{2.4.7}$$

式（2.4.5）を満たす原始関数$F(x)$を積分の式で書く場合、式（2.4.3）の積分の下限の値はいくつであってもかまいません。そこで、積分の下限は気にしないことにして、次のように書き表し、**不定積分**と呼びます。

$$\int f(x) \mathrm{d}x$$

▶▶ 微分と積分の主な公式

ここで、微分と積分の主な公式をまとめておきましょう。

微分の和の公式・積の公式などは、64ページの「極座標を使ったベクトルの微分」でも述べたように、関数がベクトルであっても成り立ちます。

● 和の微分公式

$$\mathrm{d}(f+g) = \mathrm{d}f + \mathrm{d}g$$
$$\mathrm{d}(\boldsymbol{f}+\boldsymbol{g}) = \mathrm{d}\boldsymbol{f} + \mathrm{d}\boldsymbol{g}$$

● 定数倍の微分公式

$$\mathrm{d}\{kf(x)\} = k\mathrm{d}\{f(x)\}$$
$$\mathrm{d}\{k\boldsymbol{f}(x)\} = k\mathrm{d}\{\boldsymbol{f}(x)\}$$
$$\mathrm{d}\{\boldsymbol{k}f(x)\} = \boldsymbol{k}\mathrm{d}\{f(x)\}$$
$$\mathrm{d}\{\boldsymbol{k}\cdot\boldsymbol{f}(x)\} = \boldsymbol{k}\cdot\mathrm{d}\{\boldsymbol{f}(x)\}$$
$$\mathrm{d}\{\boldsymbol{k}\times\boldsymbol{f}(x)\} = \boldsymbol{k}\times\mathrm{d}\{\boldsymbol{f}(x)\}$$

2-4 なぜ積分を考えるのか─積分の意味─

● **積の微分公式**

$$\mathrm{d}(fg) = (\mathrm{d}f)g + f\mathrm{d}g$$
$$\mathrm{d}(f\boldsymbol{g}) = (\mathrm{d}f)\boldsymbol{g} + f\mathrm{d}\boldsymbol{g}$$
$$\mathrm{d}(\boldsymbol{f}\cdot\boldsymbol{g}) = (\mathrm{d}\boldsymbol{f})\cdot\boldsymbol{g} + \boldsymbol{f}\cdot\mathrm{d}\boldsymbol{g}$$
$$\mathrm{d}(\boldsymbol{f}\times\boldsymbol{g}) = (\mathrm{d}\boldsymbol{f})\times\boldsymbol{g} + \boldsymbol{f}\times\mathrm{d}\boldsymbol{g}$$

● **商の微分公式**

$$\mathrm{d}\left(\frac{f}{g}\right) = \frac{(\mathrm{d}f)g - f\mathrm{d}g}{g^2}$$

● **合成関数の微分公式**

$$\mathrm{d}\{f(g(x))\} = f'(g)\mathrm{d}g = f'(g)g'(x)\mathrm{d}x$$

合成関数の微分の中で次の例は頻出します。

$$\mathrm{d}\{f(ax+b)\} = af'(ax+b)\mathrm{d}x$$

● **主な関数の微分公式**

$$\mathrm{d}(x^n) = nx^{n-1}\mathrm{d}x$$
$$\mathrm{d}(\sin x) = \cos x\,\mathrm{d}x$$
$$\mathrm{d}(\cos x) = -\sin x\,\mathrm{d}x$$
$$\mathrm{d}(e^x) = e^x\mathrm{d}x$$
$$\mathrm{d}(\log_e x) = \frac{1}{x}\mathrm{d}x$$

● **積の積分公式（部分積分）**

$$\int g\mathrm{d}f = \int \mathrm{d}(fg) - \int f\mathrm{d}g$$

または

$$\int gf'\mathrm{d}x = fg - \int fg'\mathrm{d}x$$

2-4 なぜ積分を考えるのか──積分の意味──

●**合成関数の積分公式（置換積分）**

$$\int f(g(x))g'(x)\,dx = \int f(g)\,dg$$

合成関数の積分の中で次の例は頻出します。

$$\int f(ax+b)\,dx = \frac{1}{a}\int f(ax+b)\,d(ax+b)$$

●**主な関数の積分公式（Cは積分定数）**

$$\int x^n\,dx = \frac{1}{n+1}x^{n+1} + C \qquad n \neq -1$$

$$\int \frac{1}{x}\,dx = \log_e x + C$$

$$\int e^x\,dx = e^x + C$$

$$\int \cos x\,dx = \sin x + C$$

$$\int \sin x\,dx = -\cos x + C$$

2-5 線積分、面積分、体積積分の意味

バネを縮めたときの仕事のエネルギーを計算するためには普通の定積分を使いますが、曲線に沿って動いたときにする仕事のエネルギーを計算する場合は線積分を使います。板状の物体の質量を計算するには面積分が使われ、立体の質量を計算するには体積積分が使われます。線積分、面積分、体積積分を普通の定積分を使って計算する方法を学びましょう。

▶▶ 線積分

図2.5.1の点P_1から点P_2に移動するあいだに力のする仕事を考えてみましょう。

図2.5.1：線積分とは

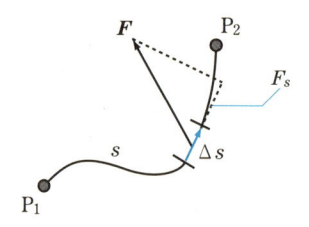

点P_1から動いた長さ*をsとします。微小変位$\Delta \boldsymbol{s}$移動するあいだに力のする仕事は、$\boldsymbol{F} \cdot \Delta \boldsymbol{s} = F_s \Delta s$です。点$P_1$から点$P_2$に移動するあいだに力のする仕事$W$は、次のようになります。

$$W = \lim_{N \to \infty} \sum_{i=1}^{N} \boldsymbol{F} \cdot \Delta \boldsymbol{s}$$

$$= \lim_{N \to \infty} \sum_{i=1}^{N} F_s \Delta s \qquad (2.5.1)$$

これを積分記号を使って、次のように書き、**線積分**と呼びます。

$$\lim_{N \to \infty} \sum_{i=1}^{N} \boldsymbol{F} \cdot \Delta \boldsymbol{s} = \int_C \boldsymbol{F} \cdot \mathrm{d}\boldsymbol{s}$$

$$\lim_{N \to \infty} \sum_{i=1}^{N} F_s \Delta s = \int_C F_s \mathrm{d}s \qquad (2.5.2)$$

---

*点P_1から動いた長さ　曲線に沿って測った長さのこと。

2-5 線積分、面積分、体積積分の意味

ここで、Cは図に示された曲線（積分経路）を表しています。力の接線方向成分F_sをsの関数としてグラフに書いたものが下の図2.5.2です。

図2.5.2：線積分の計算

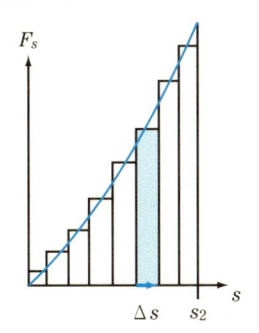

式（2.5.1）はこのグラフの四角形の面積の和を表していることが容易にわかります。式（2.5.2）はF_sのグラフとs軸の間の面積を表し、$F_s(s)$を普通に定積分して求めることができます。つまり、次のようになります。

$$\int_C F_s \mathrm{d}s = \int_0^{s_2} F_s(s) \mathrm{d}s \qquad (2.5.3)$$

前節で学んだ積分は、x軸に沿って積分する線積分の一種ということもできます。

式（2.5.2）で積分の上限と下限を指定せずに積分経路を指定する理由は、積分の始点と終点が同じでも、積分経路により積分の値が異なるからです。

次ページの図2.5.3の積分経路C_1、C_2はいずれも始点は点P、終点は点Qですが、二つの経路に沿った積分は一般的には異なった値[*]をとります。

---

[*] **異なった値** 式（2.5.3）の$F_s(s)$は、積分経路が変わると変化する。

2-5 線積分、面積分、体積積分の意味

図2.5.3：線積分と積分経路

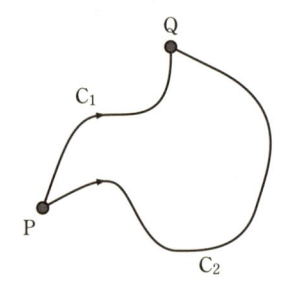

　常に動く方向と逆方向に一定の摩擦力F_fが働くとき、点Pから点Qまで二つの経路に沿って移動したとき摩擦力のする仕事を計算してみましょう。

　どちらの経路上のどの点でも$F_s = -F_\mathrm{f}$ですから、次のようになります。

$$\int_{C_1} F_s \mathrm{d}s = \int_{C_1} F_s(s) \mathrm{d}s$$

$$= -F_\mathrm{f} \int_{C_1} \mathrm{d}s = -F_\mathrm{f} \cdot (C_1の長さ)$$

$$\int_{C_2} F_s \mathrm{d}s = \int_{C_2} F_s(s) \mathrm{d}s$$

$$= -F_\mathrm{f} \int_{C_2} \mathrm{d}s = -F_\mathrm{f} \cdot (C_2の長さ)$$

確かに経路によって積分値が異なっています。

　積分値が経路によらず一定になる場合もあります。次ページの図2.5.4の積分経路C_1、C_2はいずれも始点は点P、終点は点Qです。

　働く力*が常に$F_x = 0$、$F_y = -mg$であるとしましょう。点Pから点Qまで二つの経路に沿って移動したとき、力のする仕事を計算してみましょう。

***働く力**　重力を想定している。

2-5 線積分、面積分、体積積分の意味

図2.5.4：積分経路によらない場合

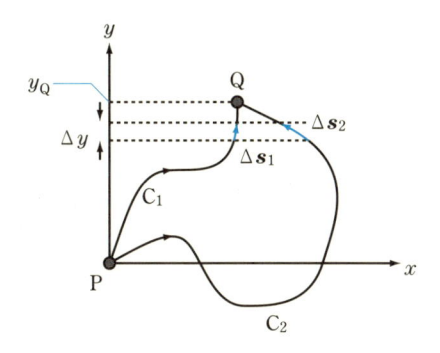

二つの経路上での微小変位 $\Delta \boldsymbol{s}_1$、$\Delta \boldsymbol{s}_2$ のあいだになされる仕事はそれぞれ $\boldsymbol{F} \cdot \Delta \boldsymbol{s}_1$、$\boldsymbol{F} \cdot \Delta \boldsymbol{s}_2$ ですが、これらはともに、$F_y \Delta y = -mg \Delta y$ に等しくなります。この結果、二つの経路に沿った積分は次のようになり、どの経路に沿って積分しても同じ値になります。

$$\int_{C_1} F_s \mathrm{d}s = -\int_0^{y_Q} mg\, \mathrm{d}y = -mgy_Q$$

$$\int_{C_2} F_s \mathrm{d}s = -\int_0^{y_Q} mg\, \mathrm{d}y = -mgy_Q$$

このように、始点と終点が同じであればどの経路に沿って積分しても同じ値になる場合、この力を**保存力**といいます。保存力の場合、エネルギー保存則が成り立ちます。

$\int_{C_1} F_s \mathrm{d}s - \int_{C_2} F_s \mathrm{d}s$ は閉曲線に沿って一周積分することを意味します。これを、$\oint F_s \mathrm{d}s$ というように書きます。

保存力の条件は次のように書き表すことができます。

$$\oint F_s \mathrm{d}s = 0 \tag{2.5.4}$$

2-5 線積分、面積分、体積積分の意味

▶▶ 面積分

● 平面上の面積分

　線密度がわかっている棒の質量を求めるには積分を使うことができる、ということを学びました。では、面密度（単位面積あたりの質量）がわかっている板の質量を求めるには、どうしたらよいでしょう。板を縦横に分割したとき、微小な部分の質量は、微小な面積 $\Delta S = \Delta x \Delta y$ に面密度 $\sigma(x, y)$ を掛けて求めることができます。板全体の質量Mは、以下のようになります。

$$M = \lim_{N' \to \infty} \lim_{N \to \infty} \sum_{j=1}^{N'} \sum_{i=1}^{N} \sigma(x_i, y_j) \Delta S$$

$$= \lim_{N' \to \infty} \lim_{N \to \infty} \sum_{j=1}^{N'} \sum_{i=1}^{N} \sigma(x_i, y_j) \Delta x \Delta y$$

これを**面積分**と呼び、次のように書きます。

$$\lim_{N' \to \infty} \lim_{N \to \infty} \sum_{j=1}^{N'} \sum_{i=1}^{N} \sigma(x_i, y_j) \Delta S = \int_S \sigma(x, y) \mathrm{d}S \qquad (2.5.5)$$

$$\lim_{N' \to \infty} \lim_{N \to \infty} \sum_{j=1}^{N'} \sum_{i=1}^{N} \sigma(x_i, y_j) \Delta x \Delta y = \iint_S \sigma(x, y) \mathrm{d}x\mathrm{d}y \qquad (2.5.6)$$

　この中のSは積分をする面の名前です。実際に計算するにはどうしたらよいか、図2.5.5を見ながら考えましょう。

$$\iint_S \sigma(x, y) \mathrm{d}x\mathrm{d}y = \lim_{N' \to \infty} \lim_{N \to \infty} \sum_{j=1}^{N'} \sum_{i=1}^{N} \sigma(x_i, y_j) \Delta x \Delta y$$

$$= \lim_{N' \to \infty} \sum_{j=1}^{N'} \left(\lim_{N \to \infty} \sum_{i=1}^{N} \sigma(x_i, y_j) \Delta x \right) \Delta y$$

$$= \lim_{N' \to \infty} \sum_{j=1}^{N'} \left(\int_{-\frac{a}{2}}^{\frac{a}{2}} \sigma(x, y_j) \mathrm{d}x \right) \Delta y$$

$$= \int_{-\frac{b}{2}}^{\frac{b}{2}} \left(\int_{-\frac{a}{2}}^{\frac{a}{2}} \sigma(x, y) \mathrm{d}x \right) \mathrm{d}y \qquad (2.5.7)$$

2-5 線積分、面積分、体積積分の意味

図2.5.5：面積分とは

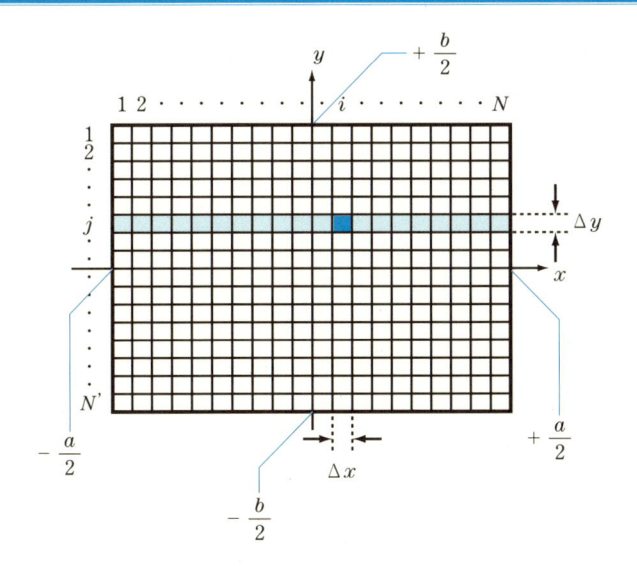

この中のxに関する積分*を実行しているあいだは、yは定数です。このように、面積分は二度積分を実行*することにより計算できます。

それでは、$\sigma(x, y)$が電荷の面密度（単位面積あたりの電荷）を表しているとき、次の積分は何を表しているか考えてください。

$$\iint_S \sigma(x, y)\mathrm{d}x\mathrm{d}y$$

もちろん、面S上の全電荷の量を表しています。

次に、液体がz方向に流れている流速を$v(x, y)$としたとき、次の積分*は何を表しているでしょうか。少し難しいかもしれませんが、次ページの図2.5.6を参考にして考えてください。

$$\iint_S v(x, y)\mathrm{d}x\mathrm{d}y$$

---

* **xに関する積分** この中のxに関する積分は、図2.5.5の色付き部分の和をとることに対応している。このときyが一定値であることはいうまでもない。
* **二度積分を実行** 二重積分という。
* **次の積分** 答えは、面Sを通り抜けて1秒間に流れる流体の体積を表している。流体は1秒間に$v\times 1$移動するから、図2.5.6中矢印で示されたように移動する。その結果、1秒間に微小面積を通って流れる流体の体積は、図の微小直方体の体積$v\times 1\times \Delta x\Delta y$になる。

2-5 線積分、面積分、体積積分の意味

図2.5.6：流体の流量

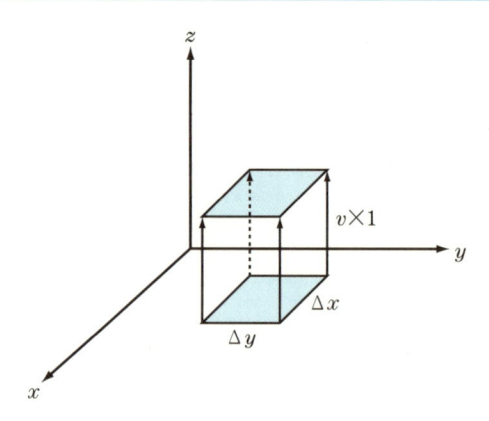

●極座標を使った平面上の面積分

円板の質量を計算する場合などは、円板を次ページの図2.5.7のように分割し、極座標を用いるのが便利です。

微小部分の面積は$r\Delta\theta\Delta r$ですから、半径aの円板の全質量Mは以下のようになります。

$$M = \lim_{N'\to\infty}\lim_{N\to\infty}\sum_{j=1}^{N'}\sum_{i=1}^{N}\sigma(r_j,\theta_i)\Delta S$$

$$= \lim_{N'\to\infty}\lim_{N\to\infty}\sum_{j=1}^{N'}\sum_{i=1}^{N}\sigma(r_j,\theta_i)r_j\Delta\theta\Delta r$$

$$= \lim_{N'\to\infty}\sum_{j=1}^{N'}\left(\lim_{N\to\infty}\sum_{i=1}^{N}\sigma(r_j,\theta_i)r_j\Delta\theta\right)\Delta r$$

$$= \int_0^a\left(\int_0^{2\pi}\sigma(r,\theta)r\mathrm{d}\theta\right)\mathrm{d}r$$

$$= \int_0^a\int_0^{2\pi}\sigma(r,\theta)r\mathrm{d}\theta\mathrm{d}r \tag{2.5.8}$$

図2.5.7：極座標を使った面積分

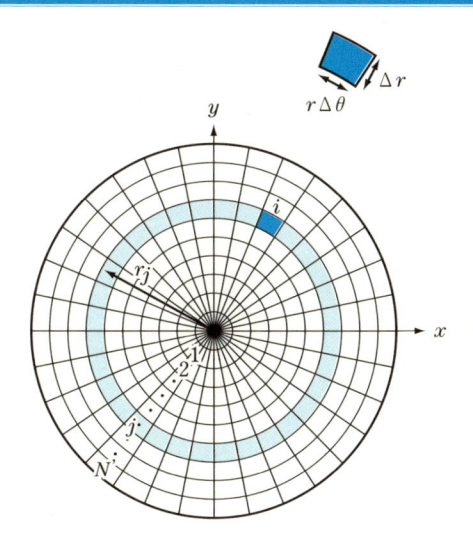

●曲面上の面積分

曲線上で線積分が定義されたように、曲面上で面積分を定義することができます。

面密度（単位面積あたりの質量）がわかっている曲がった板の質量を求めることを考えましょう。板を次ページの図2.5.8のように分割したとき、微小な部分の質量は、微小な面積 ΔS に面密度 $\sigma(x, y)$ を掛けて求めることができます。

曲面上にとった座標を u, v とすると、板全体の質量 M は次のようになり、形式的には平面の場合と変わりありません。

$$M = \lim_{N' \to \infty} \lim_{N \to \infty} \sum_{j=1}^{N'} \sum_{i=1}^{N} \sigma(u_i, v_j) \Delta S$$

$$= \int_S \sigma(u, v) \, dS \tag{2.5.9}$$

実際に計算するために、次ページの図2.5.9に示された球面の場合を考えてみましょう。

2-5 線積分、面積分、体積積分の意味

図2.5.8：曲面上の面積積分

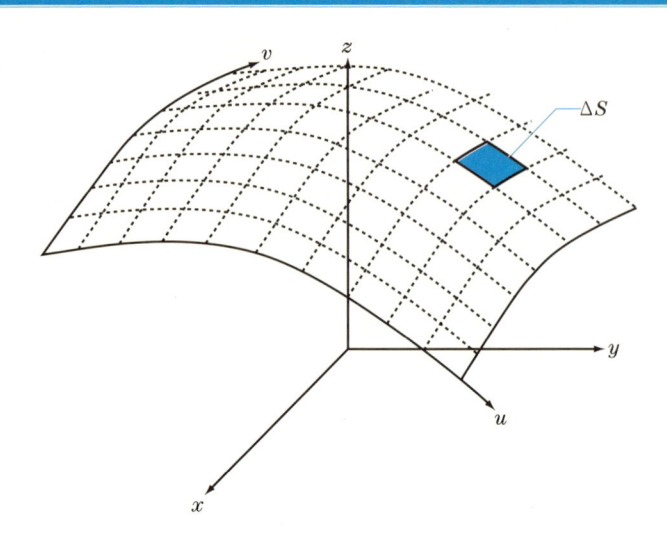

図2.5.9：球面上の面積積分

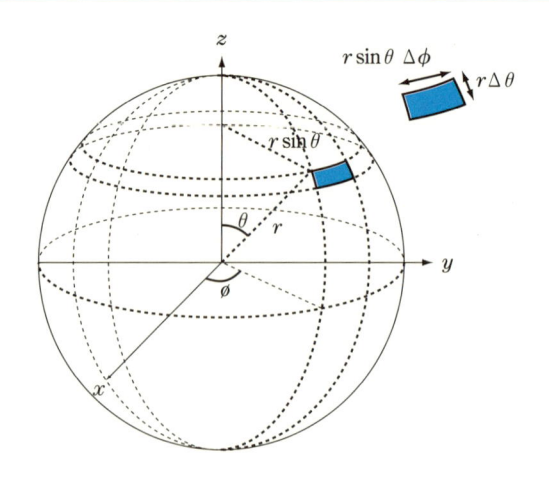

2-5 線積分、面積分、体積積分の意味

微小な部分の面積は $r\sin\theta \mathrm{d}\phi r\mathrm{d}\theta$ となりますから、積分は次のようになります。

$$\iint_S \sigma(\theta,\phi)\mathrm{d}S = \lim_{N'\to\infty}\lim_{N\to\infty}\sum_{j=1}^{N'}\sum_{i=1}^{N}\sigma(\theta_i,\phi_j)r\sin\theta_i\,\mathrm{d}\phi r\mathrm{d}\theta$$

$$= \int_0^{2\pi}\left(\int_0^{\pi}\sigma(\theta,\phi)r^2\sin\theta\,\mathrm{d}\theta\right)\mathrm{d}\phi$$

$$= \int_0^{2\pi}\int_0^{\pi}\sigma(\theta,\phi)r^2\sin\theta\,\mathrm{d}\theta\,\mathrm{d}\phi \quad (2.5.10)$$

▶▶ 体積積分

密度（単位体積あたりの質量）がわかっている物体の質量を求めるには、どうしたらよいでしょう。

物体を縦横高さに分割したとき、微小な部分の質量は、微小な体積 $\Delta V = \Delta x\,\Delta y\,\Delta z$ に密度 $\rho(x, y, z)$ を掛けて求めることができます。

図2.5.10：体積積分

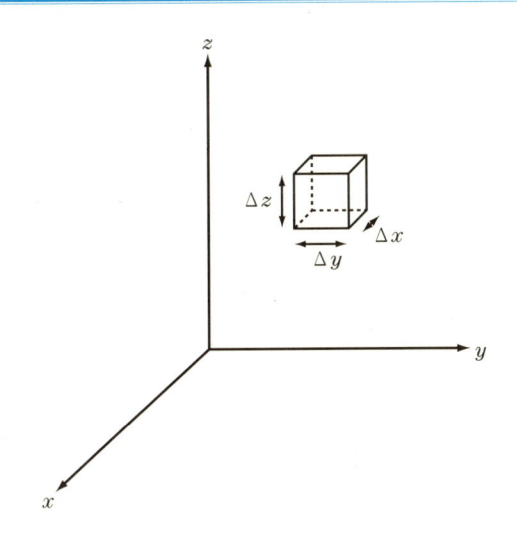

2-5 線積分、面積分、体積積分の意味

物体の全質量 M は、次のようになります。

$$M = \lim_{N'' \to \infty} \lim_{N' \to \infty} \lim_{N \to \infty} \sum_{k=1}^{N''} \sum_{j=1}^{N'} \sum_{i=1}^{N} \rho(x_i, y_j, z_k) \Delta V$$

$$= \lim_{N'' \to \infty} \lim_{N' \to \infty} \lim_{N \to \infty} \sum_{k=1}^{N''} \sum_{j=1}^{N'} \sum_{i=1}^{N} \rho(x_i, y_j, z_k) \Delta x \Delta y \Delta z$$

これを**体積積分**と呼び、次のように書きます。

$$\lim_{N'' \to \infty} \lim_{N' \to \infty} \lim_{N \to \infty} \sum_{k=1}^{N''} \sum_{j=1}^{N'} \sum_{i=1}^{N} \rho(x_i, y_j, z_k) \Delta V = \int_V \rho(x, y, z) \mathrm{d}V \quad (2.5.11)$$

$$\lim_{N'' \to \infty} \lim_{N' \to \infty} \lim_{N \to \infty} \sum_{k=1}^{N''} \sum_{j=1}^{N'} \sum_{i=1}^{N} \rho(x_i, y_j, z_k) \Delta x \Delta y \Delta z = \iiint_V \rho(x, y, z) \mathrm{d}x \mathrm{d}y \mathrm{d}z$$

$$(2.5.12)$$

図2.5.11:球面座標を使った体積積分

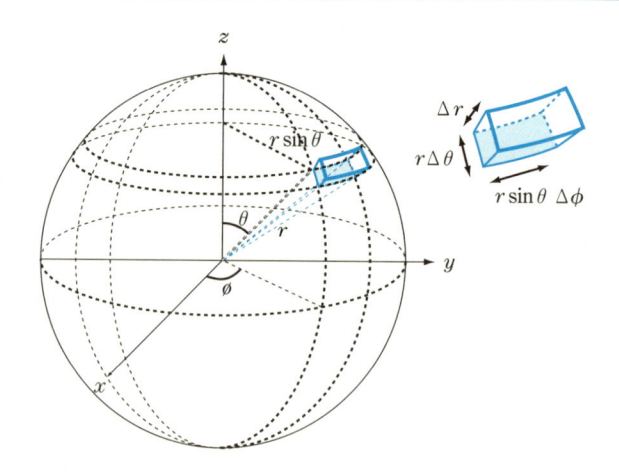

球の質量を計算する場合などは、球を上の図2.5.11のように分割し、球面座標を用いるのが便利です。

微小部分の体積は $\mathrm{d}r \; r\mathrm{d}\theta \; r\sin\theta \; \mathrm{d}\phi$ ですから、上記の体積積分は次のようになります。

$$\int_V \rho(x, y, z) \mathrm{d}V = \int_0^a \int_0^\pi \int_0^{2\pi} \rho(r, \theta, \phi) r^2 \sin\theta \, \mathrm{d}\phi \mathrm{d}\theta \mathrm{d}r \quad (2.5.13)$$

2-6
数値積分

　解析的な式を微分することは容易ですが、積分することは常に可能であるとは限りません。むしろ積分した式を求めることができないほうが多いくらいです。そのようなとき、コンピュータを使った数値積分が活躍します。コンピュータによる数値計算がなければ人工衛星も飛びませんし、種々の工業製品の設計もままなりません。ここでは、数値計算の基礎的な考え方を学びます。

▶▶ 数値積分の考え方

　簡単な関数 $f(x)=x^2$ の定積分を考えてみましょう。

$$\int_0^4 f(x)\,\mathrm{d}x = \left[\frac{x^3}{3}\right]_0^4 \tag{2.6.1}$$

　上記の式は、よく知られています。68ページの定積分の定義から、この積分は次ページの図2.6.1のような四角形の面積の和を計算して、分割を無限に細かくしていけばよいことがわかります。

　実際の定積分の値は次ページの図2.6.1(A)の四角形面積よりは小さく、図2.6.1(B)の四角形面積よりは大きいはずです。四角形の面積の和を計算してグラフにしてみました。このとき、$x=1$ までの5つの四角形の面積の和を $F(1)$、$x=2$ までの10個の四角形の面積の和を $F(2)$、といった具合に表計算ソフトで計算して $F(x)$ のグラフを描いたのが、次ページの図2.6.2(A)です。

　点線グラフは図2.6.1(A)に対応し、色付き実線グラフは図2.6.1(B)に対応しています。図2.6.2(B)は式（2.6.1）の右辺の計算結果です。

　図2.6.1の四角形の幅を半分にした結果は、89ページの図2.6.3(A)に示してあります。

2-6 数値積分

図2.6.1：数値積分の方法

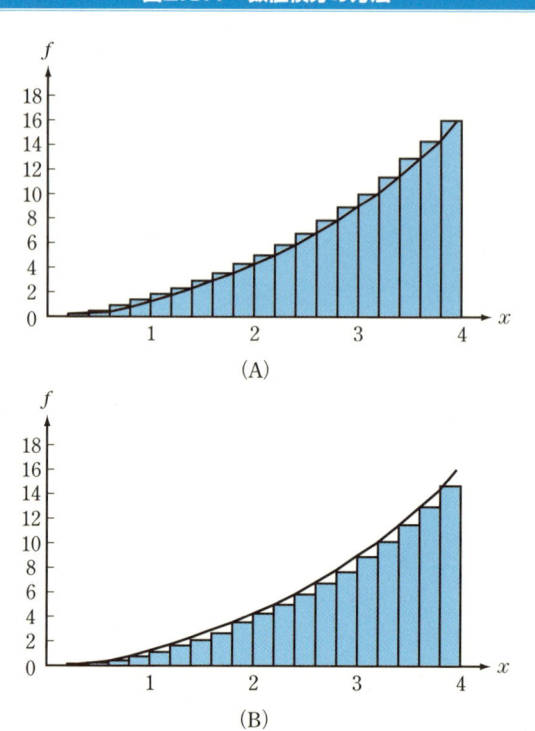

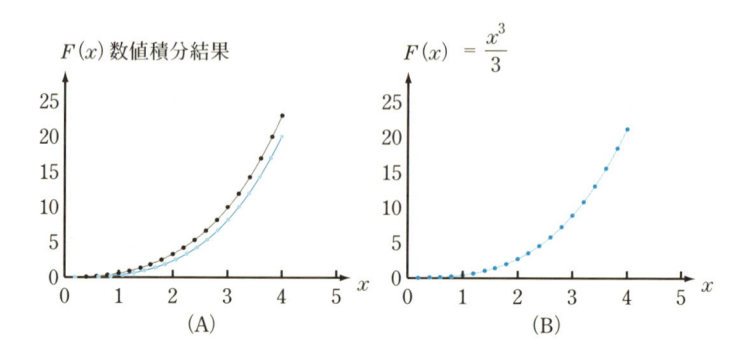

(A)

(B)

図2.6.2：数値積分の結果（その1）

$F(x)$ 数値積分結果

(A)

$F(x) = \dfrac{x^3}{3}$

(B)

2-6 数値積分

図2.6.3：数値積分の結果（その2）

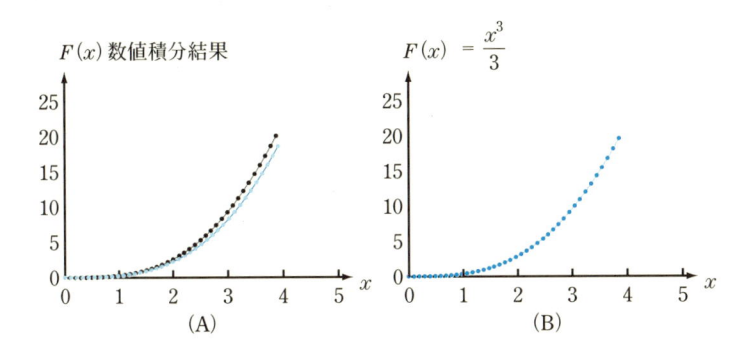

$F(x)$ 数値積分結果 (A)

$F(x) = \dfrac{x^3}{3}$ (B)

　このように、分割を細かくして四角形の幅を狭くするほど正確な結果を得ることができます。図2.6.2に比べ分割を10倍細かくすれば、結果は図2.6.4（A）に示したようになり、もうグラフ上では点線のグラフと色付き実線のグラフは重なってしまいます。すなわち、必要な精度に応じて分割を細かくし、四角形の面積の和を計算することによって、定積分の計算ができます。

　このような方法を**数値積分法**と呼んでいます。微分と違い、積分は計算できる場合とできない場合がありますから、数値計算法は非常に大切であるといえます。積分の場合、特殊な関数の積分法を覚えるのに憂き身をやつすよりも、積分の意味を理解し簡単な関数の積分だけ計算できるようにしておけば十分です。それ以外は数値積分に頼るのが現在の物理や工学の最先端での研究方法です。

図2.6.4：数値積分の結果（その3）

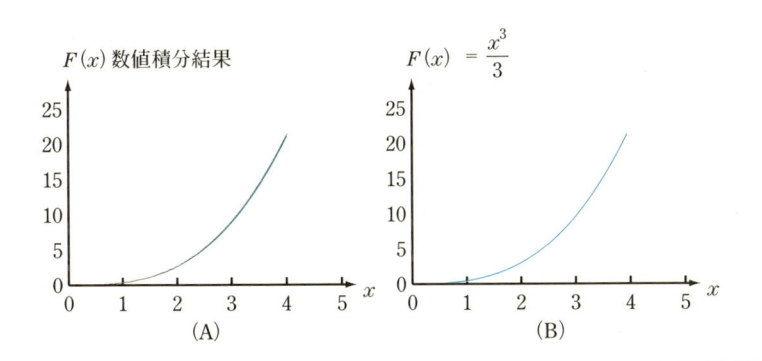

$F(x)$ 数値積分結果 (A)

$F(x) = \dfrac{x^3}{3}$ (B)

2-6 数値積分

▶▶ 人工衛星運動の数値計算による解

　人工衛星の運動を数値計算で調べてみましょう。107ページで数値計算によらない計算方法を学びますが、数値計算法はとても簡単です。

　まず、地球が原点にあるとして、質量mの人工衛星に働く万有引力の式を書きます。

$$F_x = -GMm\frac{x}{r^3}$$

$$F_y = -GMm\frac{y}{r^3}$$

ただし、$r=\sqrt{x^2+y^2}$、万有引力定数は$G=6.67\times10^{-11}\mathrm{N}\cdot\mathrm{m}^2\cdot\mathrm{kg}^{-2}$、地球の質量は$M=5.89\times10^{24}\mathrm{kg}$です。初期条件を$x_0=16\times10^3\mathrm{km}$、$y_0=0$、$v_{x0}=0$、$v_{y0}=0.004\times10^3\mathrm{km/s}$とします。加速度は次のとおりです。

$$a_{x0} = -GM\frac{x_0}{(\sqrt{x_0^2+y_0^2})^3}$$

$$a_{y0} = -GM\frac{y_0}{(\sqrt{x_0^2+y_0^2})^3}$$

　時刻t_iの加速度、速度、位置をa_{x_i}、a_{y_i}、v_{x_i}、v_{y_i}、x_i、y_iとすると、Δt秒後の加速度、速度、位置$a_{x_{i+1}}$、$a_{y_{i+1}}$、$v_{x_{i+1}}$、$v_{y_{i+1}}$、x_{i+1}、y_{i+1}は、簡単な四則演算で計算できます。

$$v_{x_{i+1}} = v_{x_i} + a_{x_i}\Delta t$$
$$v_{y_{i+1}} = v_{y_i} + a_{y_i}\Delta t$$
$$x_{i+1} = x_i + v_{x_i}\Delta t$$
$$y_{i+1} = y_i + v_{y_i}\Delta t$$
$$a_{x_{i+1}} = -GM\frac{x_{i+1}}{(\sqrt{x_{i+1}^2+y_{i+1}^2})^3}$$
$$a_{y_{i+1}} = -GM\frac{y_{i+1}}{(\sqrt{x_{i+1}^2+y_{i+1}^2})^3}$$

　この計算を表計算ソフト*を使って順番に計算させ、各時刻の座標をグラフにした結果が図2.6.5と図2.6.6です。

＊**表計算ソフト**　「Excelで学ぶ基礎物理学」（山本将史　著、オーム社）に、Excelを使った数値計算の興味深い例が数多く掲載されている。

2-6 数値積分

図2.6.5：数値計算による人工衛星の運動（その1）

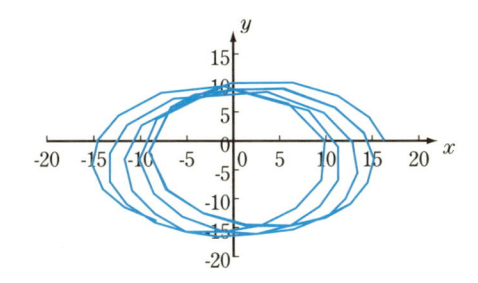

図2.6.6：数値計算による人工衛星の運動（その2）

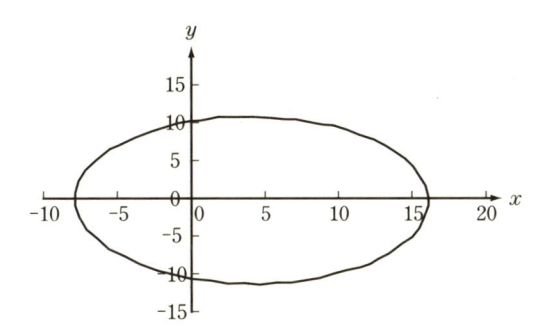

　図中で長さの単位は10^3kmです。図2.6.4はΔt＝1000sとし、65000秒間のグラフを描いたものです。あまり良い結果ではありません。

　図2.6.6はΔt＝200sとし、13000秒間のグラフを描いたものです。こちらはかなり良い結果です。

　このように、数値計算では、間隔を細かくすることによって必要な精度で計算することができます。

2-7
曲線座標による面積分と体積積分

面積分・体積積分を実行するとき、デカルト座標を使うほうが便利とは限りません。球面座標などの曲線座標を使うほうが便利なことも多いものです。この節では、曲線座標を使って、面積分・体積積分を実行する方法を学びましょう。

▶▶ 曲線座標による面積分

下の図2.7.1に示したような曲線座標(u, v)を考えましょう。

曲線座標(u, v)で次のようにxとyを表すことができるとしましょう。

$x = x(u, v)$
$y = y(u, v)$

図2.7.1：曲線座標による面積積分

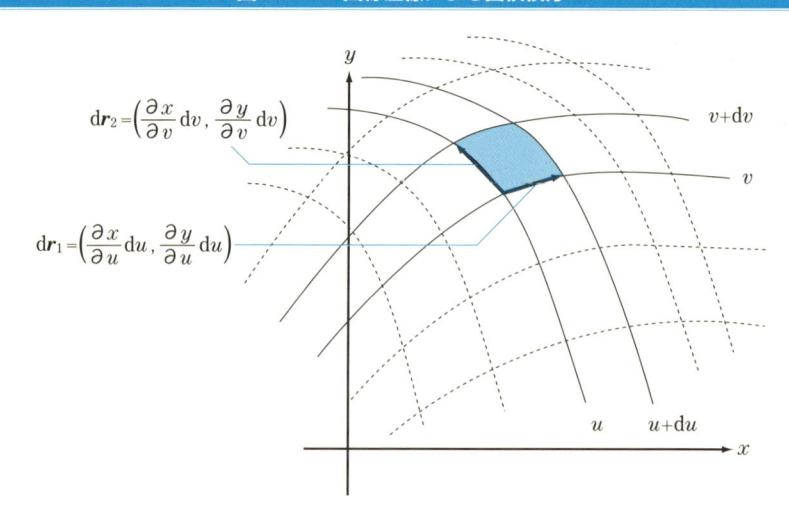

$d\boldsymbol{r}_2 = \left(\dfrac{\partial x}{\partial v} dv, \dfrac{\partial y}{\partial v} dv\right)$

$d\boldsymbol{r}_1 = \left(\dfrac{\partial x}{\partial u} du, \dfrac{\partial y}{\partial u} du\right)$

2-7 曲線座標による面積分と体積積分

極座標の場合であれば、この式に対応する式は、以下のようになります。

$$x = x(r, \theta) = r\cos\theta$$
$$y = y(r, \theta) = r\sin\theta$$

図2.7.1の微小部分の面積は、微小ベクトル$d\boldsymbol{r}_1$、$d\boldsymbol{r}_2$の外積の大きさ[*]になります。

図2.7.2：平行四辺形の面積

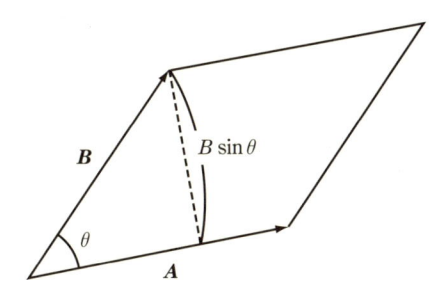

微小ベクトル$d\boldsymbol{r}_1$、$d\boldsymbol{r}_2$は、偏微分を使って次のように表されます[*]。

$$d\boldsymbol{r}_1 = \boldsymbol{i}\frac{\partial x}{\partial u}du + \boldsymbol{j}\frac{\partial y}{\partial u}du$$

$$d\boldsymbol{r}_2 = \boldsymbol{i}\frac{\partial x}{\partial v}dv + \boldsymbol{j}\frac{\partial y}{\partial v}dv$$

微小部分の面積dSは以下のようになります。

$$|d\boldsymbol{r}_1 \times d\boldsymbol{r}_2| = \left|\frac{\partial x}{\partial u}\frac{\partial y}{\partial v} - \frac{\partial y}{\partial u}\frac{\partial x}{\partial v}\right|dvdu$$

第1章で学んだ行列式[*]を使うと、次のように書くこともできます。

$$\left\|\begin{array}{cc}\frac{\partial x}{\partial u} & \frac{\partial x}{\partial v} \\ \frac{\partial y}{\partial u} & \frac{\partial y}{\partial v}\end{array}\right\| dudv$$

---

[*] **外積の大きさ** 図2.7.2の平行四辺形の面積は$|\boldsymbol{A}||\boldsymbol{B}|\sin\theta$である。これはベクトル積の大きさ$|\boldsymbol{A}\times\boldsymbol{B}| = |A_xB_y - A_yB_x|$と一致する。

[*] **表されます** ここで、$\boldsymbol{i}$、$\boldsymbol{j}$はそれぞれx、y方向の単位ベクトルである。

[*] **行列式** 行列式の縦線が2本になっているのは、行列式の絶対値という意味である。

2-7 曲線座標による面積分と体積積分

この行列式を次のように書いて、**ヤコビアン**[*]と呼びます。

$$\begin{vmatrix} \dfrac{\partial x}{\partial u} & \dfrac{\partial x}{\partial v} \\ \dfrac{\partial y}{\partial u} & \dfrac{\partial y}{\partial v} \end{vmatrix} = \dfrac{\partial(x, y)}{\partial(u, v)}$$

ここでのヤコビアンは、$d\boldsymbol{r}_1$と$d\boldsymbol{r}_2$で作られる平行四辺形の面積dSと$dudv$の比です。ですから、面積分を$dudv$で書き表すとき必要になります。

微小面積は、ヤコビアンを使って次のように書くことができます。

$$dS = \begin{Vmatrix} \dfrac{\partial x}{\partial u} & \dfrac{\partial x}{\partial v} \\ \dfrac{\partial y}{\partial u} & \dfrac{\partial y}{\partial v} \end{Vmatrix} dudv$$

$$= \left| \dfrac{\partial(x, y)}{\partial(u, v)} \right| dudv \tag{2.7.1}$$

面積分は次のようになります。

$$\int_S f(u, v) dS = \int_S f(u, v) \left| \dfrac{\partial(x, y)}{\partial(u, v)} \right| dudv \tag{2.7.2}$$

極座標の場合についてヤコビアンを計算すると以下のようになり、面積分の極座標表示についての82ページの結果と一致します。

$$dS = \left| \dfrac{\partial(x, y)}{\partial(r, \theta)} \right| drd\theta$$

$$= \begin{Vmatrix} \cos\theta & -r\sin\theta \\ \sin\theta & r\cos\theta \end{Vmatrix} drd\theta$$

$$= r\, drd\theta \; [*]$$

---

[*] **ヤコビアン** 一般に、あるn次元ベクトル$(A_1, \ldots, A_n)$がm個の変数$u_1, \ldots, u_m$の関数であるとき、次の行列を**ヤコビ行列**という。

$$\begin{pmatrix} \dfrac{\partial A_1}{\partial u_1} & \dfrac{\partial A_1}{\partial u_2} & \cdots & \dfrac{\partial A_1}{\partial u_m} \\ \vdots & \vdots & \ddots & \vdots \\ \dfrac{\partial A_n}{\partial u_1} & \dfrac{\partial A_n}{\partial u_2} & \cdots & \dfrac{\partial A_n}{\partial u_m} \end{pmatrix}$$

この行列の(i, j)成分$\dfrac{\partial A_i}{\partial u_j}$は、$u_j$を変えたときの$A_i$の変化する割合を表している。ヤコビ行列が正方行列であるとき、すなわち$m = n$であるとき、ヤコビ行列の行列式をヤコビアンと呼ぶ。

[*] $r\,drd\theta$ 公式$\sin^2\theta + \cos^2\theta = 1$を使った。

▶▶ 曲線座標による体積積分

下の図2.7.3に示したような曲線座標 (u, v, w) を考えましょう。
曲線座標 (u, v, w) で次のように x、y、z を表すことができるとします。

$x = x(u, v, w)$
$y = y(u, v, w)$
$z = z(u, v, w)$

極座標の場合であれば、この式に対応する式は以下のようになります。

$x = x(r, \theta, \phi) = r \sin\theta \cos\phi$
$y = y(r, \theta, \phi) = r \sin\theta \sin\phi$
$z = z(r, \theta, \phi) = r \cos\theta$

図2.7.3：曲線座標による体積積分

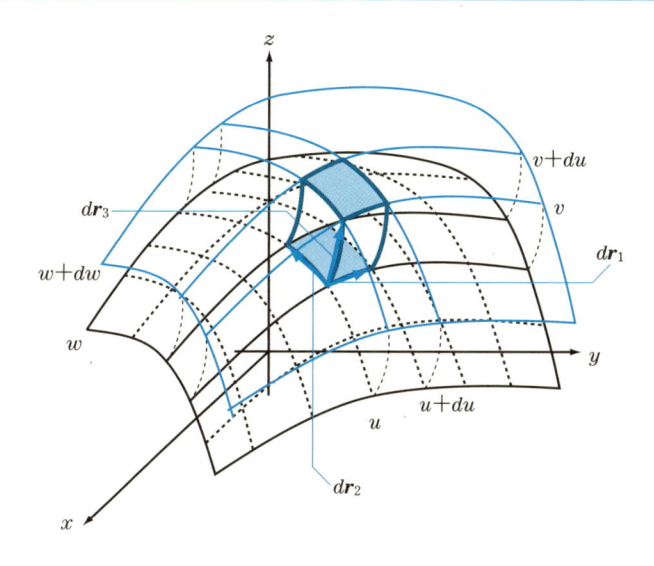

2-7　曲線座標による面積分と体積積分

　図2.7.3の微小部分の体積は、図2.7.4のような平行六面体と考えられます。平行六面体の体積は、微小ベクトル$d\boldsymbol{r}_1$、$d\boldsymbol{r}_2$、$d\boldsymbol{r}_3$を使って$|(d\boldsymbol{r}_1\times d\boldsymbol{r}_2)\cdot d\boldsymbol{r}_3|$*となります。

図2.7.4：平行六面体の体積

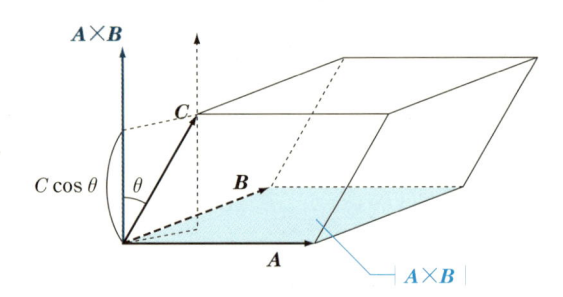

微小ベクトル$d\boldsymbol{r}_1$、$d\boldsymbol{r}_2$、$d\boldsymbol{r}_3$は偏微分を使って以下のように表されます*。

$$d\boldsymbol{r}_1=\boldsymbol{i}\frac{\partial x}{\partial u}du+\boldsymbol{j}\frac{\partial y}{\partial u}du+\boldsymbol{k}\frac{\partial z}{\partial u}du$$

$$d\boldsymbol{r}_2=\boldsymbol{i}\frac{\partial x}{\partial v}dv+\boldsymbol{j}\frac{\partial y}{\partial v}dv+\boldsymbol{k}\frac{\partial z}{\partial v}dv$$

$$d\boldsymbol{r}_3=\boldsymbol{i}\frac{\partial x}{\partial w}dw+\boldsymbol{j}\frac{\partial y}{\partial w}dw+\boldsymbol{k}\frac{\partial z}{\partial w}dw$$

微小部分の体積dVは、次のようになります*。

---

*$|(d\boldsymbol{r}_1\times d\boldsymbol{r}_2)\cdot d\boldsymbol{r}_3|$　図2.7.4の平行六面体の体積は底面積$|\boldsymbol{A}\times\boldsymbol{B}|$と高さの積であるから、$|\boldsymbol{A}\times\boldsymbol{B}||\boldsymbol{C}|\cos\theta$となる。ただし、$\theta$は$\boldsymbol{A}\times\boldsymbol{B}$と$\boldsymbol{C}$のなす角である。これにより、平行六面体の体積は$V=|(\boldsymbol{A}\times\boldsymbol{B})\cdot\boldsymbol{C}|$となる。

*表されます　ここで、$\boldsymbol{i}$、$\boldsymbol{j}$、$\boldsymbol{k}$はそれぞれx、y、z方向の単位ベクトルである。

*次のようになります　平行六面体の体積は、式（1.1.17）を利用して成分を使って書くと、次のようになる。最後の変形は式（1.5.15）を利用した。

$$V=\left|\left(\boldsymbol{i}\begin{vmatrix}A_y & B_y \\ A_z & B_z\end{vmatrix}+\boldsymbol{j}\begin{vmatrix}A_z & B_z \\ A_x & B_x\end{vmatrix}+\boldsymbol{k}\begin{vmatrix}A_x & B_x \\ A_y & B_y\end{vmatrix}\right)\cdot(\boldsymbol{i}C_x+\boldsymbol{j}C_y+\boldsymbol{k}C_z)\right|$$

$$=\left|C_x\begin{vmatrix}A_y & B_y \\ A_z & B_z\end{vmatrix}+C_y\begin{vmatrix}A_z & B_z \\ A_x & B_x\end{vmatrix}+C_z\begin{vmatrix}A_x & B_x \\ A_y & B_y\end{vmatrix}\right|$$

$$=\begin{vmatrix}A_x & B_x & C_x \\ A_y & B_y & C_y \\ A_z & B_z & C_z\end{vmatrix}$$

2-7 曲線座標による面積分と体積積分

$$dV = \begin{vmatrix} \dfrac{\partial x}{\partial u} & \dfrac{\partial x}{\partial v} & \dfrac{\partial x}{\partial w} \\ \dfrac{\partial y}{\partial u} & \dfrac{\partial y}{\partial v} & \dfrac{\partial y}{\partial w} \\ \dfrac{\partial z}{\partial u} & \dfrac{\partial z}{\partial v} & \dfrac{\partial z}{\partial w} \end{vmatrix} du dv dw$$

この式の行列式を次のように書いて、**ヤコビアン**と呼びます。

$$\begin{vmatrix} \dfrac{\partial x}{\partial u} & \dfrac{\partial x}{\partial v} & \dfrac{\partial x}{\partial w} \\ \dfrac{\partial y}{\partial u} & \dfrac{\partial y}{\partial v} & \dfrac{\partial y}{\partial w} \\ \dfrac{\partial z}{\partial u} & \dfrac{\partial z}{\partial v} & \dfrac{\partial z}{\partial w} \end{vmatrix} = \dfrac{\partial (x, y, z)}{\partial (u, v, w)}$$

ここでのヤコビアンは、$d\boldsymbol{r}_1$、$d\boldsymbol{r}_2$と$d\boldsymbol{r}_3$で作られる平行六面体の体積dVと$du dv dw$の比です。ですから、体積積分を$du dv dw$で書き表すとき必要になります。

ヤコビアンを使って、微小体積は以下のように書くことができます。

$$dV = \begin{vmatrix} \dfrac{\partial x}{\partial u} & \dfrac{\partial x}{\partial v} & \dfrac{\partial x}{\partial w} \\ \dfrac{\partial y}{\partial u} & \dfrac{\partial y}{\partial v} & \dfrac{\partial y}{\partial w} \\ \dfrac{\partial z}{\partial u} & \dfrac{\partial z}{\partial v} & \dfrac{\partial z}{\partial w} \end{vmatrix} du dv dw$$

$$= \left| \dfrac{\partial (x, y, z)}{\partial (u, v, w)} \right| du dv dw \tag{2.7.3}$$

体積積分は次のようになります。

$$\int_V f(u, v, w) dV = \int_V f(u, v, w) \left| \dfrac{\partial (x, y, z)}{\partial (u, v, w)} \right| du dv dw \tag{2.7.4}$$

極座標の場合についてヤコビアンを計算すると以下のようになり、体積積分の球面座標表示についての86ページの結果と一致します。

$$dV = \left| \dfrac{\partial (x, y, z)}{\partial (r, \theta, \phi)} \right| dr d\theta d\phi$$

$$= \begin{vmatrix} \sin\theta \cos\phi & r\cos\theta \cos\phi & -r\sin\theta \sin\phi \\ \sin\theta \sin\phi & r\cos\theta \sin\phi & r\sin\theta \cos\phi \\ \cos\theta & -r\sin\theta & 0 \end{vmatrix} dr d\theta d\phi$$

$$= |0 + r^2 \sin\theta \cos^2\theta \cos^2\phi + r^2 \sin^3\theta \sin^2\phi + r^2 \sin\theta \cos^2\theta \sin^2\phi$$
$$+ r^2 \sin^3\theta \cos^2\phi + 0| dr d\theta d\phi$$

$$= r^2 \sin\theta \, dr d\theta d\phi^{*}$$

---

*$r^2 \sin\theta dr d\theta d\phi$　サラスの公式と$\sin^2\theta + \cos^2\theta = 1$を使った。

2-8
微分方程式

微分した式を含んだ方程式を微分方程式といいます。物理の法則は、ほとんど微分方程式で記述されるといっても過言ではありません。この節では、いくつかの物理現象を例にとって、物理現象を記述する微分方程式を解いてみましょう。

▶▶ 直接積分型微分方程式（放物運動など）

図2.8.1は初速v_0でθ方向に打ち出された質量mの物体の運動を示しています。

図2.8.1：放物運動

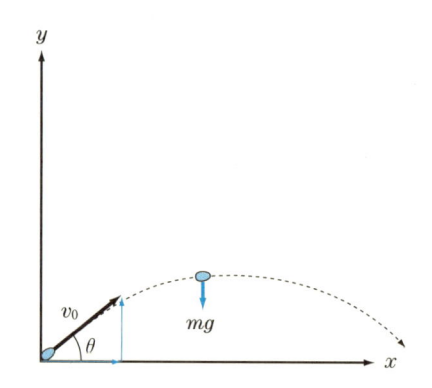

物体に働く力は、下向きに重力mgだけが働いています。物体の運動は運動方程式によって決まります。この場合の運動方程式は、次のようになります。

$$m\frac{d\boldsymbol{v}}{dt} = \boldsymbol{F} \qquad (2.8.1)$$

61ページを参考にして、図2.8.1の場合の運動方程式を成分で書き表すと、次ページのような微分方程式になります。

$$m\frac{\mathrm{d}v_x}{\mathrm{d}t}=0 \tag{2.8.2}$$

$$m\frac{\mathrm{d}v_y}{\mathrm{d}t}=-mg \tag{2.8.3}$$

これらの微分方程式は**直接積分型*** と呼ばれます。両辺を積分することにより、解は次のように求められます。

$$v_x(t)=C_1 \tag{2.8.4}$$
$$v_y(t)=-gt+C_2 \tag{2.8.5}$$

ここで、C_1、C_2は積分定数です。積分定数の値は、初期条件により決定されます。この場合の初期条件は $v_x(0)=v_0\cos\theta$、$v_y(0)=v_0\sin\theta$ です。式（2.8.4）と（2.8.5）が初期条件を満たすためには、以下の積分定数である必要があります。

$$v_x(0)=C_1=v_0\cos\theta$$
$$v_y(0)=C_2=v_0\sin\theta$$

こうして求めた積分定数を式（2.8.4）と（2.8.5）に代入して速度が求まります。

$$v_x(t)=v_0\cos\theta$$
$$v_y(t)=-gt+v_0\sin\theta$$

速度が位置を時間で微分したものであることを使うと、この式は位置座標を求めるための次のような微分方程式になっています。

$$\frac{\mathrm{d}x}{\mathrm{d}t}=v_0\cos\theta \tag{2.8.6}$$

$$\frac{\mathrm{d}y}{\mathrm{d}t}=-gt+v_0\sin\theta \tag{2.8.7}$$

これらの微分方程式は直接積分型ですから、両辺を直接積分することにより、次のように解を求めることができます。

$$x(t)=v_0\cos\theta\, t+C_3$$
$$y(t)=-\frac{g}{2}t^2+v_0\sin\theta\, t+C_4$$

ここで、C_3、C_4は積分定数です。積分定数の値は、初期条件により決定されます。この場合の初期条件は $x(0)=0$、$y(0)=0$ です。初期条件を満たすためには、次のような積分定数である必要があります。

---

* **直接積分型** 一般に、$\frac{\mathrm{d}x}{\mathrm{d}t}=f(t)$ または $\frac{\mathrm{d}y}{\mathrm{d}x}=f(x)$ の形の微分方程式をこのように呼ぶ。両辺を直接積分することにより解を求めることができる。

2-8 微分方程式

$$x(0) = 0 = C_3$$
$$y(0) = 0 = C_4$$

こうして求めた積分定数を代入して位置座標が求まります。

$$x(t) = v_0 \cos\theta\, t$$

$$y(t) = -\frac{g}{2}t^2 + v_0 \sin\theta\, t$$

このように、直接積分型の微分方程式の場合、両辺を積分することにより簡単に解くことができます。

▶▶ 変数分離型微分方程式

●人口の増加予測

微分方程式は物理現象だけではなく、社会現象や経済を考える場合にも利用することができます。

一例として人口の増加を考えてみましょう。出生率と死亡率が一定である場合、人口の増加率も一定になります。微小な時間dtのあいだに人口$N(t)$がdN増加したとしましょう。人口の増加dNは人口$N(t)$に比例し時間dtにも比例しますから、比例定数をkとして次式のようになります。

$$dN = kN(t)dt \qquad (2.8.8)$$

比例定数kは人口増加率*と呼ばれます。微分商の形で書けば次のようになります。

$$\frac{dN}{dt} = kN(t) \qquad (2.8.9)$$

この微分方程式は**変数分離型**と呼ばれます。次のように変形して、左辺はNのみで書き表し、右辺はtのみで書き表し、二つの変数Nとtを左辺と右辺に分離することができるからです。

$$\frac{1}{N(t)}dN = kdt \qquad (2.8.10)$$

両辺を積分すると、次のようになります。

$$\int \frac{1}{N(t)}dN = \int kdt$$

---

* **人口増加率** 比例定数kが負である場合は、人口が減少することを表す。

この両辺の積分を実行すると、次の式が得られます。

$\log_e N(t) = kt + C$

対数の式を指数の式に直すと、次のようになります。

$N(t) = e^{kt+C} = e^{kt} e^C$ (2.8.11)

初期条件を$N(0) = N_0$として、初期条件から積分定数を求めます。

$N_0 = e^{k \cdot 0} e^C = e^C$

この積分定数を式（2.8.11）に代入して時刻tの人口$N(t)$は次のようになります。

$N(t) = N_0 e^{kt}$ (2.8.12)

人口増加率kを$k = 0.1/$(年)とし、最初の人口を一億人とした場合の人口のグラフが、下の図2.8.2です。

図2.8.2：人口増加のグラフ

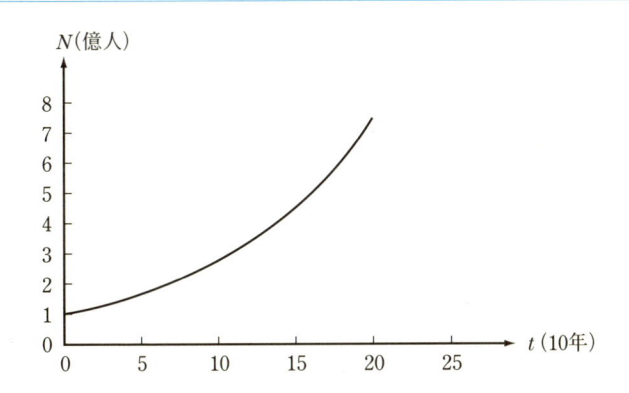

このように、人口増加率が一定である場合、人口が指数関数的に増加することがいろいろな問題を引き起こします。

同じやり方は、借金の総額の計算、放射性同位元素の残存量[*]などいろいろな状況で使うことができます。

●空気抵抗を受ける物体の落下運動

空気抵抗を受けて落下する物体の運動も、変数分離型微分方程式で記述されます。次ページの図2.8.3に示したように、空気抵抗は速度と逆方向を向き、速度の大きさに比例した力です。

---

[*] **残存量** この場合、比例定数kは負である。

図2.8.3：空気抵抗を受ける落下運動

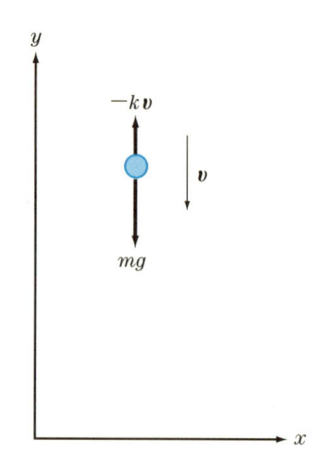

比例定数をkとすれば、空気抵抗は$-k\boldsymbol{v}$と書けます。重力と空気抵抗が働いている場合の運動方程式は、次のようになります。

$$m\frac{dv_y}{dt} = -mg - kv_y(t) \tag{2.8.13}$$

ただし、ここではy方向の運動だけを考えることにして、y方向の運動方程式だけを書きました。この式を変形して、次式が得られます。

$$\frac{1}{\frac{k}{m}v_y(t)+g}dv_y = -dt$$

整理して両辺の積分をとると、次のようになります。

$$\int \frac{1}{v_y(t)+\frac{mg}{k}}dv_y = -\frac{k}{m}\int dt$$

積分を実行すると次式が得られます。

$$\log_e \left| v_y(t)+\frac{mg}{k} \right| = -\frac{k}{m}t + C$$

この式を指数関数の形に書き直すと、次のようになります。

$$|v_y(t) + \frac{mg}{k}| = e^{-\frac{k}{m}t + C} \tag{2.8.14}$$

初期条件を$v_y(0) = 0$とすると、積分定数を決める式は、次のようになります。

$$\frac{mg}{k} = e^{-\frac{k}{m}0 + C} = e^C$$

これを式（2.8.14）に代入して、速度[*]が次のように求まります。

$$v_y(t) + \frac{mg}{k} = e^{-\frac{k}{m}t + C} = \frac{mg}{k}e^{-\frac{k}{m}t} \tag{2.8.15}$$

この式のグラフが下の図2.8.4です。

図2.8.4：空気抵抗を受ける落下運動のグラフ

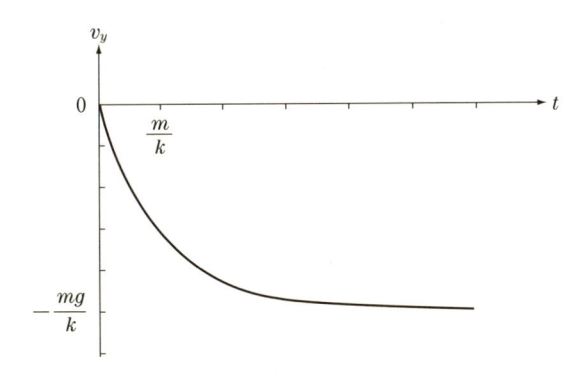

速度は時間が経つにつれて一定値に近づきます。雪が降っている状況は、速度が一定値になった状態です。

---

[*] **速度** この場合、$v_y(t) + \frac{mg}{k}$ は正になる。右辺の項を $\frac{mg}{k}\exp\left(-\frac{k}{m}t\right)$ と書くこともある。

2-8 微分方程式

▶▶ 線形二階微分方程式（共振回路バネの振動）

下の図2.8.5のような、容量Cのコンデンサーと自己インダクタンスLのコイルからなる電気回路を考えてみましょう。

図2.8.5：共振回路

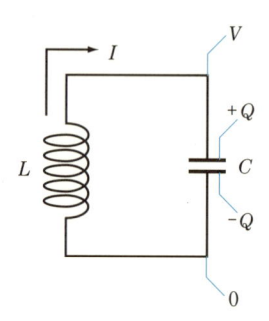

図の向きに流れる電流をI、図のようにコンデンサーに蓄えられた電荷を$+Q$、コンデンサーの両端の電圧をVとします（図に示したように、コンデンサーの下側の電位を0としたとき上側の電位を$+V$とします）。コンデンサーに蓄えられた電荷と電圧の関係、コイルに流れる電流と電圧の関係から、次の二つの式が成り立ちます。

$$Q = CV \tag{2.8.16}$$

$$V = -L\frac{dI}{dt} \tag{2.8.17}$$

電流と電荷には次のような関係があります。

$$I = \frac{dQ}{dt} \tag{2.8.18}$$

式（2.8.16）に（2.8.17）を代入し、さらに、式（2.8.18）を代入すると、次のようになります。

$$Q = CV = -CL\frac{dI}{dt} = -CL\frac{d^2Q}{dt^2} \tag{2.8.19}$$

2-8 微分方程式

これは最も単純な**線形二階微分方程式**[*]です。この節では、変数分離型の解法を応用して解いてみましょう。ちょっと作為的ですが、両辺に$\dfrac{dQ}{dt}$を掛けてみましょう。

$$Q\frac{dQ}{dt} = -CL\frac{dQ}{dt}\frac{d^2Q}{dt^2}$$

この式の右辺の$\dfrac{dQ}{dt}$をIと置き換えて、両辺を時間で積分します。もちろん、$\dfrac{d^2Q}{dt^2}$は$\dfrac{dI}{dt}$と置き換えます。

$$\int Q\frac{dQ}{dt}dt = -LC\int I\frac{dI}{dt}dt$$

$$\int Q dQ = -LC\int I dI$$

上の式を計算して整理します。

$$\frac{Q^2}{2} = -LC\frac{I^2}{2} + C_1$$

$$I = \sqrt{2C_1 - Q^2}\sqrt{\frac{1}{LC}}$$

ここで、$I = \dfrac{dQ}{dt}$を使うとすると、変数分離型微分方程式になります。

$$\frac{dQ}{dt} = \sqrt{2C_1 - Q^2}\sqrt{\frac{1}{LC}}$$

変数分離型微分方程式の解法に従って、次の式が得られます。

$$\int \frac{dQ}{\sqrt{2C_1 - Q^2}} = \int \frac{dt}{\sqrt{LC}} \qquad (2.8.20)$$

左辺の積分を実行するには、以下のような変数変換をします。

$$Q = \sqrt{2C_1}\cos\theta \qquad (2.8.21)$$

$$dQ = -\sqrt{2C_1}\sin\theta d\theta \qquad (2.8.22)$$

---

[*] **線形二階微分方程式** 一般に、$a\dfrac{d^2y}{dx^2} + b\dfrac{dy}{dx} + cy = 0$の形の微分方程式、すなわち、$\dfrac{d^2y}{dx^2}$、$\dfrac{dy}{dx}$、$y$の一次の項のみからなる微分方程式を線形二階微分方程式という。一般の線形二階微分方程式の解き方は、273ページで学ぶ。

2-8 微分方程式

これを式 (2.8.20) に代入します。

$$\int \frac{\sin\theta\, d\theta}{\sqrt{1-\cos^2\theta}} = -\int \frac{dt}{\sqrt{LC}}$$

これを公式 $\sqrt{1-\cos^2\theta} = \sin\theta$ を使って整理し、積分を実行します。

$$\theta = -\frac{1}{\sqrt{LC}}t + C_2$$

これを式 (2.8.21) に代入し、$\sqrt{2C_1}=A$、$C_2=\alpha$ とおくと、以下のような解*が得られます。

$$Q = A\cos\left(\frac{t}{\sqrt{LC}} - \alpha\right) \qquad (2.8.23)$$

下の図2.8.6のようなバネの運動も類似の微分方程式で記述され、同じ方法で解くことができます。運動方程式は次の式で表されます。

$$m\frac{d^2x}{dt^2} = -kx$$

共振回路の場合と同じように解くことができることは、容易にわかります。

図2.8.6：バネの運動

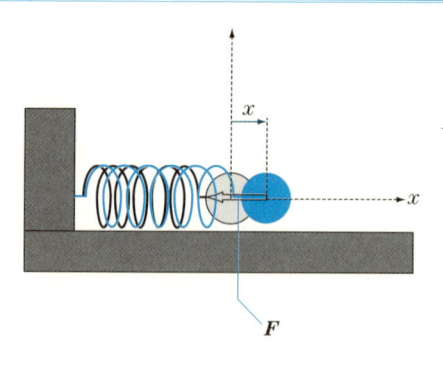

＊解　公式 $\cos(-x)=\cos x$ を使った。

▶▶ 極座標の利用

●極座標で記述した惑星の運動方程式

太陽の周りを回る惑星に働く万有引力は、図2.8.7に示したように太陽の方向を向いています。

図2.8.7：惑星の運動

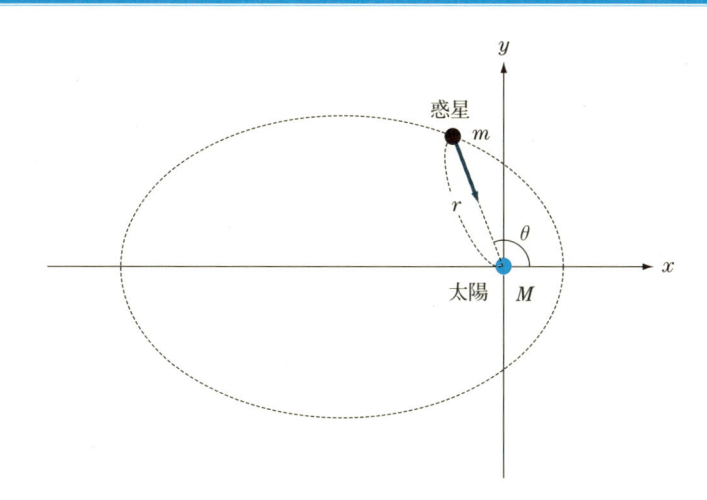

力の大きさは $F=G\dfrac{Mm}{r^2}$ ですから、万有引力ベクトルは次のように表すことができます。

$$\boldsymbol{F}=-G\frac{Mm}{r^2}\boldsymbol{e}_r \tag{2.8.24}$$

運動方程式は次式で表されます。

$$m\boldsymbol{a}=-G\frac{Mm}{r^2}\boldsymbol{e}_r \tag{2.8.25}$$

2-8 微分方程式

この運動方程式を解くには、64ページで学んだ極座標でベクトルを表す方法が便利です。式（2.3.10）を再掲します。

$$\boldsymbol{a}=(\ddot{r}-r\dot{\theta}^2)\boldsymbol{e}_r+(2\dot{r}\dot{\theta}+r\ddot{\theta})\boldsymbol{e}_\theta \tag{2.3.10}$$

式（2.8.25）に式（2.3.10）を代入して整理すると、次式が得られます。

$$m(\ddot{r}-r\dot{\theta}^2)\boldsymbol{e}_r+m(2\dot{r}\dot{\theta}+r\ddot{\theta})\boldsymbol{e}_\theta=-G\frac{Mm}{r^2}\boldsymbol{e}_r \tag{2.8.26}$$

結局、$\boldsymbol{e}_r$ と $\boldsymbol{e}_\theta$ という二つの方向の成分に対応して、次の二つの微分方程式が得られます。

$$m(\ddot{r}-r\dot{\theta}^2)=-G\frac{Mm}{r^2} \tag{2.8.27}$$

$$2\dot{r}\dot{\theta}+r\ddot{\theta}=0 \tag{2.8.28}$$

● 面積速度一定の法則

式（2.8.28）から、ケプラー*の面積速度一定の法則*を導くことができます。下の図2.8.8を見てください。

図2.8.8：面積速度

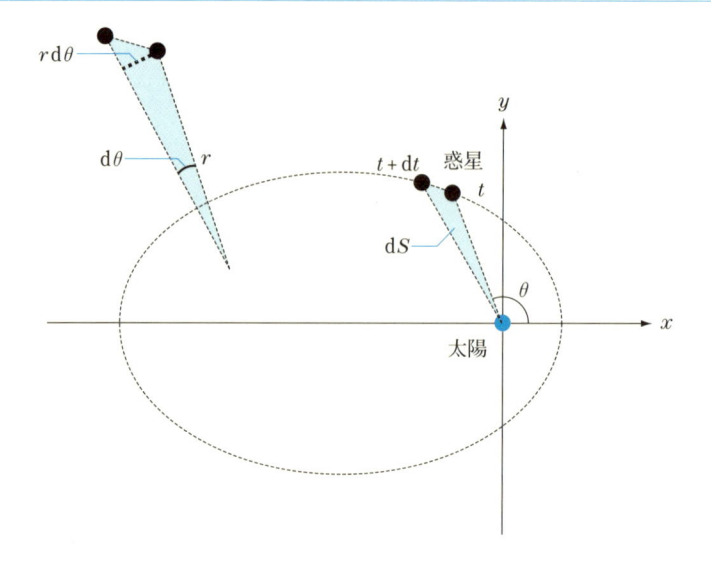

---

* **ケプラー** ヨハネス・ケプラー（Johannes Kepler）。ドイツの数学、天文学者（1571〜1630年）。
* **面積速度一定の法則** ケプラーの第2法則とも呼ばれる。惑星と太陽を結ぶ線が単位時間に描く面積は、常に一定であるというもの。

2-8 微分方程式

面積速度 $\dfrac{dS}{dt}$ は、微少時間のあいだに惑星が描いた微小扇形の面積 dS を微少時間 dt で割ったものです。微小面積 dS は、微少量の2乗 $drd\theta$ を無視すると次のようになります。

$$dS = \frac{1}{2}(r+dr)rd\theta = \frac{1}{2}r^2 d\theta$$

面積速度は次の式で与えられます。

$$\frac{dS}{dt} = \frac{1}{2}r^2 \frac{d\theta}{dt} \tag{2.8.29}$$

面積速度一定を示すために、式（2.8.29）を微分した式がゼロになることを示しましょう。

$$\frac{d^2S}{dt^2} = \frac{d}{dt}\left(\frac{1}{2}r^2\frac{d\theta}{dt}\right)$$

$$= \frac{1}{2}\frac{d}{dt}(r^2\dot{\theta})$$

$$= \frac{1}{2}(2r\dot{r}\dot{\theta} + r^2\ddot{\theta})$$

この式がゼロになることは、式（2.8.28）より明らかです。

● 惑星の軌道は楕円軌道

面積速度が一定であることがわかりましたから、その値を $\dot{S}_0$ とおきましょう。式（2.8.29）より、次のようになります。

$$\frac{1}{2}r^2\frac{d\theta}{dt} = \dot{S}_0$$

これを変形すると、次のようになります。

$$\dot{\theta} = \frac{2\dot{S}_0}{r^2} \tag{2.8.30}$$

これを式（2.8.27）に代入すると、次の式が得られます。

$$\ddot{r} = -G\frac{M}{r^2} + r\left(\frac{2\dot{S}_0}{r^2}\right)^2 \tag{2.8.31}$$

2-8 微分方程式

惑星の軌道を求めたいので、t を消去して r と θ の方程式を求めましょう。
そのために、式（2.8.30）を変形した次の式を使います。

$$dt = \frac{r^2}{2\dot{S}_0} d\theta$$

これを使って、

$$\ddot{r} = \frac{d}{dt}\left(\frac{dr}{dt}\right)$$

$$= \frac{d}{\frac{r^2}{2\dot{S}_0}d\theta}\left(\frac{dr}{\frac{r^2}{2\dot{S}_0}d\theta}\right)$$

$$= (2\dot{S}_0)^2 \frac{1}{r^2}\frac{d}{d\theta}\left(\frac{1}{r^2}\frac{dr}{d\theta}\right)$$

この式と式（2.8.31）より、次式が得られます。

$$(2\dot{S}_0)^2 \frac{1}{r^2}\frac{d}{d\theta}\left(\frac{1}{r^2}\frac{dr}{d\theta}\right) = -G\frac{M}{r^2} + r\left(\frac{2\dot{S}_0}{r^2}\right)^2 \qquad (2.8.32)$$

ところで、楕円の極座標表示*は、次のとおりです。

$$\frac{1}{r} = \frac{1}{\ell}(1 + \varepsilon\cos\theta) \qquad (2.8.33)$$

変数変換 $r = \frac{1}{\xi}$ とすればよさそうです。これを式（2.8.32）に代入して変形します。

$$(2\dot{S}_0)^2\ \xi^2 \frac{d}{d\theta}\left(\xi^2 \frac{d\left(\frac{1}{\xi}\right)}{d\theta}\right) = -GM\xi^2 + (2\dot{S}_0)^2 \xi^3$$

$$(2\dot{S}_0)^2\ \xi^2 \frac{d}{d\theta}\left[\xi^2\left(-\frac{1}{\xi^2}\frac{d\xi}{d\theta}\right)\right] = -GM\xi^2 + (2\dot{S}_0)^2\ \xi^3$$

$$\frac{d^2\xi}{d\theta^2} = \frac{GM}{(2\dot{S}_0)^2} - \xi$$

$$\frac{d^2}{d\theta^2}\left(\xi - \frac{GM}{(2\dot{S}_0)^2}\right) = -\left(\xi - \frac{GM}{(2\dot{S}_0)^2}\right)$$

この式は、$\left(\xi - \frac{GM}{(2\dot{S}_0)^2}\right)$ に関して、単振動のときと同じ形の式になっています。

---

*極座標表示　一方の焦点を原点としたときの極座標が r と θ である。また、ε は**離心率**と呼ばれ、楕円の中心が焦点から離れている距離が長径（楕円の長い方の半径）の何倍であるかを表している。

2-8 微分方程式

ですから、単振動のときと同じ形の解をもちます。

$$\xi - \frac{GM}{(2\dot{S}_0)^2} = A\cos(\theta + \alpha)$$

ここで、$\alpha = 0$、$\ell = \frac{(2\dot{S}_0)^2}{GM}$、$\varepsilon = A\ell$ とおくと、極座標表示の式になります。

●楕円について

式 (2.8.33) が楕円を表していることを示します。次ページの図2.8.9を見ながら考えてください。

$r = \frac{\ell}{1+\varepsilon\cos\theta}$ とすると、原点を $\frac{\varepsilon\ell}{1-\varepsilon^2}$ ずらした座標系で惑星の座標は、以下のようになります。

$$X = \frac{\varepsilon\ell}{1-\varepsilon^2} + r\cos\theta$$

$$Y = r\sin\theta$$

これらが、次の式を満たしていることを示すことができれば、図2.8.9のような長径と短径を持つ楕円であることが証明されます。

$$\frac{X^2}{\left(\frac{\ell}{1-\varepsilon^2}\right)^2} + \frac{Y^2}{\left(\frac{\ell}{\sqrt{1-\varepsilon^2}}\right)^2} = 1$$

・楕円の証明

$$\frac{X^2}{\left(\frac{\ell}{1-\varepsilon^2}\right)^2} + \frac{Y^2}{\left(\frac{\ell}{\sqrt{1-\varepsilon^2}}\right)^2}$$

$$= \frac{\left(\frac{\varepsilon\ell}{1-\varepsilon^2} + r\cos\theta\right)^2}{\left(\frac{\ell}{1-\varepsilon^2}\right)^2} + \frac{(r\sin\theta)^2}{\left(\frac{\ell}{\sqrt{1-\varepsilon^2}}\right)^2}$$

$$= \frac{\left(\frac{\varepsilon\ell}{1-\varepsilon^2} + \frac{\ell}{1+\varepsilon\cos\theta}\cos\theta\right)^2}{\left(\frac{\ell}{1-\varepsilon^2}\right)^2} + \frac{\left(\frac{\ell}{1+\varepsilon\cos\theta}\sin\theta\right)^2}{\left(\frac{\ell}{\sqrt{1-\varepsilon^2}}\right)^2}$$

$$= \frac{(1-\varepsilon^2)^2}{\ell^2}\left(\frac{\ell}{1+\varepsilon\cos\theta}\right)^2\left[\left(\frac{\varepsilon}{1-\varepsilon^2}(1+\varepsilon\cos\theta)+\cos\theta\right)^2\right.$$
$$\left.+\frac{1}{1-\varepsilon^2}(\sin\theta)^2\right]$$
$$=\frac{(1-\varepsilon^2)^2}{(1+\varepsilon\cos\theta)^2}\left[\left(\frac{\varepsilon}{1-\varepsilon^2}+\frac{1}{1-\varepsilon^2}\cos\theta\right)^2+\frac{1}{1-\varepsilon^2}\sin^2\theta\right]$$
$$=\frac{1}{(1+\varepsilon\cos\theta)^2}\left[(\varepsilon^2+2\varepsilon\cos\theta+\cos^2\theta)+(1-\varepsilon^2)\sin^2\theta\right]$$
$$=\frac{1}{(1+\varepsilon\cos\theta)^2}\left[(\varepsilon^2+2\varepsilon\cos\theta+\cos^2\theta)+(1-\varepsilon^2)(1-\cos^2\theta)\right]$$
$$=\frac{1}{(1+\varepsilon\cos\theta)^2}\left[(\varepsilon^2\cos^2\theta+2\varepsilon\cos\theta+1)\right]$$
$$=\frac{1}{(1+\varepsilon\cos\theta)^2}(1+\varepsilon\cos\theta)^2=1$$

図2.8.9：楕円の極座標表示

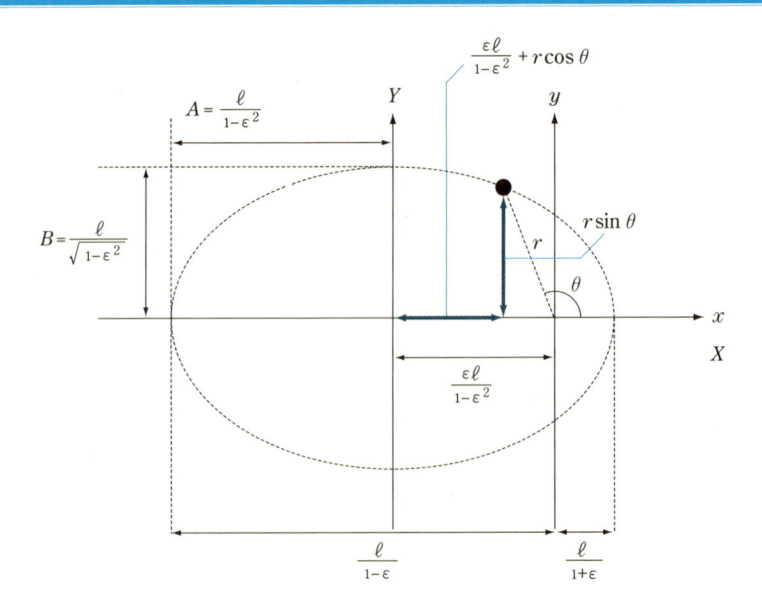

第3章

ベクトル解析

　水が河の中を流れているとき、水の速度は変化しています。上流では速く下流では遅いといった具合です。しかし、河の中のある一点に注目すれば、その場所での水の速度は一定です。このとき、河を流れる水の速度ベクトルを位置の関数として表すことができます。このように、それぞれの位置でベクトルが定義されているとき、言い換えればベクトルが位置の関数になっているとき、この物理量を表すベクトルをベクトル場といいます。上記の例では速度ベクトル場です。ほかにも電場、磁場、力の場（力場）など大切なベクトル場があります。

　ベクトルを微分したり積分したりしてベクトル場の性質を調べることをベクトル解析といいます。勾配（grad）、発散（div）、回転（rot）、ナブラ（∇）、ガウスの定理、ストークスの定理など電磁気学や流体力学の勉強に不可欠のものです。

3-1
勾配（grad）

　最初に勾配*（grad）について説明します。勾配（grad）はスカラーの関数からベクトルの関数（ベクトル場）を作り出す演算です。例えば、$h(x, y)$ が位置 (x, y) における山の高さを表すとき、勾配 $\operatorname{grad} h$ は山の勾配の大きさと最大傾斜線の方向を表すベクトルです。位置エネルギーから力ベクトルを求めたり、電位から電場ベクトルを求めたり、幅広く利用されます。

▶▶ 偏微分と勾配（grad）の定義

　図2.2.1を下に再掲します。

　山の高さを $h(x, y)$ とします。図示された山の断面の傾き（勾配）が、偏微分を使って $\dfrac{\partial h}{\partial y}$ と表されるのでした。しかし、山の斜面に立ったとき特定の断面の傾きが重要であることは、むしろ少ないといえます。一番重要なのは、最大傾斜線の方向がどの方向であり、最大傾斜線方向の傾きがいくらであるかということです。これを与える演算が**勾配（grad）**です。

　まず、数学でよく使われるスカラー関数 $f(x, y)$ （三次元の場合 $f(x, y, z)$ ）を使って勾配（grad）を定義しておきます。

図2.2.1：偏微分の意味

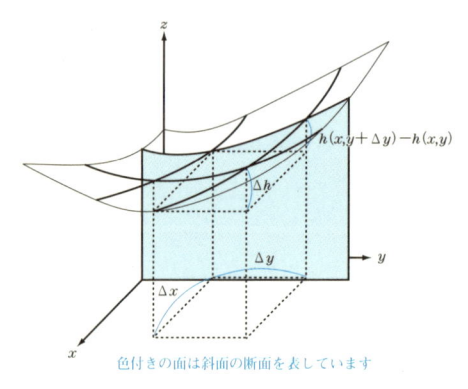

色付きの面は斜面の断面を表しています

***勾配**　英語ではgradientと書く。

3-1 勾配（grad）

二次元の場合は、次のようになります。

$$\mathrm{grad}f = \frac{\partial f}{\partial x}\boldsymbol{i} + \frac{\partial f}{\partial y}\boldsymbol{j} \tag{3.1.1}$$

三次元の場合は、次のようになります。

$$\mathrm{grad}f = \frac{\partial f}{\partial x}\boldsymbol{i} + \frac{\partial f}{\partial y}\boldsymbol{j} + \frac{\partial f}{\partial z}\boldsymbol{k} \tag{3.1.2}$$

ベクトル$\boldsymbol{i}$、$\boldsymbol{j}$、$\boldsymbol{k}$は、それぞれx、y、z方向の単位ベクトルです。$\mathrm{grad}f$はグラディエント・エフと読みます。この式と式（2.2.4）より[*]、fの全微分[*]を以下のように表すことができます。

$$\mathrm{d}f = \frac{\partial f}{\partial x}\mathrm{d}x + \frac{\partial f}{\partial y}\mathrm{d}y$$

$$= \mathrm{grad}f \cdot \mathrm{d}\boldsymbol{r} \tag{3.1.3}$$

▶▶ 勾配（grad）の方向

山の高さが、水平面での位置の関数として$h(x, y)$で与えられるとき、式（3.1.1）で定義される二次元の勾配$\mathrm{grad}\,h$が最大傾斜線の方向を与えることを示しましょう。

最大傾斜線の方向は、地図に描かれた等高線に直交する方向です。等高線が南北方向ならば最大傾斜線の方向は東西方向です。

図3.1.1に示されたように、等高線上の微小ベクトルを$\mathrm{d}\boldsymbol{r}$としましょう。式（3.1.3）はもちろんこの場合も適用することができ、点Aと点Bの高さの差は次のように表されます。

$$\mathrm{d}h = \mathrm{grad}\,h \cdot \mathrm{d}\boldsymbol{r}$$

点Aと点Bが同じ高さであれば、これはゼロになるはずです。内積がゼロである二つのベクトルは（ベクトルの大きさがゼロでない限り）直交しています。ですから、$\mathrm{grad}\,h$と$\mathrm{d}\boldsymbol{r}$という二つのベクトルは直交しています。言い換えれば、ベクトル$\mathrm{grad}\,h$は等高線方向（$\mathrm{d}\boldsymbol{r}$の方向）と直交し、**最大傾斜線方向**[*]を向いています。最大傾斜線方向といっても、山の高いほうに向かう向きです。

---

[*] **式（2.2.4）より** 式（2.2.4）を再掲する。$\mathrm{d}f = \frac{\partial f}{\partial x}\mathrm{d}x + \frac{\partial f}{\partial y}\mathrm{d}y$

[*] **fの全微分** 式（3.1.1）より、$\mathrm{grad}f \cdot \mathrm{d}\boldsymbol{r} = \left(\frac{\partial f}{\partial x}\boldsymbol{i} + \frac{\partial f}{\partial y}\boldsymbol{j}\right) \cdot (\mathrm{d}x\,\boldsymbol{i} + \mathrm{d}y\,\boldsymbol{j}) = \frac{\partial f}{\partial x}\mathrm{d}x + \frac{\partial f}{\partial y}\mathrm{d}y$である。

[*] **最大傾斜線方向** 再掲された図2.2.1のように、x、yの方向へ向かって山が高くなっている場合、$\frac{\partial h}{\partial x}$、$\frac{\partial h}{\partial y}$は共に正である。そして、$\mathrm{grad}\,h$は$x$、$y$成分が共に正であるから、山の高いほうに向かう向きである。

3-1 勾配(grad)

図3.1.1：斜面の傾きとgradの方向

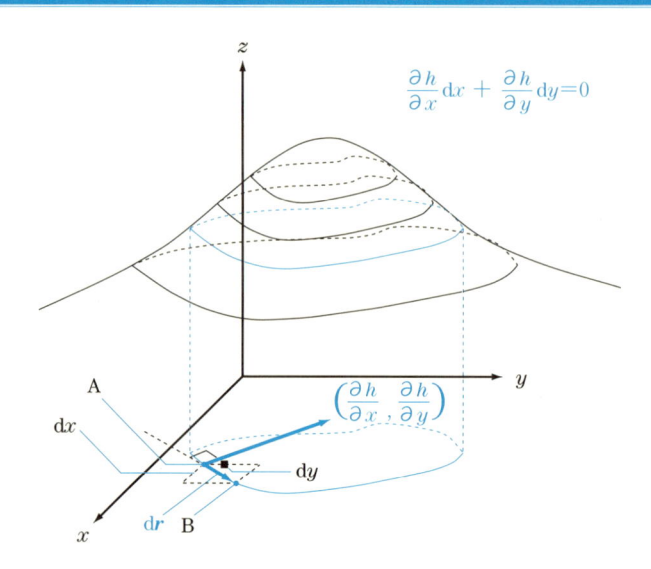

$$\frac{\partial h}{\partial x}dx + \frac{\partial h}{\partial y}dy = 0$$

$\left(\dfrac{\partial h}{\partial x}, \dfrac{\partial h}{\partial y}\right)$

▶▶ 勾配(grad)の大きさ

　図3.1.2のように、等高線に垂直な曲線*を引き、曲線に沿った曲線座標*をs、等高線方向の曲線座標をtとします。

　この曲線上に微小ベクトル$d\boldsymbol{r}_1$をとります。この場合、$\mathrm{grad}\,h$と$d\boldsymbol{r}_1$は同じ方向ですから、次のようになります。

$$dh = \mathrm{grad}\,h \cdot d\boldsymbol{r}_1 = |\mathrm{grad}\,h||d\boldsymbol{r}_1| = |\mathrm{grad}\,h|ds$$

ただし、dsは点Aと点Bのs座標の差であり、$|d\boldsymbol{r}_1|$と同じ値です。この式を変形すると、次の式が得られます。

$$|\mathrm{grad}\,h| = \frac{dh}{ds} \tag{3.1.4}$$

この式は$|\mathrm{grad}\,h|$が最大傾斜線方向の傾きの大きさであることを示しています。

＊**等高線に垂直な曲線**　　最大傾斜線方向である。
＊**曲線に沿った曲線座標**　　山が高くなる向き、すなわちgradの向きにs座標をとる。

3-1 勾配（grad）

図3.1.2：斜面の傾きとgradの大きさ

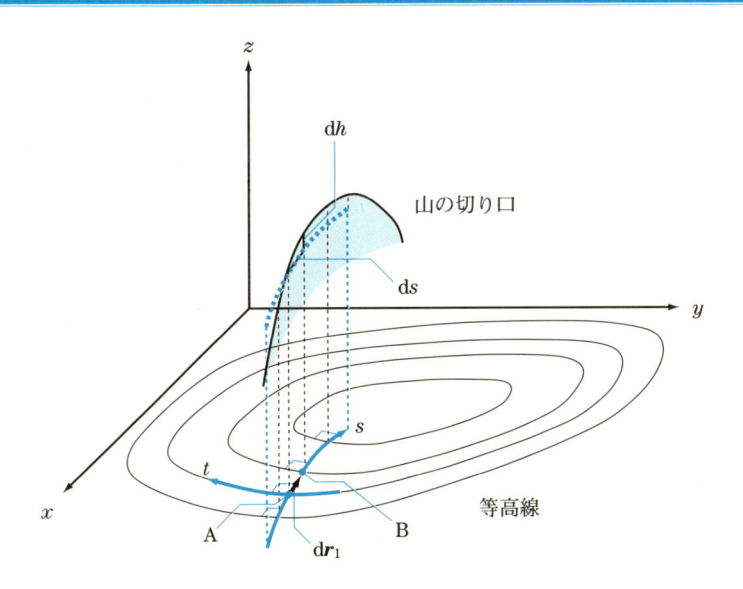

山の傾斜の計算例

図3.1.3のような対称な形の山があり、山の高さが次のようであるとします。

$$h(x, y) = \frac{1}{r} = \frac{1}{\sqrt{x^2+y^2}}$$

図3.1.3：最大傾斜線方向の傾きの計算例

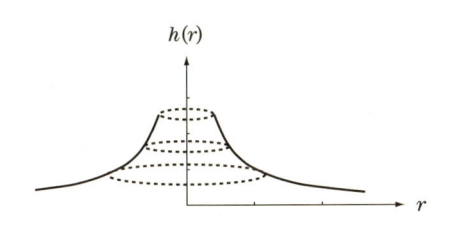

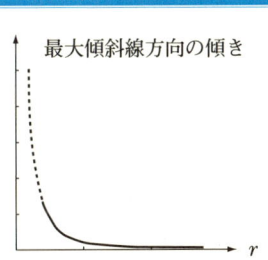

3-1 勾配（grad）

この関数を偏微分して、式（3.1.1）で定義される勾配（grad）を求めてみましょう*。

$$\mathrm{grad}\, h * = \frac{\partial h}{\partial x}\boldsymbol{i} + \frac{\partial h}{\partial y}\boldsymbol{j}$$

$$= -\frac{1}{2}\frac{2x}{(x^2+y^2)^{3/2}}\boldsymbol{i} - \frac{1}{2}\frac{2y}{(x^2+y^2)^{3/2}}\boldsymbol{j}$$

最大傾斜線方向は原点の方向を向き、最大傾斜線方向の傾き*は以下のようになります。

$$|\mathrm{grad}\, h| = \sqrt{\left(\frac{1}{2}\frac{2x}{(x^2+y^2)^{3/2}}\right)^2 + \left(\frac{1}{2}\frac{2y}{(x^2+y^2)^{3/2}}\right)^2}$$

$$= \frac{1}{x^2+y^2}\sqrt{\left(\frac{x}{(x^2+y^2)^{1/2}}\right)^2 + \left(\frac{y}{(x^2+y^2)^{1/2}}\right)^2}$$

$$= \frac{1}{x^2+y^2} = \frac{1}{r^2}$$

▶▶ 勾配（grad）の例（電場）

三次元の例として、式（3.1.2）を使って電位から電場を求める例を考えましょう。電位を$V(x, y, z)$とすると、$-\mathrm{grad}\,V$が電場ベクトル*を表します。電位が、

$$V(x, y, z) = \frac{1}{4\pi\varepsilon_0}\frac{1}{r} = \frac{1}{4\pi\varepsilon_0}\frac{1}{\sqrt{x^2+y^2+z^2}}$$

であるとしましょう。この関数を偏微分して、式（3.1.2）で定義される勾配（grad）を求めてみましょう。

$$\mathrm{grad}\,V = \frac{\partial V}{\partial x}\boldsymbol{i} + \frac{\partial V}{\partial y}\boldsymbol{j} + \frac{\partial V}{\partial z}\boldsymbol{k}$$

$$= -\frac{1}{4\pi\varepsilon_0}\left(\frac{x}{(x^2+y^2+z^2)^{3/2}}\boldsymbol{i} + \frac{y}{(x^2+y^2+z^2)^{3/2}}\boldsymbol{j} + \frac{z}{(x^2+y^2+z^2)^{3/2}}\boldsymbol{k}\right)$$

(3.1.5)

---

*求めてみましょう　ベクトル$\boldsymbol{i}$, $\boldsymbol{j}$は、それぞれx, y方向の単位ベクトルである。

*grad h　合成関数の微分の公式を使った。よりくわしい計算は「2-2　偏微分の意味」にある。

*傾き　式（3.1.4）を使うと、$|\mathrm{grad}\,h| = \left|\frac{dh}{dr}\right| = \frac{1}{r^2}$と、より簡単に求めることができる。

*電場ベクトル　位置エネルギーを$U(x, y, z)$で表すと、$-\mathrm{grad}\,U$は力ベクトルを表す。このことは、57ページで学んだ$F_x = -\frac{\partial U}{\partial x}$より理解できる。電位は単位電荷あたりの位置エネルギーであるし、電場は単位電荷あたりの力であるから、電位と電場の関係は位置エネルギーと力の関係と同じである。

3-1 勾配（grad）

図3.1.4：電場grad Vそれぞれの場所での電場

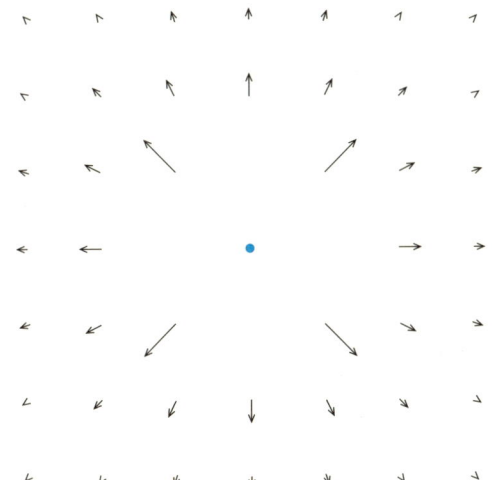

それぞれの場所での電場grad Vの方向と大きさを矢印の大きさと方向で示しました

この結果を図3.1.4に図示しました。

図中の矢印は、それぞれの場所での電場 $\boldsymbol{E}＝-\mathrm{grad}\,V$ の方向と大きさを表しています。

二つの正電荷があったときの電位は、それぞれの電荷が単独で存在したときの電位の和になります。$(a, 0, 0)$ と $(-a, 0, 0)$ に単位電荷があるときの電位は具体的には、次のようになります。

$$V(x, y, z)=\frac{1}{4\pi\varepsilon_0}\frac{1}{\sqrt{(x-a)^2+y^2}}+\frac{1}{4\pi\varepsilon_0}\frac{1}{\sqrt{(x+a)^2+y^2}}$$

3-1 勾配（grad）

　これの勾配を計算して、電場の方向を表す電気力線と等電位面を描いた図が図3.1.5です。

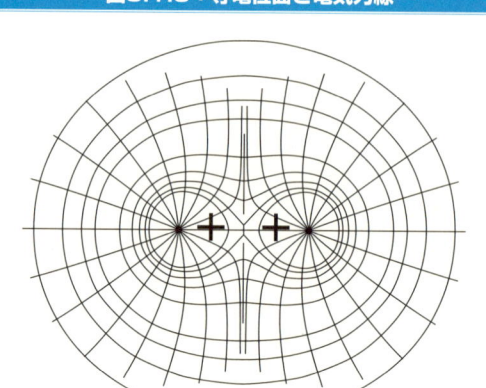

図3.1.5：等電位面と電気力線

ここでは、平面上に限った図を描いていますから、等電位面は等電位線になっています
電気力線は電場の方向を表し、等電位面に直交しています

　電気力線と等電位面が直交していることがよくわかります。
　この節を終えるにあたって、位置エネルギーが$U(x, y, z)$であるとき$-\mathrm{grad}\,U$が何を表しているか＊考えてください。

＊ $-\mathrm{grad}\,U$が何を表しているか　答えは力ベクトルである。

3-2
発散(div)

　ベクトル場には、水の流れにおける速度場、電磁気における電場・磁場、力学における力の場などがあります。ところで、河の流れの場合、途中に泉のような湧き出しが存在する場合があります。湧き出しを表すのが、速度ベクトルの発散[*]（div）です。電場・磁場などの発散は電荷密度・磁荷密度を表します。この節では、水の流れを例にとって、発散が何を表しているのかを考えます。それから発展して、電場・磁場の例へと進みます。

▶▶ ベクトル場の例（速度場）

　位置の関数としてベクトルが定義されていれば、そのベクトルの関数を**ベクトル場**といいます。電場・磁場など多くの大切な物理量がベクトル場で表されます。イメージしやすい水の流れを表す速度ベクトル場で説明をします。図3.2.1のように水が流れているとします。

図3.2.1：ベクトル場の例（速度場）

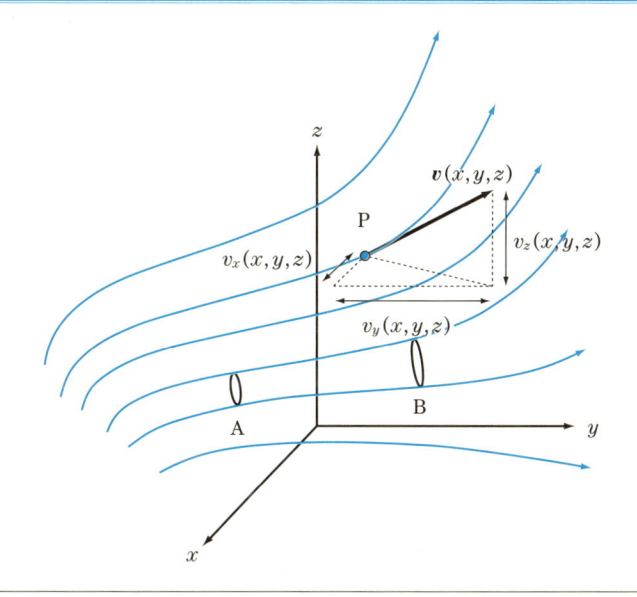

---

[*] 発散　英語ではdivergenceと書く。

3-2 発散（div）

色付きの線は流線*を表しています。点Pでの水の速度が点Pの位置 (x, y, z) の関数 $\boldsymbol{v}(x, y, z)$ になっています。

図3.1.4の電場ベクトルも位置の関数となっており、ベクトル場の一種です。図3.1.4は、それぞれの場所にベクトルが与えられている様子が描かれており、ベクトル場をイメージするには適当な図であると思います。

▶▶ 発散（div）の定義

ベクトルの関数 $\boldsymbol{A}(x, y, z)$ を使って**発散（div）**を定義しておきます。発散というのは、ある点から湧き出して周りに出ていくという意味です。

発散（div）の定義は次のとおりです。

$$\mathrm{div}\boldsymbol{A} = \frac{\partial A_x}{\partial x} + \frac{\partial A_y}{\partial y} + \frac{\partial A_z}{\partial z} \tag{3.2.1}$$

また、$\mathrm{div}\boldsymbol{A}$ はダイバージェント・エーと読みます。発散（div）はベクトル関数に作用してスカラー関数を作り出す演算であり、$\mathrm{div}\boldsymbol{A}$ はスカラー関数です。

▶▶ 発散の計算例

水が原点で湧き出し、そこから四方八方に均一に流れているとき、水の速度はどうなっているでしょう。方向にはよらないはずですし、中心から離れるほど遅くなるでしょう。

次ページの図3.2.2のように、速度ベクトル場が以下の条件で与えられるとします。

$$\boldsymbol{v} = \frac{C}{r^2}\boldsymbol{e}_r = \frac{C}{r^2}\left(\frac{x}{r}, \frac{y}{r}, \frac{z}{r}\right)^* \tag{3.2.2}$$

---

* **流線** それぞれの点で水が流れる速度の方向を表す線を流線という。

* $\boldsymbol{v} = \frac{C}{r^2}\boldsymbol{e}_r = \frac{C}{r^2}\left(\frac{x}{r}, \frac{y}{r}, \frac{z}{r}\right)$ この式の中で、C は比例定数である。また、$\boldsymbol{e}_r$ は動径 (r) 方向の単位ベクトルである。動径方向の単位ベクトル $\boldsymbol{e}_r$ は動径 $\boldsymbol{r} = (x, y, z)$ を動径の長さ r で割ったものになるから、$\boldsymbol{e}_r = \frac{\boldsymbol{r}}{r}$ である。成分で書けば、$\left(\frac{x}{r}, \frac{y}{r}, \frac{z}{r}\right)$ である。

3-2 発散（div）

図3.2.2：ベクトル場 $\frac{1}{r^2}e_r$ の発散

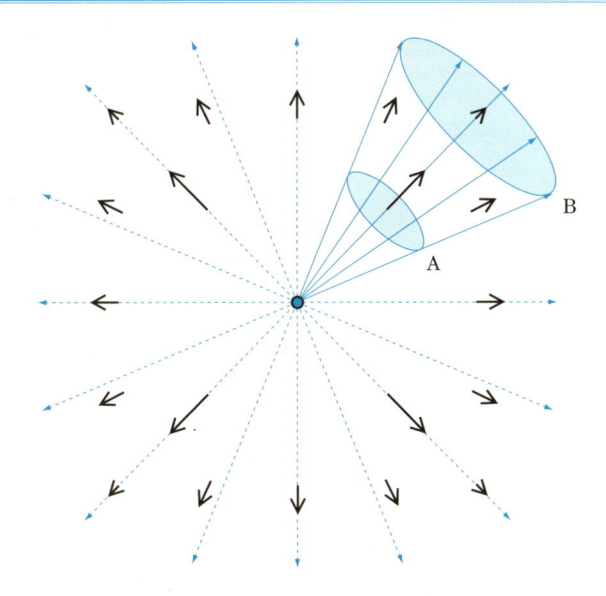

このときの発散（div）を計算*してみましょう。

$$\mathrm{div}\,\boldsymbol{v} = \frac{\partial v_x}{\partial x} + \frac{\partial v_y}{\partial y} + \frac{\partial v_z}{\partial z}$$

$$= C\left[\frac{\partial}{\partial x}\left(\frac{x}{\sqrt{x^2+y^2+z^2}^{\,3}}\right) + \frac{\partial}{\partial y}\left(\frac{y}{\sqrt{x^2+y^2+z^2}^{\,3}}\right) + \frac{\partial}{\partial z}\left(\frac{z}{\sqrt{x^2+y^2+z^2}^{\,3}}\right)\right]$$

$$= C\left[\left(\frac{1}{\sqrt{x^2+y^2+z^2}^{\,3}} - \frac{3}{2}x\frac{2x}{\sqrt{x^2+y^2+z^2}^{\,5}}\right)\right.$$

$$+ \left(\frac{1}{\sqrt{x^2+y^2+z^2}^{\,3}} - \frac{3}{2}y\frac{2y}{\sqrt{x^2+y^2+z^2}^{\,5}}\right)$$

$$\left.+ \left(\frac{1}{\sqrt{x^2+y^2+z^2}^{\,3}} - \frac{3}{2}z\frac{2z}{\sqrt{x^2+y^2+z^2}^{\,5}}\right)\right]$$

$$= C\left(\frac{3}{\sqrt{x^2+y^2+z^2}^{\,3}} - \frac{3x^2+3y^2+3z^2}{\sqrt{x^2+y^2+z^2}^{\,5}}\right) = 0$$

つまり、原点以外ではゼロになります。

＊**計算**　2行目の式から3行目の式への変形には、合成関数の微分の公式を使用する。

3-2 発散(div)

　実は、発散がゼロであるということは、水が湧き出していない*ことを表しています。速度が式(3.2.2)で与えられる水流の場合、原点以外に水が湧き出していないことを、直接的に説明しておきましょう。

　図3.2.2の場合、面Aを通って流れる水の量は、面Aの面積と面Aでの速度の積に比例します。一方、面Bを通って流れる水の量は、面Bの面積と面Bでの速度の積に比例します。面積はrの二乗に比例しますから、速度の大きさがrの二乗に反比例している場合、面Aと面Bを流れる水の量は同じということになり、途中で湧き出したりしていないということになります。

　それでは、速度ベクトル場が次の式で与えられるときは、どうなると予想しますか？

$$\bm{v} = \frac{C}{r^3}\bm{e}_r$$

面Aを流れる水量よりも面Bを流れる水量のほうが小さくなりますから、途中で消えている、すなわち湧き出しが負であるはずです。発散(div)を計算*すると、次のようになります。

$$\mathrm{div}\,\bm{v} = -C\frac{1}{(x^2+y^2+z^2)^2} \tag{3.2.3}$$

---

*水が湧き出していない　水がしみこんで消えてしまうような場合は、湧き出しが負であると表現する。

*発散(div)を計算　詳しい計算を示すと次のようになる。

$$\begin{aligned}
\mathrm{div}\,\bm{v} &= \frac{\partial v_x}{\partial x} + \frac{\partial v_y}{\partial y} + \frac{\partial v_z}{\partial z}\\
&= C\left[\frac{\partial}{\partial x}\left(\frac{x}{(x^2+y^2+z^2)^2}\right) + \frac{\partial}{\partial y}\left(\frac{y}{(x^2+y^2+z^2)^2}\right) + \frac{\partial}{\partial z}\left(\frac{z}{(x^2+y^2+z^2)^2}\right)\right]\\
&= C\left[\left(\frac{1}{(x^2+y^2+z^2)^2}\right) - 2x\frac{2x}{(x^2+y^2+z^2)^3}\right.\\
&\quad + \left(\frac{1}{(x^2+y^2+z^2)^2}\right) - 2y\frac{2y}{(x^2+y^2+z^2)^3}\\
&\quad + \left.\left(\frac{1}{(x^2+y^2+z^2)^2}\right) - 2z\frac{2z}{(x^2+y^2+z^2)^3}\right]\\
&= C\left(\frac{3}{(x^2+y^2+z^2)^2} - \frac{4x^2+4y^2+4z^2}{(x^2+y^2+z^2)^3}\right) = -C\frac{1}{(x^2+y^2+z^2)^2}
\end{aligned}$$

3-2 発散（div）

▶▶ 微小体積における湧き出す水の量

一般的に、dx、dy、dz が微小であるとき、ベクトルの関数（ベクトル場）$\boldsymbol{A}$ に対する次の式が成り立ちます*。

$$\mathrm{div}\boldsymbol{A}\,dxdydz = \left(\frac{\partial A_x}{\partial x} + \frac{\partial A_y}{\partial y} + \frac{\partial A_z}{\partial z}\right)dxdydz$$

$$= \{A_x(x+dx, y, z) - A_x(x, y, z)\}dydz$$
$$+ \{A_y(x, y+dy, z) - A_y(x, y, z)\}dzdx$$
$$+ \{A_z(x, y, z+dz) - A_z(x, y, z)\}dxdy$$

(3.2.4)

この式を使って、$\mathrm{div}\,\boldsymbol{v}$ が単位面積当たりの湧き出しであることを示しましょう。

図3.2.3：微小体積における湧き出す水の量と発散の関係

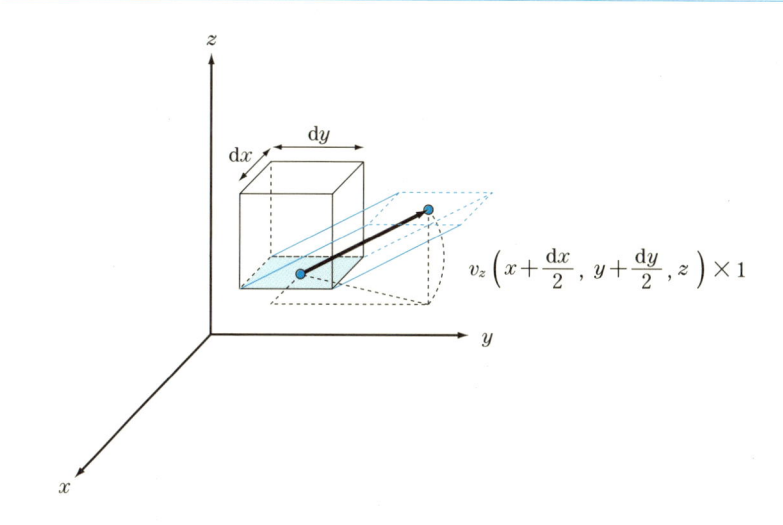

$$v_z\left(x+\frac{dx}{2},\ y+\frac{dy}{2},\ z\right)\times 1$$

上の図3.2.3の微小な直方体に流れ込む水量と流れ出る水量の差を計算し、微小な直方体の内部で生じる水量（湧き出しの量）を求めてみましょう。

---

*次の式が成り立ちます　偏微分の定義の式（2.2.2）から、微小な dx に対し、
$$\frac{\partial A_x}{\partial x}dx = A_x(x+dx, y, z) - A_x(x, y, z)\ \text{が成り立つ。}$$

3-2 発散（div）

色の付いた微小長方形から流れ込んでくる水量[*]は、図中色付きの線で示された斜四角柱の体積[*]になります。式で表すと、次のようになります。

$$v_z(x+\frac{dx}{2}, y+\frac{dy}{2}, z) \times 1 \times dxdy$$

微小直方体の上部の面から出ていく水量は、次のとおりです。

$$v_z(x+\frac{dx}{2}, y+\frac{dy}{2}, z+dz) \times 1 \times dxdy$$

微小直方体の上部から出ていく水量と底面から入ってくる水量の差は、以下のようになります。

$$\left\{v_z(x+\frac{dx}{2}, y+\frac{dy}{2}, z+dz) - v_z(x+\frac{dx}{2}, y+\frac{dy}{2}, z)\right\} \times 1 \times dxdy$$

前後左右上下の面から出ていく水量の総和 ΔQ は、以下のとおりです。

$$\Delta Q = \left\{v_z(x+\frac{dx}{2}, y+\frac{dy}{2}, z+dz) - v_z(x+\frac{dx}{2}, y+\frac{dy}{2}, z)\right\} \times 1 \times dxdy$$

$$+ \left\{v_y(x+\frac{dx}{2}, y+dy, z+\frac{dz}{2}) - v_y(x+\frac{dx}{2}, y, z+\frac{dz}{2})\right\} \times 1 \times dzdx$$

$$+ \left\{v_x(x+dx, y+\frac{dy}{2}, z+\frac{dz}{2}) - v_x(x, y+\frac{dy}{2}, z+\frac{dz}{2})\right\} \times 1 \times dydz$$

式（3.2.4）を使ってこの式を書き換えると、次のようになります。

$$\Delta Q^* = \left(\frac{\partial v_x}{\partial x} + \frac{\partial v_y}{\partial y} + \frac{\partial v_z}{\partial z}\right) dxdydz = \text{div}\,\boldsymbol{v}\,dxdydz$$

結局、単位体積当たり div $\boldsymbol{v}$ の量の水が湧き出して、外に流れ出していることがわかります。

---

* **流れ込んでくる水量** 水の1秒間の変位が $v \times 1$ で、1秒間に z 方向に動く距離が $v_z \times 1$ である。つまり1秒経過したとき、図の斜四角柱の部分に水が入り込む。

* **斜四角柱の体積** 斜線部の中心の速度が $v_z(x+\frac{dx}{2}, y+\frac{dy}{2}, z)$ である。ただし、dx, dy が微少量なので、$v_z(x, y, z)$ と書いてもかまわない。

* **ΔQ** 例えば、第1項は $\frac{\partial v_x}{\partial x}(x, y+\frac{dy}{2}, z+\frac{dz}{2})$ だが、dy, dz が微少量だから、$\frac{\partial v_x}{\partial x}(x, y, z)$ としてかまわない。

3-2 発散(div)

▶▶ 曲線座標で考える発散

ここで、以下の式が成り立つことに気づかれたでしょうか。

$$\mathrm{div}\,\boldsymbol{v} \neq \frac{\partial v_r}{\partial r} + \frac{\partial v_\theta}{\partial \theta} + \frac{\partial v_\phi}{\partial \phi}$$

式(3.2.2)の発散(div)は、$r \neq 0$ のときゼロになります。
一方、上式の右辺を計算すると、以下の式になります。

$$\frac{\partial v_r}{\partial r} + \frac{\partial v_\theta}{\partial \theta} + \frac{\partial v_\phi}{\partial \phi} = \frac{\partial}{\partial r}\left(\frac{C}{r^2}\right) = -2C\frac{1}{r^3}$$

図3.2.4：曲線座標で考える発散

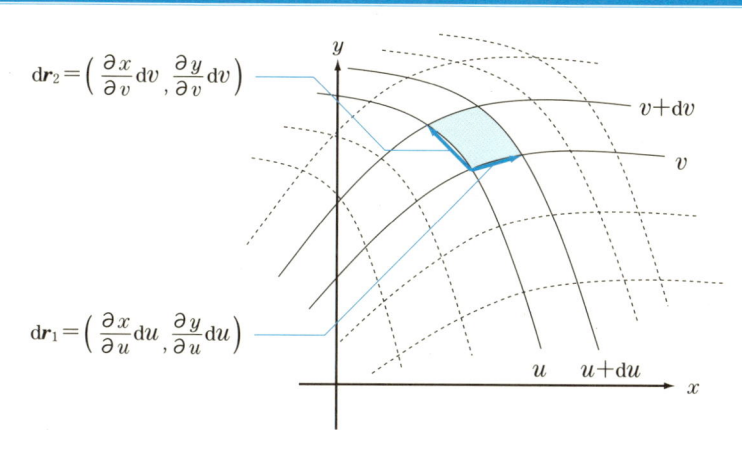

$d\boldsymbol{r}_2 = \left(\dfrac{\partial x}{\partial v}dv, \dfrac{\partial y}{\partial v}dv\right)$

$d\boldsymbol{r}_1 = \left(\dfrac{\partial x}{\partial u}du, \dfrac{\partial y}{\partial u}du\right)$

一般に、上の図3.2.4のような曲線座標をとると、曲線座標 u 方向の単位ベクトル $\boldsymbol{e}_u$ が位置の関数となるために、$\boldsymbol{e}_u$ を微分したものがゼロになりません。

そのために、発散(div)は複雑な式になります。

球面座標の場合にどうなるか考えてみましょう。ここでは、ベクトル場を $\boldsymbol{A}$ と書いて説明します。

図3.2.5の微小体積に対しても、微小体積と微小面積を r、θ、ϕ で書き直すことにより、式(3.2.4)と同様の式※が成立します。具体的に式を書くと、次ページのようになります。

※式(3.2.4)と同様の式 139ページで説明するガウスの定理より、各面の面積と面に垂直外向き方向のベクトルの成分を掛けたものが、$\mathrm{div}\boldsymbol{A}$ に微小体積を掛けたものになる。例えば、$dr\,rd\theta\,r\sin\theta d\phi$ は微小体積だし、$(r+dr)d\theta\,(r+dr)\sin\theta d\phi$ は $r+dr$ における微小面積である。$-A_r(r, \theta, \phi)$ の前の負号は、斜線の面では、面に垂直外向き方向のベクトルの成分が $-A_r(r, \theta, \phi)$ であることからくる。

3-2 発散 (div)

$$\text{div}\boldsymbol{A}\,dr\,rd\theta\,r\sin\theta\,d\phi^* = \{A_r(r+dr,\theta,\phi)(r+dr)d\theta(r+dr)\sin\theta\,d\phi$$
$$-A_r(r,\theta,\phi)rd\theta\,r\sin\theta\,d\phi\}$$
$$+\{A_\theta(r,\theta+d\theta,\phi)dr\,r\sin(\theta+d\theta)d\phi$$
$$-A_\theta(r,\theta,\phi)dr\,r\sin\theta\,d\phi\}$$
$$+\{A_\phi(r,\theta,\phi+d\phi)dr\,rd\theta - A_\phi(r,\theta,\phi)dr\,rd\theta\}$$
(3.2.5)

$$=\frac{\partial(r^2 A_r)}{\partial r}\sin\theta\,dr\,d\theta\,d\phi$$

$$+\frac{\partial(\sin\theta\,A_\theta)}{\partial\theta}r\,dr\,d\theta\,d\phi$$

$$+\frac{\partial(A_\phi)}{\partial\phi}r\,dr\,d\theta\,d\phi \qquad (3.2.6)$$

上の式から、次の式が求まります。

$$\text{div}\boldsymbol{A}=\frac{1}{r^2}\frac{\partial(r^2 A_r)}{\partial r}+\frac{1}{r\sin\theta}\frac{\partial(\sin\theta\,A_\theta)}{\partial\theta}+\frac{1}{r\sin\theta}\frac{\partial(A_\phi)}{\partial\phi}$$
(3.2.7)

---

*$\text{div}\boldsymbol{A}\,dr\,rd\theta\,r\sin\theta d\phi$ 例えば、式(3.2.6)の第一項は $\frac{\partial(r^2 A_r)}{\partial r}$ であり、$\frac{\partial A_r}{\partial r}r^2$ ではない。これを理解するには、式(3.2.5)の第一項が $A_r(r+dr,\theta,\phi)(r+dr)d\theta(r+dr)\sin\theta d\phi$ であり、$A_r(r+dr,\theta,\phi)rd\theta\,r\sin\theta d\phi$ ではないことに注意する。式の中で A_r だけでなく r も変化しているため、r も微分の中に入ってくる。

3-2 発散（div）

図3.2.5：球面座標

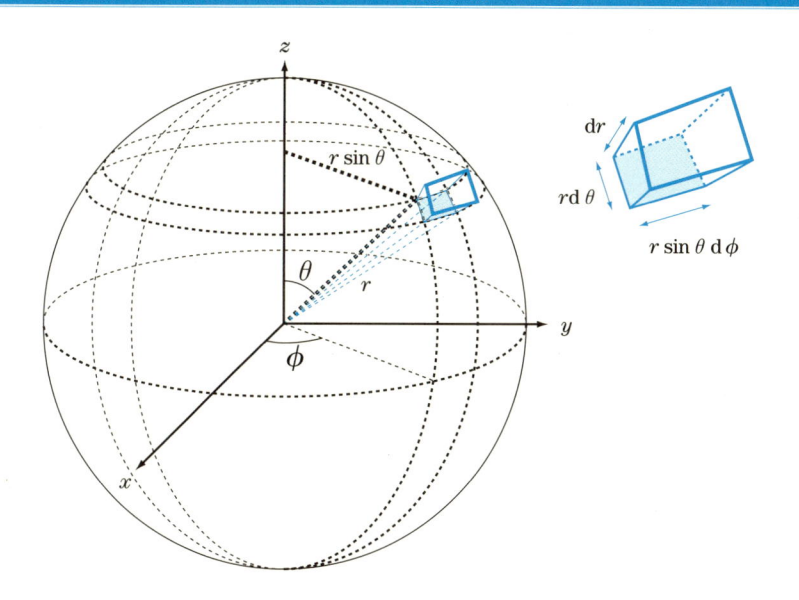

▶▶ 電場における発散

電荷密度（単位体積当たりの電荷）$\rho(x, y, z)$が、次のように与えられるとします。

$$\rho(x, y, z) = \rho_0 \quad r \leq a$$
$$= 0 \quad r > a$$

このとき、電場※は次のようになります。

$$\boldsymbol{E} = \frac{1}{4\pi\varepsilon_0 r^2} \frac{4\pi r^3}{3} \rho_0 \boldsymbol{e}_r \quad r \leq a$$

$$= \frac{1}{4\pi\varepsilon_0 r^2} \frac{4\pi a^3}{3} \rho_0 \boldsymbol{e}_r \quad r > a$$

ただし、$r = \sqrt{x^2 + y^2 + z^2}$であり、$\boldsymbol{e}_r = \dfrac{\boldsymbol{r}}{r}$は動径方向の単位ベクトルです。

このベクトル場の発散を計算してみましょう。発散$\mathrm{div}\,\boldsymbol{E}$は、$r \leq a$では次のようになります。

※ 電場　146ページ参照。$\dfrac{4\pi r^3}{3}\rho_0$は半径$r$の球内の電荷である。

3-2 発散(div)

$$\mathrm{div}\,\boldsymbol{E} = \mathrm{div}\left(\frac{\rho_0}{3\varepsilon_0}\boldsymbol{r}\right) \qquad r \leq a$$

$$= \frac{\partial\left(\frac{\rho_0}{3\varepsilon_0}x\right)}{\partial x} + \frac{\partial\left(\frac{\rho_0}{3\varepsilon_0}y\right)}{\partial y} + \frac{\partial\left(\frac{\rho_0}{3\varepsilon_0}z\right)}{\partial z} = \frac{\rho_0}{\varepsilon_0} \qquad r \leq a$$

発散$\mathrm{div}\,\boldsymbol{E}$*は、$r > a$では次のようになります。

$$\mathrm{div}\,\boldsymbol{E} = \frac{a^3\rho_0}{3\varepsilon_0}\mathrm{div}\left(\frac{\boldsymbol{e}_r}{r^2}\right) \qquad r > a$$

$$= 0 \qquad r > a$$

つまり、$\mathrm{div}\,\boldsymbol{E} = \dfrac{\rho(x, y, z)}{\varepsilon_0}$ となり、**電荷密度**(に比例するもの)を表すことがわかりました。電気力線の図を描くと、電気力線が湧き出しているところが$\mathrm{div}\,\boldsymbol{E} \neq 0$のところです(図3.1.5を参照)。

---

* 発散$\mathrm{div}\,\boldsymbol{E}$ 式(3.2.2)で与えられるベクトル場の発散の計算とまったく同じである。

3-3

回転(rot)

水の流れにおける速度場の場合、湧き出しを表すのが発散（div）でした。これに対し、一言でいえば、渦を表すのが回転*（rot）です。

この節では、水の流れを例にとって、回転（rot）が何を表しているのかを考えます。それから発展して、電場・磁場の例へと進みます。

▶▶ 回転(rot)の定義

電場（磁場）の場合、電気力線（磁力線）が、円を描いているような場合に**回転(rot)** がゼロでない値をとります。その場合、電荷（磁荷）が電気力線（磁力線）に沿って一周すると、エネルギーが増えてしまいます。

ベクトルの関数 $A(x, y, z)$ を使って回転(rot)を定義すると、次のようになります。

$$\mathrm{rot}\,A = \left(\frac{\partial A_z}{\partial y} - \frac{\partial A_y}{\partial z}\right)i + \left(\frac{\partial A_x}{\partial z} - \frac{\partial A_z}{\partial x}\right)j + \left(\frac{\partial A_y}{\partial x} - \frac{\partial A_x}{\partial y}\right)k$$

(3.3.1)

$\mathrm{rot}\,A$ はローテーション・エーと読みます。回転（rot）はベクトル関数に作用してベクトル関数を作り出す演算であり、$\mathrm{rot}\,A$ はベクトル関数です。

▶▶ 回転(rot)の意味

ベクトル場 V が水の流れる速度を表しているとしましょう。簡単に考えるため、x, y 平面内で動いているとします。点P (x, y) における速度 $V(x, y)$ とその近傍の点Q $(x+dx, y+dy)$ における速度 $V(x+dx, y+dy)$ を比較してみましょう。

微分の公式より、微少量に対して以下の式が成り立ちます。

$$\mathrm{d}V_x = V_x(x+\mathrm{d}x, y+\mathrm{d}y) - V_x(x, y)$$

$$= \frac{\partial V_x}{\partial x}\mathrm{d}x + \frac{\partial V_x}{\partial y}\mathrm{d}y$$

$$\mathrm{d}V_y = V_y(x+\mathrm{d}x, y+\mathrm{d}y) - V_y(x, y)$$

$$= \frac{\partial V_y}{\partial x}\mathrm{d}x + \frac{\partial V_y}{\partial y}\mathrm{d}y$$

＊**回転** 英語ではrotationと書く。

3-3 回転 (rot)

これを、ちょっと作為的ですが以下のように書き換えます。

$$dV_x = \frac{\partial V_x}{\partial x}dx - \frac{1}{2}\left(\frac{\partial V_y}{\partial x} - \frac{\partial V_x}{\partial y}\right)dy + \frac{1}{2}\left(\frac{\partial V_y}{\partial x} + \frac{\partial V_x}{\partial y}\right)dy$$

$$= Adx - Bdy + Cdy \qquad (3.3.2)$$

$$dV_y = \frac{1}{2}\left(\frac{\partial V_y}{\partial x} - \frac{\partial V_x}{\partial y}\right)dx + \frac{1}{2}\left(\frac{\partial V_y}{\partial x} + \frac{\partial V_x}{\partial y}\right)dx + \frac{\partial V_y}{\partial y}dy$$

$$= +Bdx + Cdx + Ddy \qquad (3.3.3)$$

ところで、流体が点Pの周りを角速度ωで回転運動している場合、点Pから見た点Qの速度$d\boldsymbol{V}^*$は、次のようになります。

$$dV_x = -\omega dy$$

$$dV_y = \omega dx$$

この式と式(3.3.2)、(3.3.3)を比較すると、$B = \frac{1}{2}\left(\frac{\partial V_y}{\partial x} - \frac{\partial V_x}{\partial y}\right)$が回転の角速度[*]を表していることがわかります。

図3.3.1：渦と回転 (rot)

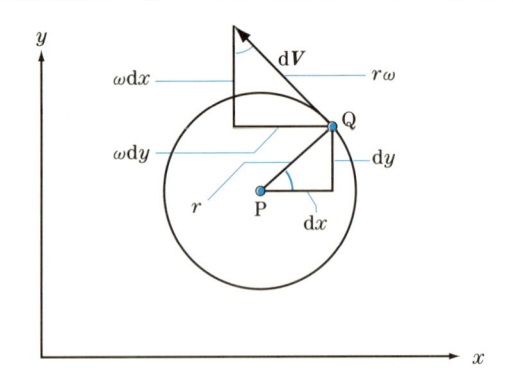

---

[*] **速度$d\boldsymbol{V}$** 点Pから見た点Qの速度は、点Qの速度から点Pの速度を引いたものであるから、$d\boldsymbol{V}$である。点Pから見た点Qの運動は半径$r = \sqrt{(dx)^2 + (dy)^2}$の円運動だから、速度の大きさは$r\omega$である。その成分$x$は、図3.3.1より、$dV_x = -r\omega\frac{dy}{r} = -\omega dy$である。

[*] **回転の角速度** 残りのA、C、Dは回転以外の運動を表している。

▶▶ 保存力と回転(rot)の関係

点電荷を原点においたとき、点電荷Qの周りの電場（118ページ参照）は、次のとおりです。

$$E = \frac{Q}{4\pi\varepsilon_0}\left(\frac{x}{(x^2+y^2+z^2)^{3/2}}i + \frac{y}{(x^2+y^2+z^2)^{3/2}}j + \frac{z}{(x^2+y^2+z^2)^{3/2}}k\right)$$

150ページで学ぶように、保存力[*]の場合、回転（rot）はゼロになるはずです。回転（rot）を計算して確かめてみましょう。

$$\mathrm{rot}\,E = \left(\frac{\partial E_z}{\partial y} - \frac{\partial E_y}{\partial z}\right)i + \left(\frac{\partial E_x}{\partial z} - \frac{\partial E_z}{\partial x}\right)j + \left(\frac{\partial E_y}{\partial x} - \frac{\partial E_x}{\partial y}\right)k$$

$$= \frac{Q}{4\pi\varepsilon_0}\left(\frac{\partial}{\partial y}\frac{z}{(x^2+y^2+z^2)^{3/2}} - \frac{\partial}{\partial z}\frac{y}{(x^2+y^2+z^2)^{3/2}}\right)i$$

$$+ \frac{Q}{4\pi\varepsilon_0}\left(\frac{\partial}{\partial z}\frac{x}{(x^2+y^2+z^2)^{3/2}} - \frac{\partial}{\partial x}\frac{z}{(x^2+y^2+z^2)^{3/2}}\right)j$$

$$+ \frac{Q}{4\pi\varepsilon_0}\left(\frac{\partial}{\partial x}\frac{y}{(x^2+y^2+z^2)^{3/2}} - \frac{\partial}{\partial y}\frac{x}{(x^2+y^2+z^2)^{3/2}}\right)k$$

$$= \frac{Q}{4\pi\varepsilon_0}\left\{\left(-\frac{3}{2}z\frac{2y}{(x^2+y^2+z^2)^{5/2}}\right) - \left(-\frac{3}{2}y\frac{2z}{(x^2+y^2+z^2)^{5/2}}\right)\right\}i$$

$$+ \frac{Q}{4\pi\varepsilon_0}\left\{\left(-\frac{3}{2}x\frac{2z}{(x^2+y^2+z^2)^{5/2}}\right) - \left(-\frac{3}{2}z\frac{2x}{(x^2+y^2+z^2)^{5/2}}\right)\right\}j$$

$$+ \frac{Q}{4\pi\varepsilon_0}\left\{\left(-\frac{3}{2}y\frac{2x}{(x^2+y^2+z^2)^{5/2}}\right) - \left(-\frac{3}{2}x\frac{2y}{(x^2+y^2+z^2)^{5/2}}\right)\right\}k$$

$$= 0$$

---

[*] **保存力** 電場中で電荷に働く力が保存力であるとき、「電場が保存力である」という。

3-3 回転（rot）

▶▶ 微小面積での積分と回転(rot)

一般的に、dx、dyが微小であるとき、ベクトルの関数（ベクトル場）$\boldsymbol{A}$に対する次の式が成り立ちます[*]。

$$(\mathrm{rot}\,\boldsymbol{A})_z dxdy = \left(\frac{\partial A_y}{\partial x} - \frac{\partial A_x}{\partial y}\right)dxdy$$

$$= \{A_y(x+dx, y, z) - A_y(x, y, z)\}dy$$
$$\quad - \{A_x(x, y+dy, z) - A_x(x, y, z)\}dx$$

$$= \oint_{P\to Q\to R\to S\to P} \boldsymbol{A}\cdot d\boldsymbol{s}$$

最後の項は、図3.3.2の長方形PQRSに沿って$\boldsymbol{A}$を線積分したものです。
この式を次のように書くことにします。

$$\mathrm{rot}\,\boldsymbol{A}\cdot d\boldsymbol{S} = \oint_{\partial(d\boldsymbol{S})} \boldsymbol{A}\cdot d\boldsymbol{s} \tag{3.3.4}$$

ただし、$d\boldsymbol{S}$は大きさが面積$dxdy$に等しく、方向が面に垂直方向[*]を向く微小面積ベクトルです。また、$\partial(d\boldsymbol{S})$の$\partial$は面$d\boldsymbol{S}$の境界の閉曲線[*]を表します。こうして、ベクトル場を微小な長方形に沿って線積分すると、$\mathrm{rot}\,\boldsymbol{A}\cdot d\boldsymbol{S}$となることがわかりました。

図3.3.2：微小面積での積分と回転（rot）

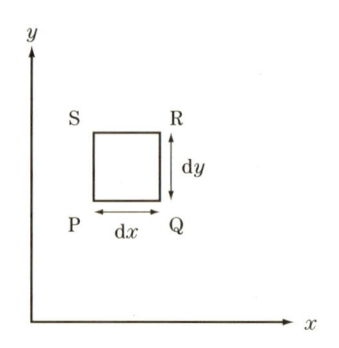

---

[*] **次の式が成り立ちます**　偏微分の定義の式(2.2.2)から、微小なdxに対し、$\frac{\partial A_y}{\partial x}dx = A_y(x+dx, y, z) - A_y(x, y, z)$
　　が成り立つ。また、$A_y(x+dx, y, z)dy$はQからRへの線積分である。
[*] **垂直方向**　この場合、z方向である。
[*] **閉曲線**　線積分するときの方向は、$d\boldsymbol{S}$方向に進む右ねじの回転をする向きとする。

3-4
便利な記号ナブラ（∇）

勾配（grad）、発散（div）、回転（rot）を統一的に記述する便利なナブラ[*]という記号があります。記号では∇と書きます。ナブラは単に勾配（grad）、発散（div）、回転（rot）を統一的に記述するだけではなく、計算をしていく上でもたいへん有力なツールとなります。

▶▶ ナブラの定義と勾配、発散、回転

最初にナブラを定義しましょう。**ナブラ**は偏微分演算子を使って定義される次のようなベクトル演算子です。

$$\nabla = \frac{\partial}{\partial x}\boldsymbol{i} + \frac{\partial}{\partial y}\boldsymbol{j} + \frac{\partial}{\partial z}\boldsymbol{k} \tag{3.4.1}$$

なお、$\boldsymbol{i}$、$\boldsymbol{j}$、$\boldsymbol{k}$は変化しないベクトルですから、偏微分演算子の右においても左においても同じです。この演算子をスカラー関数$f(x, y, z)$に作用させる場合、演算子をスカラー関数の左に書いて、∇fと書きます。これを成分を使って表すとき、通常のベクトルとスカラーの積と同じ規則で計算することができます。

$$\begin{aligned}\nabla f &= \frac{\partial}{\partial x}f\,\boldsymbol{i} + \frac{\partial}{\partial y}f\,\boldsymbol{j} + \frac{\partial}{\partial z}f\,\boldsymbol{k} \\ &= \frac{\partial f}{\partial x}\boldsymbol{i} + \frac{\partial f}{\partial y}\boldsymbol{j} + \frac{\partial f}{\partial z}\boldsymbol{k} \\ &= \mathrm{grad}\,f\end{aligned} \tag{3.4.2}$$

ただし、演算子と関数の順番を変えてはいけません。関数が演算子の右側にあるときは関数は演算子の作用を受けますが、左側に書いてあるときは、演算子の作用を受けません。関数が演算子の作用を受けるかどうかについて、いくつかの例をあげておきます。

$$\frac{\partial}{\partial x}fg = \frac{\partial fg}{\partial x}$$

$$f\frac{\partial}{\partial x}g = f\frac{\partial g}{\partial x}$$

---

[*]**ナブラ** 英語ではnablaと書く。

3-4　便利な記号ナブラ（∇）

$$\left(\frac{\partial}{\partial x}f\right)g = \frac{\partial f}{\partial x}g$$

この演算子をベクトル関数$\boldsymbol{A}(x, y, z)$に作用させる場合、$\nabla \cdot \boldsymbol{A}$と$\nabla \times \boldsymbol{A}$があります。これは通常のベクトルとベクトルの積と同じように、次のように表すことができます。

$$\nabla \cdot \boldsymbol{A} = \frac{\partial}{\partial x}A_x + \frac{\partial}{\partial y}A_y + \frac{\partial}{\partial z}A_z$$

$$= \frac{\partial A_x}{\partial x} + \frac{\partial A_y}{\partial y} + \frac{\partial A_z}{\partial z}$$

$$= \operatorname{div} \boldsymbol{A} \tag{3.4.3}$$

$$\nabla \times \boldsymbol{A} = \left(\frac{\partial}{\partial y}A_z - \frac{\partial}{\partial z}A_y\right)\boldsymbol{i} + \left(\frac{\partial}{\partial z}A_x - \frac{\partial}{\partial x}A_z\right)\boldsymbol{j} + \left(\frac{\partial}{\partial x}A_y - \frac{\partial}{\partial y}A_x\right)\boldsymbol{k}$$

$$= \left(\frac{\partial A_z}{\partial y} - \frac{\partial A_y}{\partial z}\right)\boldsymbol{i} + \left(\frac{\partial A_x}{\partial z} - \frac{\partial A_z}{\partial x}\right)\boldsymbol{j} + \left(\frac{\partial A_y}{\partial x} - \frac{\partial A_x}{\partial y}\right)\boldsymbol{k}$$

$$= \operatorname{rot} \boldsymbol{A} \tag{3.4.4}$$

▶▶ ナブラを使った公式

ナブラを使った計算の規則をまとめると、「どの関数に作用しているかに注意を払った上で、通常の積の公式を使ってよい」ということになります。まず、分配の法則[*]を使うと次の式が得られます。

$$\nabla(f+g) = \nabla f + \nabla g = \operatorname{grad} f + \operatorname{grad} g$$

$$\nabla \cdot (\boldsymbol{A}+\boldsymbol{B}) = \nabla \cdot \boldsymbol{A} + \nabla \cdot \boldsymbol{B} = \operatorname{div} \boldsymbol{A} + \operatorname{div} \boldsymbol{B}$$

$$\nabla \times (\boldsymbol{A}+\boldsymbol{B}) = \nabla \times \boldsymbol{A} + \nabla \times \boldsymbol{B} = \operatorname{rot} \boldsymbol{A} + \operatorname{rot} \boldsymbol{B}$$

積の順番[*]を入れ替えてもよい場合は、単純に積の微分の公式を利用できます。その例をあげます。

$$\nabla(fg) = g\nabla f + f\nabla g = g \operatorname{grad} f + f \operatorname{grad} g$$

$$\nabla \cdot (f\boldsymbol{A}) = \boldsymbol{A} \cdot \nabla f + f\nabla \cdot \boldsymbol{A} = \boldsymbol{A} \cdot \operatorname{grad} f + f \operatorname{div} \boldsymbol{A}$$

$$\nabla \times (f\boldsymbol{A}) = (\nabla f) \times \boldsymbol{A} + f\nabla \times \boldsymbol{A} = \operatorname{grad} f \times \boldsymbol{A} + f \operatorname{rot} \boldsymbol{A}$$

---

[*] **分配の法則**　分配の法則は$a(b+c) = ab+ac$などである。
[*] **積の順番**　外積では$\boldsymbol{A} \times \boldsymbol{B} = -\boldsymbol{B} \times \boldsymbol{A}$なので、少し面倒になる。

3-4 便利な記号ナブラ（∇）

次にベクトルの公式を利用して、発散（div）や回転（rot）に関する公式を導きましょう。次の公式が成り立ちます。

$$C \cdot (B \times A) = A \cdot (C \times B) = B \cdot (A \times C)$$
$$= (C \times B) \cdot A \tag{3.4.5}$$

この公式を利用して次の式が導かれます。

$$\mathrm{div}(\mathrm{rot}A) = \nabla \cdot (\nabla \times A)$$
$$= (\nabla \times \nabla) \cdot A = 0 \,{}^{*} \tag{3.4.6}$$

ここで、$\nabla \times \nabla$ がゼロになるのは、同じベクトルの外積だからです。同じベクトルの外積を成分で書き表すと、必ずゼロになります。

次は別のベクトルの公式を考えてみましょう。ベクトルに関して、次の式も成り立ちます。

$$C \times (B \times A) = (C \cdot A)B - (C \cdot B)A$$
$$= B(C \cdot A) - (C \cdot B)A \,{}^{*} \tag{3.4.7}$$

この式を利用して次の公式が導かれます。

$$\mathrm{rot}(\mathrm{rot}A) = \nabla \times (\nabla \times A)$$
$$= \nabla(\nabla \cdot A) - (\nabla \cdot \nabla)A$$
$$= \mathrm{grad}(\mathrm{div}A) - \nabla^2 A$$
$$= \mathrm{grad}(\mathrm{div}A) - \Delta A \tag{3.4.8}$$

ただし、Δ はラプラシアンと呼ばれる演算子で、次の式で定義されます。

$$\Delta = \nabla^2 = \frac{\partial^2}{\partial x^2} + \frac{\partial^2}{\partial y^2} + \frac{\partial^2}{\partial z^2} \tag{3.4.9}$$

式（3.4.8）は電磁気で、**マクスウェルの方程式**から電磁波の方程式を導くときなどに利用されます。

---

* $(\nabla \times \nabla) \cdot A = 0$　演算子でなければ $A \cdot (\nabla \times \nabla)$ としてもよいが、演算子の場合、作用する関数の左側に書かなければならないので、$(\nabla \times \nabla) \cdot A$ としなくてはならない。

* $C \times (B \times A) = B(C \cdot A) - (C \cdot B)A$　成分を使って直接計算する方法で式(3.4.7)を証明しよう。ベクトル B の方向を x 軸にとり、A が $x-y$ 面になるように、y 軸をとることにする。$A = (A_x, A_y, 0)$、$B = (B_x, 0, 0)$、$C = (C_x, C_y, C_z)$ と書けるので、

$$C \times (B \times A) = C \times (B_x A_y \boldsymbol{k})$$
$$= C_y B_x A_y \boldsymbol{i} - C_x B_x A_y \boldsymbol{j}$$
$$(C \cdot A)B = (C_x A_x + C_y A_y)B_x \boldsymbol{i}$$
$$(C \cdot B)A = (C_x B_x)(A_x \boldsymbol{i} + A_y \boldsymbol{j})$$

よって、$C \times (B \times A) = (C \cdot A)B - (C \cdot B)A$ が成り立つ。

3-4 便利な記号ナブラ（∇）

> **COLUMN** $C \cdot (B \times A) = A \cdot (C \times B)$

式（3.4.5）のいずれの項も、絶対値をとると、ベクトルA、B、Cを陵とする平行六面体の体積を表します。成分を使って直接計算する方法で式（3.4.5）を証明しましょう。

ベクトルBの方向をx軸にとり、Aが$x-y$面になるように、y軸をとります。$A=(A_x, A_y, 0)$、$B=(B_x, 0, 0)$、$C=(C_x, C_y, C_z)$と書けるので、以下のようになります。

$B \times A = B_x A_y \boldsymbol{k}$

$C \times B = C_z B_x \boldsymbol{j} - C_y B_x \boldsymbol{k}$

上の式より、次のようになります。

$C \cdot (B \times A) = C_z B_x A_y$

$A \cdot (C \times B) = A_y C_z B_x$

よって、$C \cdot (B \times A) = A \cdot (C \times B)$ が成り立ちます。

3-5

ガウスの定理

ガウス[*]の定理は発散（div）に関する積分定理です。ある体積の中での湧き出しの量と、表面から出ていく量が等しいという内容の式です。水流の例では、ある体積中での湧き出し（すなわち発散（div）を体積積分したもの）が、表面から出ていく水量（すなわち速度の法線方向成分を面積分したもの）に等しいという式になります。

▶▶ ガウスの定理の導出

式（3.2.4）を再掲します。

$$\mathrm{div}\boldsymbol{A}\,\mathrm{d}x\mathrm{d}y\mathrm{d}z = \{A_x(x+\mathrm{d}x, y, z) - A_x(x, y, z)\}\mathrm{d}y\mathrm{d}z$$
$$+ \{A_y(x, y+\mathrm{d}y, z) - A_y(x, y, z)\}\mathrm{d}z\mathrm{d}x$$
$$+ \{A_z(x, y, z+\mathrm{d}z) - A_z(x, y, z)\}\mathrm{d}x\mathrm{d}y \quad (3.2.4)$$

式（3.2.4）を次のように書き直すことにします。

$$\int_{\mathrm{d}V} \mathrm{div}\boldsymbol{A}\,\mathrm{d}V = \oint_{\partial(\mathrm{d}V)} A_n \mathrm{d}S$$
$$= \oint_{\partial(\mathrm{d}V)} \boldsymbol{A}\cdot\mathrm{d}\boldsymbol{S} \quad (3.5.1)$$

ただし、n は面の法線方向を表し、$\partial(\mathrm{d}V)$ の ∂ は体積 $\mathrm{d}V$ の表面部分という意味の記号です。また、面の法線方向 n は体積の内部から外部へ向かう向きとし、$\mathrm{d}\boldsymbol{S}$ は大きさが微小面積 $\mathrm{d}S$、方向は面の法線方向を向くベクトルです。この式は、微小体積とその微小表面に関する積分ですから、積で表された式（3.2.4）とまったく同じものを表しています。

---

[*] **ガウス** ヨハン・カール・フリードリヒ・ガウス（Johann Carl Friedrich Gauss）。ドイツの数学、天文学、物理学者（1777年〜1855年）。

3-5 ガウスの定理

図3.5.1を見てください。一つの面を共有する二つの微小直方体[*]V_1とV_2が描かれています。二つの直方体を合わせた直方体はVと書くことにします。二つの微小直方体表面での面積積分 $\oint_{\partial V_1} \boldsymbol{A} \cdot \mathrm{d}\boldsymbol{S}$, $\oint_{\partial V_2} \boldsymbol{A} \cdot \mathrm{d}\boldsymbol{S}$ において、V_1の上面での面積積分とV_2の底面での面積積分は、大きさが同じで符号が逆[*]ですから、和をとるとゼロになります。その結果[*]、次のようになります。

$$\oint_{\partial V_1} \boldsymbol{A} \cdot \mathrm{d}\boldsymbol{S} + \oint_{\partial V_2} \boldsymbol{A} \cdot \mathrm{d}\boldsymbol{S} = \oint_{\partial V} \boldsymbol{A} \cdot \mathrm{d}\boldsymbol{S}$$

体積積分に関しては、当然、次式が成り立ちます。

$$\int_{V_1} \mathrm{div}\boldsymbol{A}\,\mathrm{d}V + \int_{V_2} \mathrm{div}\boldsymbol{A}\,\mathrm{d}V = \int_{V} \mathrm{div}\boldsymbol{A}\,\mathrm{d}V$$

この結果、式（3.5.1）はどんな立体に対しても成立[*]することになります。すなわち、一般の立体に対し、次の式が成り立ちます。

$$\int_V \mathrm{div}\boldsymbol{A}\,\mathrm{d}V = \oint_{\partial V} A_n \mathrm{d}S$$
$$= \oint_{\partial V} \boldsymbol{A} \cdot \mathrm{d}\boldsymbol{S} \qquad (3.5.2)$$

これを**ガウスの定理**と呼びます。なお、∂Vは立体Vの表面です。

ガウスの定理を応用するとき、球に対して適用することがよくあります。そこで、球に適用したとき面積積分がどのようになるかを示しておきます（図3.5.3参照）。

面の法線方向は動径r方向ですから、面積積分は次のようになります。

$$\oint_{\partial V} A_n \mathrm{d}S = \oint_{\partial V} A_r\, r\mathrm{d}\theta\, r\sin\theta \mathrm{d}\phi \qquad (3.5.3)$$

---

[*] **微小直方体**　微小立方体だが、ここでは$\mathrm{d}V$と書かずにV_1と書く。
[*] **大きさが同じで符号が逆**　同じ面だが、向きが逆である。このためA_nは大きさが等しく、符号が逆になる。
[*] **その結果**　この式は、∂V_1と∂V_2の表面のうち両者が重なっていて、その結果∂Vの表面にならない部分は積分から消えてしまうことを意味する。
[*] **どんな立体に対しても成立**　私達の取り扱うすべての立体は、図3.5.2のように、微小直方体からできていると考えられる。

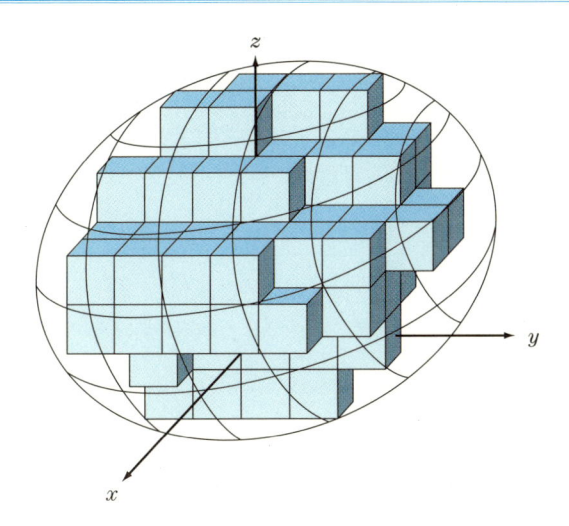

3-5 ガウスの定理

図3.5.1：ガウスの定理（微小直方体）

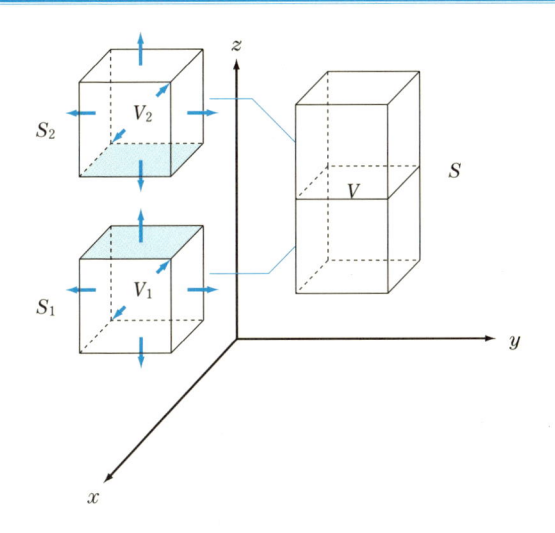

図3.5.2：ガウスの定理（一般の立体）

図3.5.3：球面でのガウスの定理

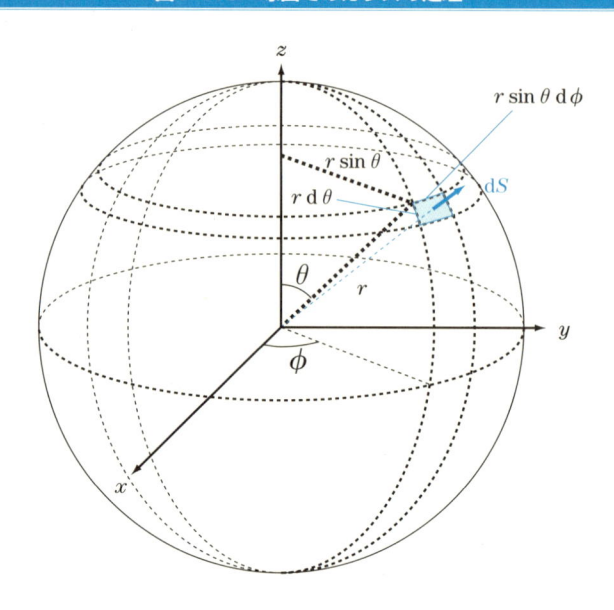

ガウスの定理の意味

ベクトル場が流水の速度場 $\boldsymbol{v}$ であるとき、式（3.5.2）の意味を考えてみましょう。式（3.5.2）は次のようになります。

$$\int_V \mathrm{div}\,\boldsymbol{v}\,\mathrm{d}V = \oint_{\partial V} v_n \mathrm{d}S$$

$v_n \mathrm{d}S$ は単位時間に微小面から流れ出る水量*ですから、$\oint_{\partial V} v_n \mathrm{d}S$ は立体 V の全表面から流れ出る水量になります。これが $\oint_V \mathrm{div}\,\boldsymbol{v}\,\mathrm{d}V$ に等しいということは、$\mathrm{div}\,\boldsymbol{v}$ が単位体積当たりの湧き出す水量を表しているということになります。

---

*水量　水は1秒間に面と垂直方向に $v_n \times 1$ 移動するから、図3.2.3よりわかるように、単位時間に微小面から流れ出る水量は $v_n \mathrm{d}S$ である。

3-5 ガウスの定理

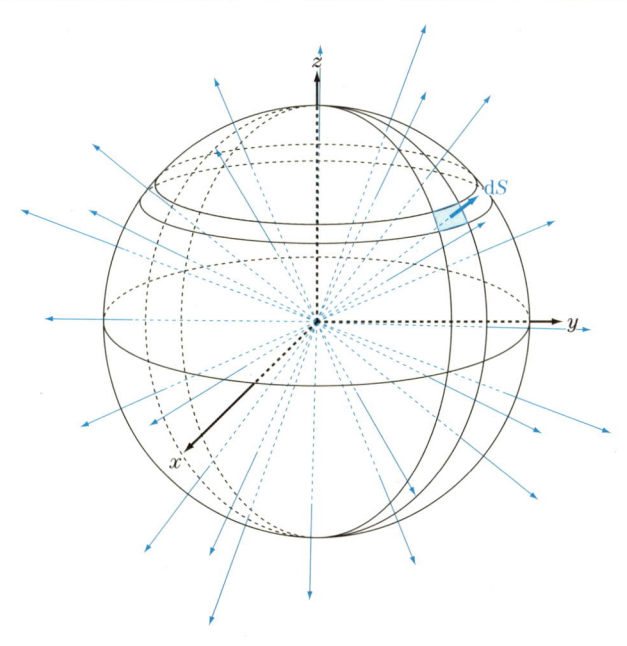

図3.5.4：光の明るさとガウスの定理

次に、光が図3.5.4のように原点から四方八方に照射されている状況を考えましょう。光の強さ（単位時間に単位面積当たりにやってくる光のエネルギー）をAとしましょう。大きさが光の強さAで、方向は光の進む方向を向いているベクトルを$\boldsymbol{A}$としましょう。そうすると、$A_n \mathrm{d}S$ は微小面に単位時間当たりにやってくる光のエネルギーになります。光の強さが距離の2乗に反比例することを式で書き表すと、$\boldsymbol{A} = \dfrac{C}{r^2}\boldsymbol{e}_r$ です。次ページの図3.5.5にこのベクトルを図示してあります。

3-5 ガウスの定理

図3.5.5：明るさは $\frac{1}{r^2}$ に比例

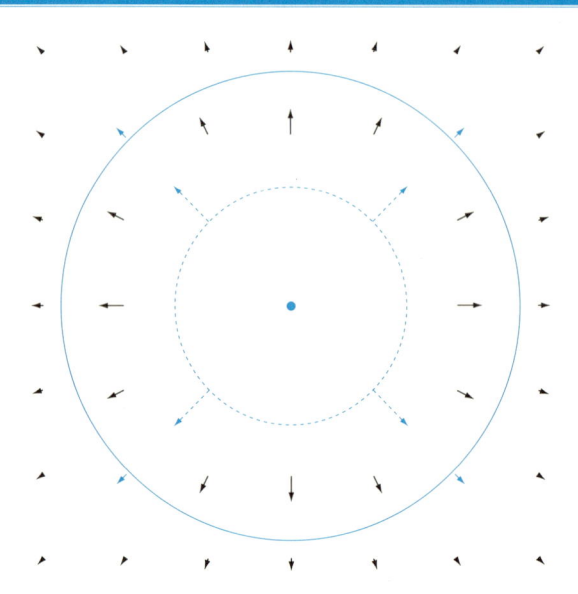

123ページで計算したように、原点以外では、$\mathbf{div}\mathbf{A} = \mathrm{div}\left(\dfrac{C}{r^2}\mathbf{e}_r\right) = 0$ となります。

ここで、考える立体が、球殻（$a < r < b$ の部分）であるとしましょう。ガウスの定理より、次のようになります*。

$$\oint_{\partial V} A_n \mathrm{d}S = 0 \tag{3.5.4}$$

面積積分は内側と外側の球面上で計算されます。外側の面（$r = b$）では $A_n = A_r$ ですが、内側の面（$r = a$）では $A_n = -A_r$*です。このことから考えて、式（3.5.4）は、A_r と球面積の積が内側の面（$r = a$）と外側の面（$r = b$）で等しいことを表しています。言い換えれば、内側の面にやってきた光が途中で吸収されたり放出されたりせず、すべて外側の面に進んでいくということを意味しています。

逆に言えば、内側の面にやってきた光が途中で吸収されたり放出されたりせず、すべて外側の面に進んで行くならば、光の強さは r^2 に反比例するということになります。

---

*　**次のようになります**　$\mathrm{div}\mathbf{A}$ がこの立体中で常にゼロなので、$\oint_V \mathrm{div}\,v\,\mathrm{d}V = 0$ である。
*　**$-A_r$**　法線方向は、立体の内部から外部へ向かう向きである。

▶▶ ガウスの法則

電場に関して、ガウスの法則が成り立ちます。**ガウスの法則の積分形**は次の式で表されます。

$$\oint_{\partial V} \boldsymbol{E} \cdot \mathrm{d}\boldsymbol{S} = \int_V \frac{1}{\varepsilon_0}\, \rho(x, y, z)\, \mathrm{d}V \tag{3.5.5}$$

この法則は、ガウスの定理を考慮すると、次の式のようになります。

$$\mathrm{div}\, \boldsymbol{E} = \frac{1}{\varepsilon_0}\, \rho(x, y, z) \tag{3.5.6}$$

こちらは**ガウスの法則の微分形**といわれます。

▶▶ ガウスの法則の使用例

原点を中心とする半径aの球内に一様に電荷が分布し、電荷密度（単位体積当たりの電荷）はρ_0であるとします。このときの電場$\boldsymbol{E}(r)$*をガウスの法則を使って求めてみましょう。

図3.5.6：ガウスの法則（導体球の外側）

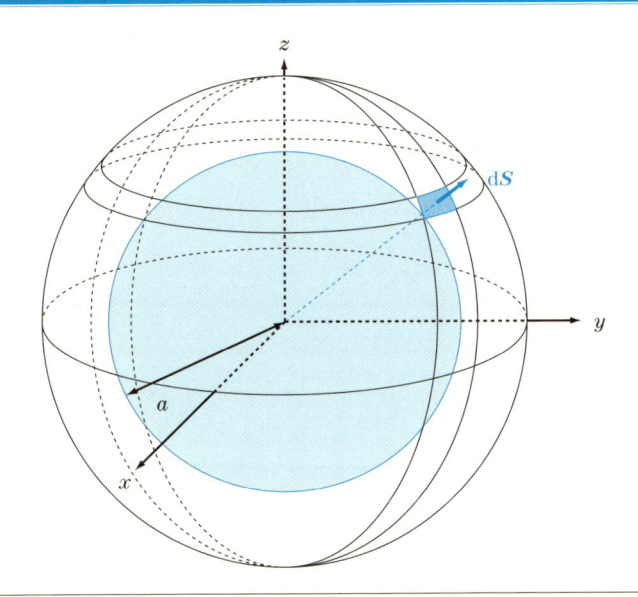

＊電場$\boldsymbol{E}(r)$　電荷分布の対称性から電場は動径rのみの関数になる。また、方向に関しても動径方向（$\boldsymbol{e}_r$）を向く。

3-5 ガウスの定理

　最初に、半径aの球の外側の点について考えてみましょう。図3.5.6を見てください。考える点は、$r>a$の点です。この点での電場の大きさ*を$E(r)$とします。半径rの球に対してガウスの法則を適用すると、次のようになります。

$$\oint_{\partial V} E(r) dS = \int_V \frac{1}{\varepsilon_0} \rho(x, y, z) dV \quad (3.5.7)$$

　半径aの外側では電荷密度$\rho(x, y, z)$はゼロですから、右辺の積分*は次のようになります。

$$\int_V \frac{1}{\varepsilon_0} \rho(x, y, z) dV = \int_{r \leq a} \frac{1}{\varepsilon_0} \rho_0 dV$$

$$= \frac{1}{\varepsilon_0} \rho_0 \frac{4\pi a^3}{3} \quad (3.5.8)$$

ただし、$\int_{r \leq a}$は半径aの球の内部で積分することを意味しています。

　一方、式（3.5.7）の左辺の積分*は次のようになります。

$$\oint_{\partial V} E(r) dS = E(r) \oint_{\partial V} dS$$

$$= E(r) 4\pi r^2 \quad (3.5.9)$$

式（3.5.8）の右辺と式（3.5.9）の右辺を等しいとおいて、

$$E(r) 4\pi r^2 = \frac{1}{\varepsilon_0} \rho_0 \frac{4\pi a^3}{3} \qquad r>a$$

となります。

　整理すると、次式が求まります。

$$E(r) = \frac{\rho_0 a^3}{3\varepsilon_0 r^2} \qquad r>a \quad (3.5.10)$$

　次に、半径aの球の内側の点について考えてみましょう。図3.5.7を見てください。

　考える点は、$r \leq a$の点です。この点での電場の大きさを$E(r)$とします。半径rの球に対してガウスの法則を適用した式（3.5.7）を考えましょう。半径rの球内*では電荷密度$\rho(x, y, z)$はρ_0ですから、右辺の積分*は次のようになります。

---

* **電場の大きさ**　電場が動径方向だから、球面に対しては$E_n = E(r)$である。

* **右辺の積分**　半径aの球の体積が$\frac{4\pi a^3}{3}$である。

* **左辺の積分**　積分は半径rの球の表面で行う。球の表面積が$4\pi r^2$である。

3-5 ガウスの定理

図3.5.7：ガウスの法則（導体球の内側）

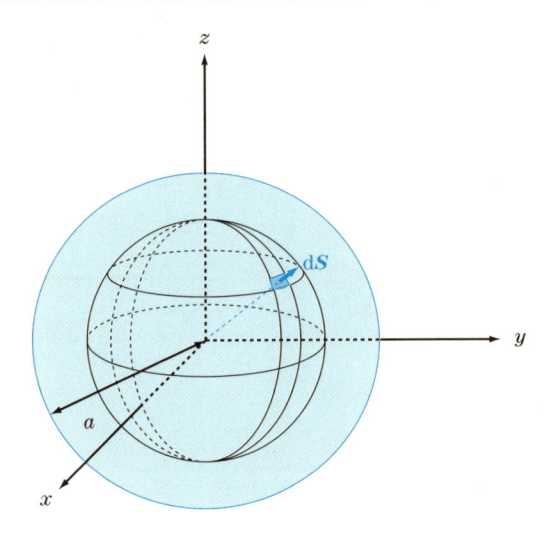

$$\int_V \frac{1}{\varepsilon_0} \rho(x, y, z) \mathrm{d}V = \frac{1}{\varepsilon_0} \rho_0 \int_V \mathrm{d}V$$

$$= \frac{1}{\varepsilon_0} \rho_0 \frac{4\pi r^3}{3} \tag{3.5.11}$$

一方、式（3.5.7）の左辺の積分は次のようになります。

$$\oint_{\partial V} E(r) \mathrm{d}S = E(r) \oint_{\partial V} \mathrm{d}S$$

$$= E(r) 4\pi r^2 \tag{3.5.12}$$

式（3.5.11）の右辺と式（3.5.12）の右辺を等しいとおいて、

$$E(r) 4\pi r^2 = \frac{1}{\varepsilon_0} \rho_0 \frac{4\pi r^3}{3} \qquad r \leq a$$

となります。

整理すると、次式が求まります。

$$E(r) = \frac{\rho_0 r}{3\varepsilon_0} \qquad r \leq a \tag{3.5.13}$$

＊**半径rの球内**　半径rの球は半径aの球の内部にあるから当然である。

＊**右辺の積分**　半径rの球の体積が$\frac{4\pi r^3}{3}$である。

3-6
ストークスの定理

ストークス*の定理は回転（rot）に関する積分定理です。閉曲線に沿ってベクトルを線積分したものが、回転（rot）を面積分したものに等しいという内容です。

例えば電場の場合、保存力であることから閉曲線に沿った線積分はゼロでなくてはなりません。ですからストークスの定理を使うと、$\mathrm{rot}\boldsymbol{E} = 0$となります。

▶▶ ストークスの定理の導出式

式（3.3.4）を再掲します。

$$\mathrm{rot}\boldsymbol{A} \cdot \mathrm{d}\boldsymbol{S} = \oint_{\partial(\mathrm{d}\boldsymbol{S})} \boldsymbol{A} \cdot \mathrm{d}\boldsymbol{s} \qquad (3.3.4)$$

この式を次のように書き直すことにします。

$$\int_{\mathrm{d}\boldsymbol{S}} \mathrm{rot}\boldsymbol{A} \cdot \mathrm{d}\boldsymbol{S} = \oint_{\partial(\mathrm{d}\boldsymbol{S})} \boldsymbol{A} \cdot \mathrm{d}\boldsymbol{s} \qquad (3.6.1)$$

ただし、$\partial(\mathrm{d}\boldsymbol{S})$の$\partial$は微小な面$\mathrm{d}\boldsymbol{S}$の周囲の境界線部分という意味の記号です。

また、線積分の方向$\mathrm{d}\boldsymbol{s}$は、面積ベクトル$\mathrm{d}\boldsymbol{S}$の向きに右ねじを進めるときの回転の向きです。この式は、微小な面とその境界線に関する積分ですから、積で表された式（3.3.4）とまったく同じものを表しています。

図3.6.1：ストークスの定理（微小長方形）

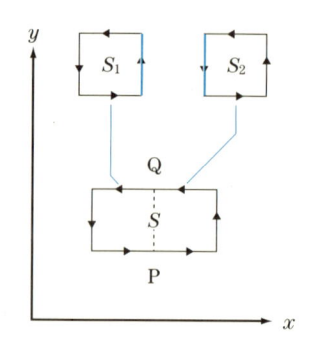

***ストークス** サー・ジョージ・ゲイブリエル・ストークス（Sir George Gabriel Stokes）。イギリスの数学・物理学者（1819～1903年）

3-6 ストークスの定理

図3.6.1を見てください。一つの辺を共有する二つの微小長方形S_1とS_2が描かれています。二つの長方形を合わせた長方形はSと書くことにします。二つの微小長方形境界での線積分$\oint_{\partial S_1} \boldsymbol{A} \cdot \mathrm{d}\boldsymbol{s}$、$\oint_{\partial S_2} \boldsymbol{A} \cdot \mathrm{d}\boldsymbol{s}$において、$S_1$の右辺（PQ）での線積分と$S_2$の左辺（QP）での線積分は、大きさが同じで符号が逆[*]ですから、和をとるとゼロになります。その結果、次のようになります。

$$\oint_{\partial S_1} \boldsymbol{A} \cdot \mathrm{d}\boldsymbol{s} + \oint_{\partial S_2} \boldsymbol{A} \cdot \mathrm{d}\boldsymbol{s} = \oint_{\partial S} \boldsymbol{A} \cdot \mathrm{d}\boldsymbol{s}$$

面積積分に関しては、当然、次式が成り立ちます。

$$\int_S \mathrm{rot}\,\boldsymbol{A} \cdot \mathrm{d}\boldsymbol{S} = \int_{S_1} \mathrm{rot}\,\boldsymbol{A} \cdot \mathrm{d}\boldsymbol{S} + \int_{S_2} \mathrm{rot}\,\boldsymbol{A} \cdot \mathrm{d}\boldsymbol{S}$$

この結果、式（3.6.1）はどんな図形[*]に対しても成立することになります。式で書くと、一般の曲面に対し、次式が成り立ちます。

$$\int_S \mathrm{rot}\,\boldsymbol{A} \cdot \mathrm{d}\boldsymbol{S} = \oint_{\partial S} \boldsymbol{A} \cdot \mathrm{d}\boldsymbol{s} \qquad (3.6.2)$$

これを**ストークスの定理**と呼びます。なお、∂Sは曲面Sの境界の曲線です。

図3.6.2：ストークスの定理（一般の平面上）

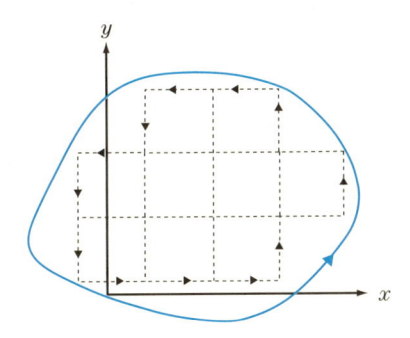

---

[*] **大きさが同じで符号が逆**　同じ辺だが、向きが逆である。このためA_sは大きさが等しく、符号が逆になる。
[*] **どんな図形**　私達の取り扱うすべての平面図形は、図3.6.2のように、微小長方形からできていると考えられる。曲面の場合も、図3.6.3のように微小部分に分割することにより、この式が成り立つことがわかる。

図3.6.3：ストークスの定理（曲面上）

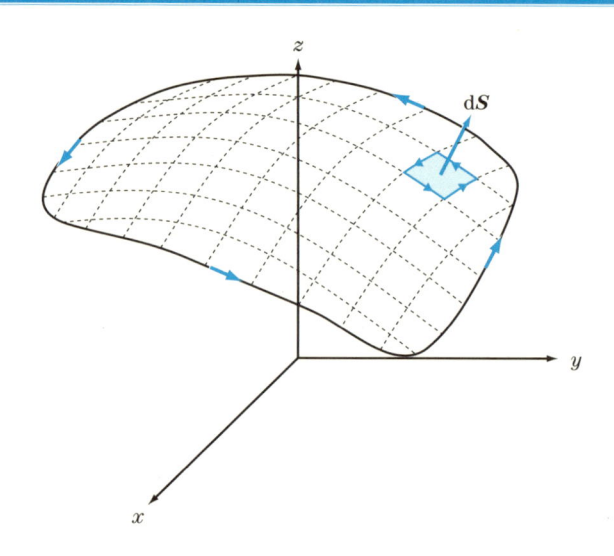

ストークスの定理の意味

ベクトル場が電場 E であるとき、式（3.6.2）の意味を考えてみましょう。式（3.6.2）は次のようになります。

$$\int_S \operatorname{rot} \boldsymbol{E} \cdot \mathrm{d}\boldsymbol{S} = \oint_{\partial S} \boldsymbol{E} \cdot \mathrm{d}\boldsymbol{s} \tag{3.6.3}$$

$\boldsymbol{E} \cdot \mathrm{d}\boldsymbol{s}$ は単位電荷に対して電場がする仕事ですから、$\oint_{\partial S} \boldsymbol{E} \cdot \mathrm{d}\boldsymbol{s}$ は一周したときの仕事量になります。これが $\int_S \operatorname{rot} \boldsymbol{E} \cdot \mathrm{d}\boldsymbol{S}$ に等しいということは、$\operatorname{rot} \boldsymbol{E}$ がゼロ*でなくてはならないということになります。

アンペールの法則

磁場に関して、**アンペール*の法則***が成り立ちます。**アンペールの法則の積分形**は次の式で表されます。

$$\oint_{\partial S} \boldsymbol{H} \cdot \mathrm{d}\boldsymbol{s} = \int_S \boldsymbol{i}(x, y, z) \cdot \mathrm{d}\boldsymbol{S} \tag{3.6.4}$$

---

*$\operatorname{rot} \boldsymbol{E}$ がゼロ　すべての曲面上で $\int_S \operatorname{rot} \boldsymbol{E} \cdot \mathrm{d}\boldsymbol{S}$ がゼロになるということは、$\operatorname{rot} \boldsymbol{E}$ がゼロでなくてはならない。
*アンペール　アンドレ＝マリー・アンペール（Andre-Marie Ampere）は、フランスの物理学・数学・化学・哲学者（1775～1836年）。
*アンペールの法則　電流 i による磁場 H を求める法則。式（3.6.4）または式（3.6.5）のこと。

ここで、i は電流密度ベクトル（単位面積を流れる電流のベクトル）です。この法則は、ストークスの定理を考慮すると、

$$\mathrm{rot}\boldsymbol{H} = \boldsymbol{i}(x, y, z) \tag{3.6.5}$$

ということを表しています。こちらは**アンペールの法則の微分形**といわれます。

▶▶ アンペールの法則の使用例

z 軸を中心軸とする無限に長い半径 a の円柱を z 軸方向に電流が流れており、電流密度の大きさが i_0 であるとします。磁場の向きは対称性から、円周方向を向いています。電流から r 離れた点での磁場の強さ $H(r)$ を求めましょう。図3.6.4のような半径 r の円周[*]に対してアンペールの法則を適用します。

図3.6.4：アンペールの法則

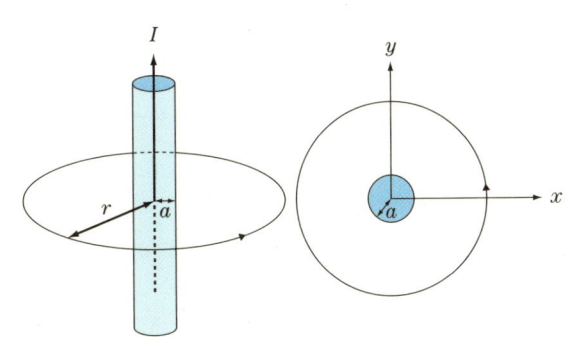

最初に、$r > a$ の点について考えてみましょう。図3.6.4を見てください。この点での磁場の大きさを $H(r)$ とします。半径 r の円に対して[*]アンペールの法則を適用すると、次のようになります。

$$\oint_{\partial S} H(r) \mathrm{d}s = \int_S \boldsymbol{i}(x, y, z) \cdot \mathrm{d}\boldsymbol{S} \tag{3.6.6}$$

半径 a の円柱の外側では電流密度 $\boldsymbol{i}(x, y, z)$ はゼロですから、右辺の積分[*]は次のようになります。

---

* **半径 r の円周**　式（3.6.4）の S を半径 r の円板、∂S を円周とする。
* **半径 r の円に対して**　磁場が円周方向だから、円に対しては、$H_s = H(r)$ である。
* **右辺の積分**　半径 a の円の面積が πa^2 である。

3-6 ストークスの定理

$$\int_S \boldsymbol{i}(x, y, z) \cdot \mathrm{d}\boldsymbol{S} = i_0 \int_{r \leq a} \mathrm{d}S$$

$$= i_0 \pi a^2 \qquad (3.6.7)$$

ただし、$\int_{r \leq a}$ は半径 a の円の内部で積分することを意味しています。

一方、式（3.6.6）の左辺の積分*は次のようになります。

$$\oint_{\partial S} H(r) \mathrm{d}s = H(r) \oint_{\partial S} \mathrm{d}s$$

$$= H(r) 2\pi r \qquad (3.6.8)$$

式（3.6.7）の右辺と式（3.6.8）の右辺を等しいとおくと、次のようになります。

$$H(r) 2\pi r = i_0 \pi a^2 \qquad r > a$$

整理すると、次式が求まります。

$$H(r) = \frac{i_0 a^2}{2r} \qquad r > a \qquad (3.6.9)$$

次に、$r \leq a$ の点について考えてみましょう。この点での磁場の大きさを $H(r)$ とします。半径 r の円に対してアンペールの法則を適用した式（3.6.6）を考えましょう。半径 r の円柱内*では電流密度 $\boldsymbol{i}(x, y, z)$ は i_0 ですから、右辺の積分*は次のようになります。

$$\int_S \boldsymbol{i}(x, y, z) \cdot \mathrm{d}\boldsymbol{S} = i_0 \int_S \mathrm{d}S$$

$$= i_0 \pi r^2 \qquad (3.6.10)$$

一方、式（3.6.6）の左辺の積分は次のようになります。

$$\oint_{\partial S} H(r) \mathrm{d}s = H(r) \oint_{\partial S} \mathrm{d}s$$

$$= H(r) 2\pi r \qquad (3.6.11)$$

式（3.6.10）の右辺と式（3.6.11）の右辺を等しいとおくと、次のようになります。

$$H(r) 2\pi r = i_0 \pi r^2 \qquad r \leq a$$

整理すると、次式が求まります。

$$H(r) = \frac{i_0 r}{2} \qquad r \leq a \qquad (3.6.12)$$

---

* **左辺の積分** 　積分は半径 r の円周で行う。円周の長さが $2\pi r$ である。
* **半径 r の円柱内** 　半径 r の円柱は半径 a の円柱の内部にあるので当然である。
* **右辺の積分** 　半径 r の円の面積が πr^2 である。

第4章

複素関数論

　複素数は、二次方程式を解くときに初めて姿を見せます。しかし、複素数の有用性はそれにとどまりません。複素関数を考えることにより、三角関数と指数関数を統一的に取り扱うことができ、交流理論を考えるときなど、有力なツールとなります。また、複素関数の微積分を取り扱う複素関数論は、物理で現れる関数の性質を調べるのに有効であるばかりでなく、定積分を計算するためのツールとしても活躍します。

　以上は、「複素数を使うと数学的取り扱いが便利です」と述べているだけです。もちろんそれだけでも複素数や複素関数を考える価値は充分あるのですが、量子力学が生まれてからは、複素数は単に便利なものという以上に実態があると考えられています。量子力学では、電子などの状態を記述する確率波の振幅は複素数であると考えられています。物理的に測定可能な量は実数ですが、量子力学においては、法則を記述する方程式や関数は本質的に複素関数です。

4-1 テーラー級数

　この節では実数関数のテーラー級数について考えてみましょう。物理に現れる多くの関数は、テーラー級数に展開できます。ということは、べき級数で表されるということです。このことはいろいろな点で便利です。空気抵抗が速度に比例する、電流が電圧に比例する（オームの法則）などの法則は、ある意味で、テーラー級数の一次の項を取り上げているのです。

▶▶ 空気抵抗

　空気中で物体が運動するとき、物体は運動方向と逆方向に抵抗を受けます。これが空気抵抗です。空気抵抗は速度に比例するとして取り扱われことがよくあります。すなわち、空気抵抗 F を次のように仮定することがよくあります。

$$F = Cv$$

　重力を受けて落下する物体は、最初次第に速くなりますが、しばらくすると空気抵抗の影響を受けて一定の速度（終速度）になります。その終速度は、重力 mg と空気抵抗 Cv が釣り合う速度 $v = \dfrac{mg}{C}$ です。

図4.1.1：空気抵抗

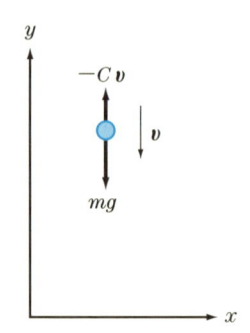

ところで、なぜ空気抵抗は速度に比例するのでしょう。空気抵抗が速度のべき関数[*]で表されるとすれば、$F(v)=\sum_{n=0}^{\infty} a_n v^n$と書き表すことができます。ところで、空気中で静止している場合、物体に空気抵抗は働きません。すなわち、$F(0)=0$です。このことから、$a_0=0$が導かれます。一方、速度が小さい場合、v^2, v^3, ……はvよりも小さくなります[*]。ですから、速度が小さい場合v^2, v^3, ……を無視した近似で、空気抵抗は速度に比例するということができます。このようなときにも、べき級数展開が利用されています。

▶▶ テーラー級数の公式

関数$f(x)$は、次のようにしてべき級数に展開することができます。こうして得られた級数を**テーラー**[*]**級数**といいます。

$$f(x)=\sum_{n=0}^{\infty} \frac{f^{(n)}(a)}{n!}(x-a)^n \qquad (4.1.1)$$

この式の導き方については、複素関数のテーラー級数を取り扱う192ページで説明します。

▶▶ 主要な関数のテーラー級数

物理の分野でよく使われる指数関数と三角関数のべき級数展開を与えておきます。式 (4.1.1) のaをゼロとした式[*]を具体的に書いてみましょう。**指数関数**の場合、$\frac{d}{dx}e^x = e^x$ですから、$f^{(0)}(0)=f^{(1)}(0)=f^{(2)}(0)=\cdots\cdots=1$となり、テーラー級数は、次のようになります。

$$e^x = 1+\frac{x}{1!}+\frac{x^2}{2!}+\frac{x^3}{3!}+\cdots\cdots$$

$$= \sum_{n=0}^{\infty} \frac{x^n}{n!} \qquad (4.1.2)$$

---

[*] **べき関数** べき関数は、1, x, x^2, x^3, ……のようにxのn乗の形で表される関数。
[*] **vよりも小さくなります** 少なくとも、速度をゼロに近づける極限ではこのようになる。
[*] **テーラー** ブルック・テーラー（Brook Taylor）。イギリスの数学者（1685〜1731年）。
[*] **式 (4.1.1) のaをゼロとした式** 式 (4.1.1) のaをゼロとした級数を**マクローリン級数**と呼ぶこともある。

4-1 テーラー級数

三角関数については、$\frac{d}{dx}\sin x = \cos x$、$\frac{d}{dx}\cos x = -\sin x$ ですから、正弦関数（sin）については、$f^{(0)}(0) = \sin 0 = 0$、$f^{(1)}(0) = \cos 0 = 1$、$f^{(2)}(0) = -\sin 0 = 0$、$f^{(3)}(0) = -\cos 0 = -1$、$f^{(4)}(0) = \sin 0 = 0$、$f^{(5)}(0) = \cos 0 = 1$……となり、テーラー級数は以下のようになります。

$$\sin x = \frac{x}{1!} - \frac{x^3}{3!} + \frac{x^5}{5!} - \frac{x^7}{7!} + \cdots\cdots$$

$$= \sum_{n=0}^{\infty} \frac{(-1)^n x^{2n+1}}{(2n+1)!} \tag{4.1.3}$$

余弦関数（cos）については、$f^{(0)}(0) = \cos 0 = 1$、$f^{(1)}(0) = -\sin 0 = 0$、$f^{(2)}(0) = -\cos 0 = -1$、$f^{(3)}(0) = \sin 0 = 0$、$f^{(4)}(0) = \cos 0 = 1$、$f^{(5)}(0) = -\sin 0 = 0$……となり、テーラー級数は次のようになります。

$$\cos x = 1 - \frac{x^2}{2!} + \frac{x^4}{4!} - \frac{x^6}{6!} + \cdots\cdots$$

$$= \sum_{n=0}^{\infty} \frac{(-1)^n x^{2n}}{(2n)!} \tag{4.1.4}$$

4-2

複素関数

　複素関数というのは、変数が複素数で関数値も複素数である関数です。複素関数は微分積分と関連した大切な性質をもっています。それらについては次節で学ぶことにして、この節では複素数の復習からはじめて、もっともよく使われる指数関数について学び、さらに複素平面上の点を別の複素平面上の点に写す操作が複素関数であることを学びます。

▶▶ 複素平面

●複素数と極表示

　実数aは直線上の点で表されます。それに対し、複素数[*]$\alpha = a + ib$[*]は、図4.2.1のように、平面上の点で表されます。

　複素数$\alpha = a + ib$を表す点は、x座標が実数部分a, y座標が虚数[*]部分bです。この平面を**複素平面**と呼び、x軸を**実軸**、y軸を**虚軸**と呼びます。

図4.2.1：複素平面

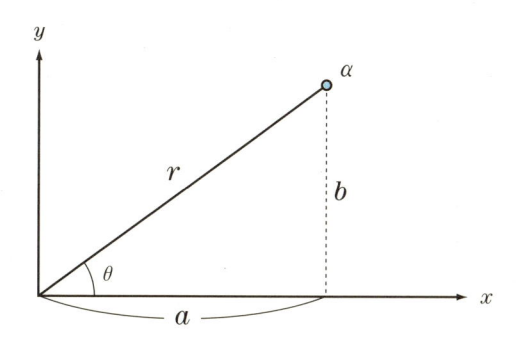

---

[*] **複素数**　英語ではcomplex numberと書く。
[*] **複素数 $\alpha = a + ib$**　複素数αの実数部分aを$\mathrm{Re}\,\alpha$、虚数部分bを$\mathrm{Im}\,\alpha$と書く。
[*] **虚数**　英語ではimaginary numberと書く。

4-2 複素関数

複素平面上で原点からの距離 $r=\sqrt{a^2+b^2}$ は、複素数 α の**絶対値**と呼ばれ $|\alpha|$ と書きます。図4.2.1の θ は**偏角**と呼ばれ、$\arg \alpha$ と書きます。

まとめると、次のようになります。

$$r=|\alpha|=\sqrt{a^2+b^2} \tag{4.2.1}$$

$$\theta=\arg \alpha=\tan^{-1}\frac{b}{a} \tag{4.2.2}$$

逆に、複素数を絶対値 $r=|\alpha|$ と偏角 $\theta=\arg \alpha$ で表すと、次のようになります。

$$\alpha=r(\cos\theta+i\sin\theta) \tag{4.2.3}$$

これを**複素数の極座標表示**といいます。

●複素数の和と差と実数倍

複素数の四則が複素平面上でどう表されるか考えてみましょう。複素数 $\alpha=a+ib$ と $\alpha'=a'+ib'$ の和 $\alpha+\alpha'=(a+a')+i(b+b')$ が複素平面でのベクトルの和に対応することが、図4.2.2（1）より容易にわかります。複素数の差についても、同様に、ベクトルの差と対応させることができます。複素数の実数倍 $c\alpha=ca+icb$ はベクトルのスカラー倍に対応します。複素数の和と差が複素平面上でベクトルの和と差で表されることを使うと、図形の性質から複素数の満たす次のような関係式[*]が導かれます。

$$|\alpha+\alpha'|\leq|\alpha|+|\alpha'| \tag{4.2.4}$$

$$|\alpha+\alpha'|\geq|\alpha|-|\alpha'| \tag{4.2.5}$$

---

[*] **関係式** 三角形の二辺の和がほかの一辺より長いという性質を使う。図4.2.2（2）を参照。

図4.2.2：複素数の和・差と複素平面上での操作

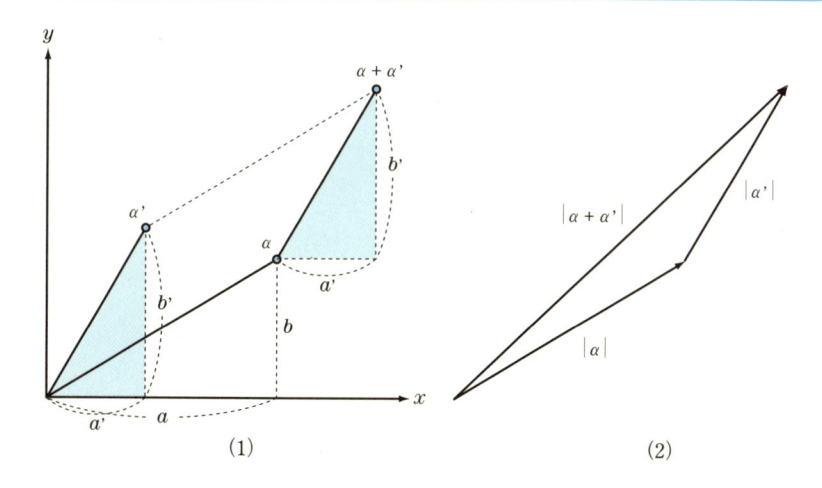

(1)　　　　　　　　　　　(2)

● 複素数の積

複素数 α と α' の積 $\alpha\alpha'$ が、複素平面上で何に対応しているかを知るためには、極座標表示が便利です。

$$\alpha = r\cos\theta + ir\sin\theta$$
$$\alpha' = r'\cos\theta' + ir'\sin\theta'$$

積を計算する＊と次のようになります。

$$\alpha\alpha' = r\cos\theta\, r'\cos\theta' - r\sin\theta\, r'\sin\theta'$$
$$+ i(r\sin\theta\, r'\cos\theta' + r\cos\theta\, r'\sin\theta')$$
$$= rr'\cos(\theta + \theta') + i\,rr'\sin(\theta + \theta')$$

これを図示すると、次ページの図4.2.3のようになります。

＊積を計算する　二行目への変形は加法定理を逆に使う。

図4.2.3：複素数の積と複素平面上での操作

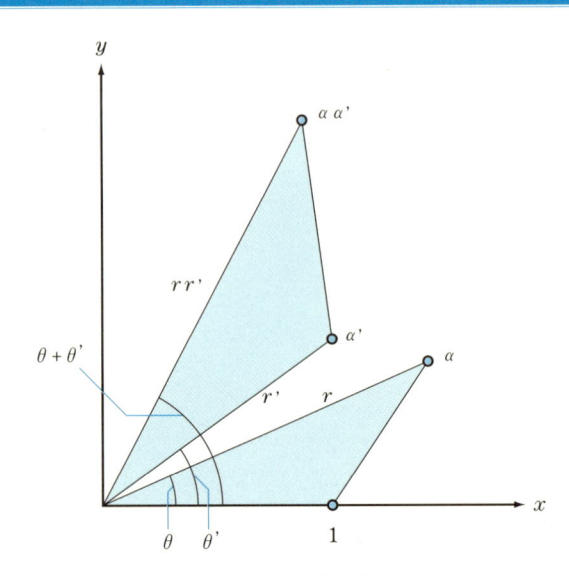

絶対値と偏角の関係を式で表すと、次のようになります。

$$|\alpha\alpha'|=|\alpha||\alpha'| \tag{4.2.6}$$

$$\arg(\alpha\alpha')=\arg\alpha+\arg\alpha' \tag{4.2.7}$$

また、複素数0、1、αの作る三角形と、複素数0、α'、$\alpha\alpha'$の作る三角形は、図4.2.3に示されたように相似*になります。

複素関数の例（指数関数）

テーラー級数で表した指数関数の式（4.1.2）を使って、変数が複素数である指数関数を定義することができます。

●虚数変数の指数関数（定義）

実数変数の指数関数は、式（4.1.2）に従ってべき級数に展開されます。変数が虚数である指数関数を式（4.1.2）で定義することにします。すなわち、次のようになります。

---

*相似　色付きの三角形の原点に位置する頂角はともにθである。二辺の長さの比はともに$1:r$である。

4-2 複素関数

$$e^{ix} = 1 + \frac{(ix)}{1!} + \frac{(ix)^2}{2!} + \frac{(ix)^3}{3!} + \cdots\cdots$$

$$= \sum_{n=0}^{\infty} \frac{(ix)^n}{n!} \tag{4.2.8}$$

●指数関数と三角関数

虚数変数の指数関数は次のようにして、三角関数で書き表す[*]ことができます。

$$\begin{aligned}e^{ix} &= 1 + \frac{(ix)}{1!} + \frac{(ix)^2}{2!} + \frac{(ix)^3}{3!} + \frac{(ix)^4}{4!} + \frac{(ix)^5}{5!} + \cdots\cdots \\ &= 1 + i\frac{x}{1!} - \frac{x^2}{2!} - i\frac{x^3}{3!} + \frac{x^4}{4!} + i\frac{x^5}{5!} - \frac{x^6}{6!} - i\frac{x^7}{7!} + \cdots\cdots \\ &= \left\{ 1 - \frac{x^2}{2!} + \frac{x^4}{4!} - \frac{x^6}{6!} + \cdots\cdots \right\} + i\left\{ \frac{x}{1!} - \frac{x^3}{3!} + \frac{x^5}{5!} - \frac{x^7}{7!} + \cdots\cdots \right\} \\ &= \left\{ \sum_{n=0}^{\infty} \frac{(-1)^n x^{2n}}{(2n)!} \right\} + i\left\{ \sum_{n=0}^{\infty} \frac{(-1)^n x^{2n+1}}{(2n+1)!} \right\} \\ &= \cos x + i \sin x \end{aligned} \tag{4.2.9}$$

この式から、逆に三角関数を指数関数で表す[*]こともできます。

$$\cos x = \frac{e^{ix} + e^{-ix}}{2} \tag{4.2.10}$$

$$\sin x = \frac{e^{ix} - e^{-ix}}{2i} \tag{4.2.11}$$

●指数関数の積と微分

変数が複素数の場合、変数を z で表すことが多いようです。本書でも、変数が複素数であるときは変数を z で表すことにします。実数部分と虚数部分に分けて表すときは、$z = x + iy$ とします。複素数の指数関数は、式（4.1.2）の変数 x を複素変数 z に変えた次の式で定義されます。

---

[*] 三角関数で書き表す　式（4.1.3）と式（4.1.4）を利用している。
[*] 三角関数を指数関数で表す　式 $e^{-ix} = \cos(-x) + i\sin(-x) = \cos x - i\sin x$ を使う。

4-2 複素関数

$$e^z = 1 + \frac{z}{1!} + \frac{z^2}{2!} + \frac{z^3}{3!} + \cdots\cdots$$

$$= \sum_{n=0}^{\infty} \frac{z^n}{n!} \tag{4.2.12}$$

こうして定義される複素指数関数の積に関して、次の規則が成り立ちます。

$$e^{z_1} e^{z_2} = e^{z_1 + z_2} \tag{4.2.13}$$

この式は定義の式（4.2.12）を使って、単純な、しかし多少面倒な計算をすることによって証明されます。変数を実数部分と虚数部分に分けてこの式を適用すると、次の式が得られます。

$$e^{x_1 + iy_1} = e^{x_1} e^{iy_1} \tag{4.2.14}$$

$$e^{x_1 + iy_1} e^{x_2 + iy_2} = e^{x_1 + iy_1 + x_2 + iy_2} = e^{(x_1 + x_2) + i(y_1 + y_2)} = e^{x_1 + x_2} e^{i(y_1 + y_2)} \tag{4.2.15}$$

これらの指数関数の計算規則を使うと、加法定理を使うことなく、式（4.2.6）、（4.2.7）を得る*ことができます。

べき級数で表される関数を微分するとき、項別に微分してよいことが知られています（179ページ参照）。式（4.2.8）を項別に微分すると、次の式が得られます。

$$\frac{d}{dx} e^{ix} = \frac{d}{dx} \left(1 + \frac{(ix)}{1!} + \frac{(ix)^2}{2!} + \frac{(ix)^3}{3!} + \cdots\cdots \right)$$

$$= 0 + \frac{i}{1!} + \frac{2i(ix)}{2!} + \frac{3i(ix)^2}{3!} + \cdots\cdots$$

$$= i \left(1 + \frac{(ix)}{1!} + \frac{(ix)^2}{2!} + \frac{(ix)^3}{3!} + \cdots\cdots \right)$$

$$= i \sum_{n=0}^{\infty} \frac{(ix)^n}{n!} = i e^{ix} \tag{4.2.16}$$

この式は、実数関数の微分*の公式 $\frac{d}{dx} e^{ax} = a e^{ax}$ と同じ形です。定数が実数でも虚数でも、この式が成り立つということです。

積と微分に関して、実数のときと同じ公式が虚数でも成り立ちます。

---

*式(4.2.6)(4.2.7)を得る　式（4.2.9）、（4.2.14）より、$e^{x_1 + iy_1} = e^{x_1} e^{iy_1} = e^{x_1}(\cos y_1 + i \sin y_1)$ となり、複素数 $e^{x_1 + iy_1}$ の絶対値が e^{x_1} 偏角が y_1 である。式（4.2.15）は式（4.2.6）、（4.2.7）を表している。

*微分　複素数の変数で微分するときは、項別に微分して、$\frac{d}{dz} e^z = \frac{d}{dz} \left(1 + \frac{z}{1!} + \frac{z^2}{2!} + \frac{z^3}{3!} + \cdots\cdots \right) = \sum_{n=0}^{\infty} \frac{z^n}{n!}$ となり、$\frac{d}{dz} e^z = e^z$ という公式が得られる。複素関数 $e^z = e^{iy}$ を y で微分すると式（4.2.16）のように i を掛けた式になるが、$z = iy$ で微分すると i を掛けない式になる。

COLUMN: $e^{z_1}e^{z_2}=e^{z_1+z_2}$ の証明

まず、式（4.2.12）を使って式（4.2.13）の右辺を展開します。

$$e^{(z_1+z_2)} = 1 + \frac{(z_1+z_2)}{1!} + \frac{(z_1+z_2)^2}{2!} + \frac{(z_1+z_2)^3}{3!} + \frac{(z_1+z_2)^4}{4!} + \frac{(z_1+z_2)^5}{5!} + \cdots$$

$$= 1 + \frac{(z_1+z_2)}{1!} + \frac{z_1^2 + 2z_1z_2 + z_2^2}{2!} + \frac{z_1^3 + 3z_1^2z_2 + 3z_1z_2^2 + z_2^3}{3!}$$

$$+ \frac{z_1^4 + 4z_1^3z_2 + 6z_1^2z_2^2 + 4z_1z_2^3 + z_2^4}{4!} + \cdots$$

$$= 1 + \frac{(z_1+z_2)}{1!} + \frac{z_1^2 + \frac{2!}{1!}z_1z_2 + z_2^2}{2!} + \frac{z_1^3 + \frac{3!}{2!1!}z_1^2z_2 + \frac{3!}{2!1!}z_1z_2^2 + z_2^3}{3!}$$

$$+ \frac{z_1^4 + \frac{4!}{3!1!}z_1^3z_2 + \frac{4!}{2!2!}z_1^2z_2^2 + \frac{4!}{3!1!}z_1z_2^3 + z_2^4}{4!} + \cdots$$

$$= \sum_{n=0}^{\infty} \left\{ \frac{z_1^n}{n!} + \frac{1}{(n-1)!1!}z_1^{n-1}z_2 + \frac{1}{(n-2)!2!}z_1^{n-2}z_2^2 + \cdots \right.$$

$$\left. + \frac{1}{(n-m)!m!}z_1^{n-m}z_2^m + \cdots + \frac{z_2^n}{n!} \right\}$$

一方、図4.2.4を参照して計算すると、

$$e^{z_1}e^{z_2} = \left\{ 1 + \frac{z_1}{1!} + \frac{z_1^2}{2!} + \frac{z_1^3}{3!} + \frac{z_1^4}{4!} + \frac{z_1^5}{5!} + \cdots \right\}$$

$$\left\{ 1 + \frac{z_2}{1!} + \frac{z_2^2}{2!} + \frac{z_2^3}{3!} + \frac{z_2^4}{4!} + \frac{z_2^5}{5!} + \cdots \right\}$$

$$= 1 + \left(\frac{z_1}{1!} + \frac{z_2}{1!} \right) + \left(\frac{z_1^2}{2!} + \frac{z_1}{1!}\frac{z_2}{1!} + \frac{z_2^2}{2!} \right) + \left(\frac{z_1^3}{3!} + \frac{z_1^2}{2!}\frac{z_2}{1!} + \frac{z_1}{1!}\frac{z_2^2}{2!} + \frac{z_2^3}{3!} \right)$$

$$+ \left(\frac{z_1^4}{4!} + \frac{z_1^3}{3!}\frac{z_2}{1!} + \frac{z_1^2}{2!}\frac{z_2^2}{2!} + \frac{z_1}{1!}\frac{z_2^3}{3!} + \frac{z_2^4}{4!} \right) + \cdots$$

$$= 1 + \frac{(z_1+z_2)}{1!} + \frac{z_1^2 + \frac{2!}{1!}z_1z_2 + z_2^2}{2!} + \frac{z_1^3 + \frac{3!}{2!1!}z_1^2z_2 + \frac{3!}{2!1!}z_1z_2^2 + z_2^3}{3!}$$

$$+ \frac{z_1^4 + \frac{4!}{3!1!}z_1^3z_2 + \frac{4!}{2!2!}z_1^2z_2^2 + \frac{4!}{3!1!}z_1z_2^3 + z_2^4}{4!} + \cdots$$

$$= \sum_{n=0}^{\infty} \left\{ \frac{z_1^n}{n!} + \frac{1}{(n-1)!1!}z_1^{n-1}z_2 + \frac{1}{(n-2)!2!}z_1^{n-2}z_2^2 + \cdots \right.$$

$$\left. + \frac{1}{(n-m)!m!}z_1^{n-m}z_2^m + \cdots + \frac{z_2^n}{n!} \right\}$$

図4.2.4：計算の説明（下から5行目の項の説明）

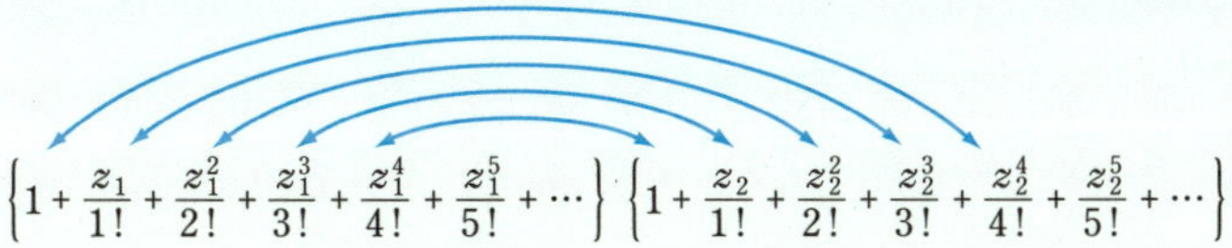

$$\left\{ 1 + \frac{z_1}{1!} + \frac{z_1^2}{2!} + \frac{z_1^3}{3!} + \frac{z_1^4}{4!} + \frac{z_1^5}{5!} + \cdots \right\} \left\{ 1 + \frac{z_2}{1!} + \frac{z_2^2}{2!} + \frac{z_2^3}{3!} + \frac{z_2^4}{4!} + \frac{z_2^5}{5!} + \cdots \right\}$$

▶▶ 交流回路における複素指数関数の応用

通常、交流理論においては、図4.2.5のような正弦関数で表される電圧や電流を取り扱います。図4.2.6のような回路を考えてみましょう。

容量Cのコンデンサー、自己インダクタンスLのコイル、抵抗Rを図のように直列につなぎ、交流電圧[*]$V = V_0 \cos \omega t$をかけたとき、流れる電流Iを求めてみましょう。

コンデンサーに電荷Qが蓄えられているとき、コンデンサーの両端の電圧は$\dfrac{Q}{C}$です。コイルの両端の電圧は$L\dfrac{dI}{dt}$です。抵抗の両端の電圧はRIです。これらの和が、電源から加えた電圧に一致しますから、次の式が成り立ちます。

図4.2.5：交流

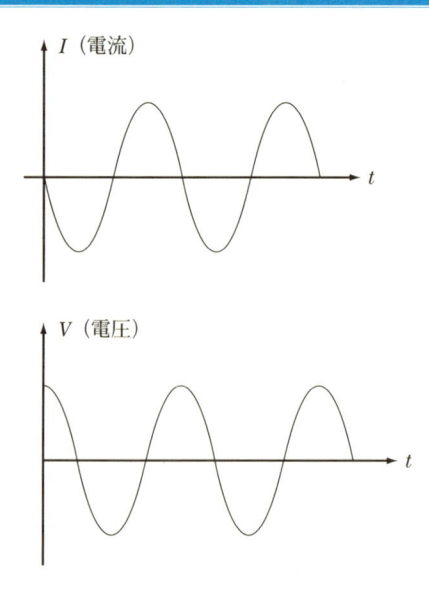

---

[*] **交流電圧** 周波数をfとすると、$\omega = 2\pi f$となる。

図4.2.6：交流回路

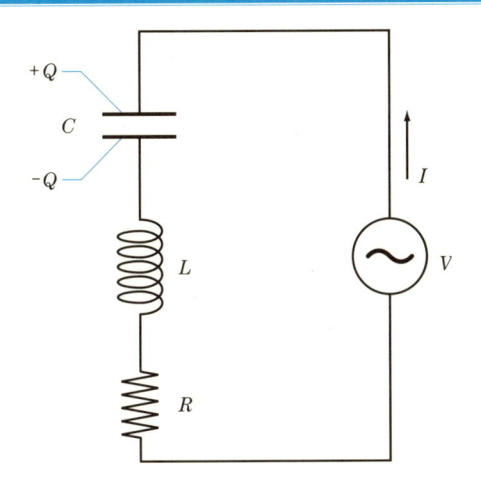

$$\frac{Q}{C} + L\frac{dI}{dt} + RI = V_0 \cos\omega t \tag{4.2.17}$$

単位時間に流れる電荷が電流であることから、次のようになります。

$$I = \frac{dQ}{dt} \tag{4.2.18}$$

この方程式の解[*]のうち、$Q = Q_0 \sin(\omega t + \alpha)$、$I = I_0 \cos(\omega t + \alpha)$[*] という解を求めましょう。そのために、次のような複素関数の微分方程式を考えます。

$$\frac{\dot{Q}}{C} + L\frac{d\dot{I}}{dt} + R\dot{I} = V_0 e^{i\omega t} \tag{4.2.19}$$

$$\dot{I} = \frac{d\dot{Q}}{dt} \tag{4.2.20}$$

なお、ここでは $\dot{Q}$、$\dot{I}$ は時間微分[*]ではありません。複素数の関数を表しています。
　いま、$\dot{Q}$、$\dot{I}$ の実数部分[*]を Q、I とすると、式（4.2.19）と式（4.2.20）の実数部分は、式（4.2.17）および式（4.2.18）と一致します。ですから、式（4.2.19）と（4.2.20）の解 $\dot{Q}$、$\dot{I}$ を求めて、その実数部分を取ることにより、式（4.2.17）

---

[*] **方程式の解**　一般解は、ここで求める解に $V_0 = 0$ とおいたときの一般解を加えたものになるが、$V_0 = 0$ とおいたときの一般解は時間が経過するとゼロに近づくため、電気回路の問題で定常的な解を求める場合には、$Q = Q_0 \sin(\omega t + \alpha)$、$I = I_0 \cos(\omega t + \alpha)$ の形の解を求める。

[*] $I = I_0\cos(\omega t + \alpha)$　式（4.2.18）より、$Q = Q_0 \sin(\omega t + \alpha)$ であれば、$I = I_0 \cos(\omega t + \alpha)$ となる。

[*] **時間微分**　物理では、$\dot{Q}$ を Q の時間微分という意味で用いることがよくある。特に力学ではよく用いられる表記法である。しかし、ここでは複素電荷、複素電流を表すために用いる。

[*] **実数部分**　複素数 z の実数部分は $\mathrm{Re}\,z$ で虚数部分は $\mathrm{Im}\,z$ で表す。よって、$Q = \mathrm{Re}\,\dot{Q}$、$I = \mathrm{Re}\,\dot{I}$ である。

4-2 複素関数

と (4.2.18) の解 Q、I を求めることができます。

式 (4.2.19) と式 (4.2.20) の解のうち、$\dot{Q}=\dot{Q}_0 e^{i\omega t}$、$\dot{I}=\dot{I}_0 e^{i\omega t}$ という形の解[*]を求めましょう。この場合、次の式が成り立ちます。

$$\frac{d\dot{Q}}{dt}=i\omega\dot{Q} \qquad (4.2.21)$$

$$\frac{d\dot{I}}{dt}=i\omega\dot{I} \qquad (4.2.22)$$

つまり、微分する代わりに $i\omega$ を掛ければよいのです。

これを利用すると、式 (4.2.19)、(4.2.20) は次のようになります。

$$\frac{\dot{Q}}{C}+i\omega L\dot{I}+R\dot{I}=V_0 e^{i\omega t}$$

$$\dot{I}=i\omega\dot{Q}$$

これらの式から $\dot{Q}$ を消去すると、次の式が得られます。

$$\left(\frac{1}{i\omega C}+i\omega L+R\right)\dot{I}=V_0 e^{i\omega t} \qquad (4.2.23)$$

これから、複素電流 $\dot{I}$ が求まります。

$$\dot{I}=\frac{V_0 e^{i\omega t}}{\frac{1}{i\omega C}+i\omega L+R}$$

この式の実数部分をとることにより、電流は以下のように与えられます。

$$I=\mathrm{Re}\left(\frac{V_0 e^{i\omega t}}{\frac{1}{i\omega C}+i\omega L+R}\right)$$

$$=V_0\,\mathrm{Re}\left(\frac{e^{i\omega t}}{i\left(-\frac{1}{\omega C}+\omega L\right)+R}\right)$$

$$=V_0\,\mathrm{Re}\left(\frac{e^{i\omega t}\left\{-i\left(-\frac{1}{\omega C}+\omega L\right)+R\right\}}{\left(-\frac{1}{\omega C}+\omega L\right)^2+R^2}\right)$$

---

[*] $\dot{I}=\dot{I}_0 e^{i\omega t}$ という形の解　例えば、$\dot{I}_0=I_0 e^{i\alpha}$ とすると、$I=\mathrm{Re}\,\dot{I}=\mathrm{Re}(I_0 e^{i(\omega t+\alpha)})=I_0\cos(\omega t+\alpha)$ となる。

$$= V_0 \operatorname{Re}\left(\frac{e^{i\omega t}\sqrt{\left(-\frac{1}{\omega C}+\omega L\right)^2+R^2}\left(\frac{R}{\sqrt{\left(-\frac{1}{\omega C}+\omega L\right)^2+R^2}}+i\frac{\frac{1}{\omega C}-\omega L}{\sqrt{\left(-\frac{1}{\omega C}+\omega L\right)^2+R^2}}\right)}{\left(-\frac{1}{\omega C}+\omega L\right)^2+R^2}\right)$$

$$= V_0 \operatorname{Re}\left(\frac{e^{i\omega t}\sqrt{\left(-\frac{1}{\omega C}+\omega L\right)^2+R^2}\,e^{i\alpha}}{\left(-\frac{1}{\omega C}+\omega L\right)^2+R^2}\right)$$

$$= V_0 \operatorname{Re}\left(\frac{e^{i(\omega t+\alpha)}}{\sqrt{\left(-\frac{1}{\omega C}+\omega L\right)^2+R^2}}\right)$$

$$= \frac{V_0 \cos(\omega t+\alpha)}{\sqrt{\left(-\frac{1}{\omega C}+\omega L\right)^2+R^2}}$$

ただし、$\dfrac{R}{\sqrt{\left(-\frac{1}{\omega C}+\omega L\right)^2+R^2}}+i\dfrac{\frac{1}{\omega C}-\omega L}{\sqrt{\left(-\frac{1}{\omega C}+\omega L\right)^2+R^2}}=e^{i\alpha}$ とおいたの

で、$\tan\alpha=\dfrac{\frac{1}{\omega C}-\omega L}{R}$ です。

このように、流れる電流 I は、加えた電圧 $V_0\cos\omega t$ と比べ位相がずれます。すなわち、電圧が大きいときに電流が大きくなるとは限りません。

式 (4.2.23) の $\dfrac{1}{i\omega C}$、$i\omega L$、R を、それぞれ、コンデンサー、コイル、抵抗の**複素インピーダンス**といいます。

直流における電流と電圧の関係は（電流）×（抵抗）＝（電圧）ですが、交流においては**（複素電流）×（複素インピーダンス）＝（複素電圧）**となります。式 (4.2.23) は直列の場合、**合成複素インピーダンス**がそれぞれの複素インピーダンスの和であることを示しています。

このように複素電流・複素電圧を考えることにより、本来は微分方程式を解く必要がある交流回路の問題を、直流回路と類似の方法で取り扱うことができるようになります。

4-2 複素関数

▶▶ 写像

複素関数 $f(z)$ は複素数 z を複素数 $w=f(z)$ に写す操作であると考えることができます。このように考えたとき、f を z 平面から w 平面への**写像**と呼びます。

●グラフと写像

実数関数はグラフを描くことにより視覚的にとらえることができますが、複素関数ではグラフを描くことはできません[*]。このようなとき、複素関数を z 平面から w 平面への写像ととらえ、z 平面上のある図形が w 平面上のどんな図形に写されるかを図示することにより、複素関数を視覚的にとらえることが可能になります。図4.2.7は z 平面上の図のような円板が、$f(z)=z^2$ という複素関数により、w 平面上の少しゆがんだ図形に写されることを示しています。

図4.2.7：複素関数を図で表す（z^2の例）

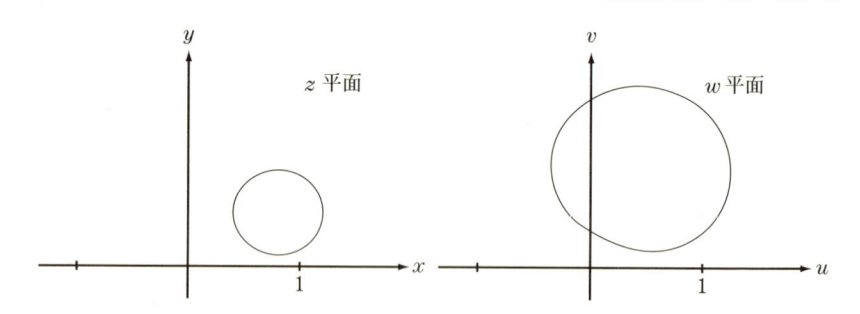

次にもう少し複雑な複素関数 $f(z)=z+\dfrac{1}{z}$ を考え、z から $w=f(z)$ への写像を考えましょう。図4.2.8に示されたような同心円と放射状の半直線[*]が w 平面上のどのような図形に写されるか計算した結果を次ページの図4.2.9に示します。

---

[*] **グラフを描くことはできません** 複素変数の実数値関数であれば立体的なグラフを描くことができるが、複素変数、複素数値関数の場合、グラフを描くことはできない。

[*] **半直線** 一方には端があり他方は無限に伸びているとき、それを半直線という。

4-2 複素関数

図4.2.8：複素関数を図で表す（$z+\frac{1}{z}$ の例（その1））

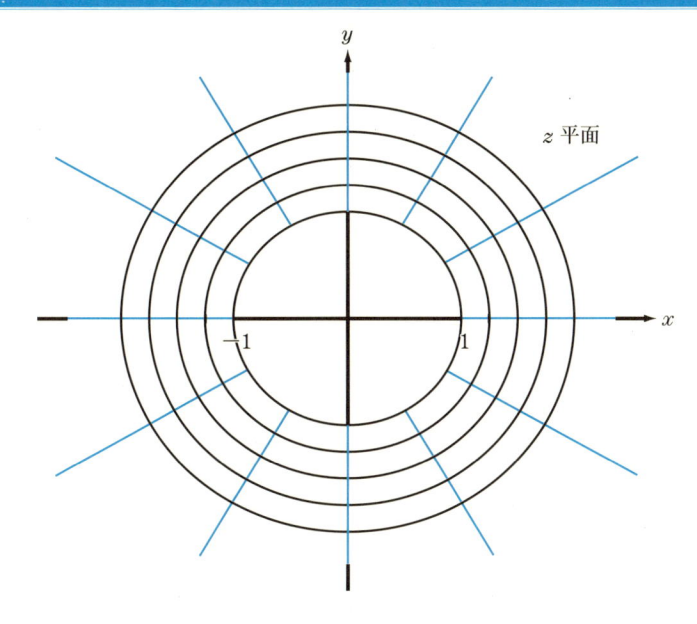

z 平面

図4.2.9：複素関数を図で表す（$z+\frac{1}{z}$ の例（その2））

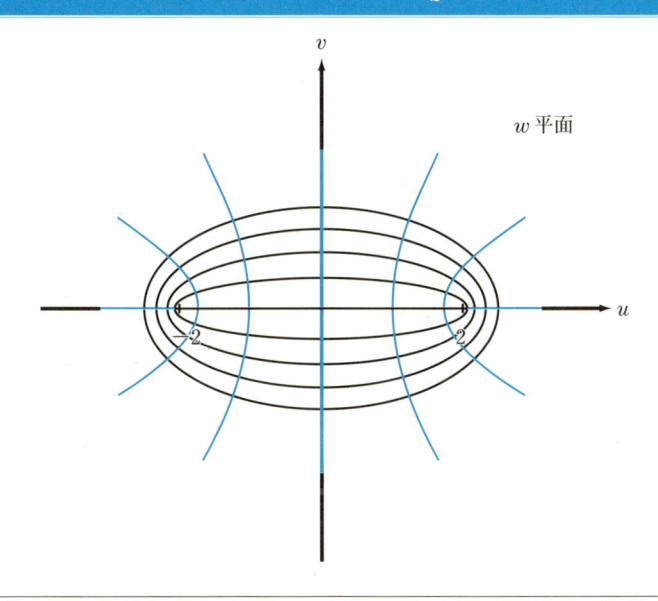

w 平面

4-2 複素関数

同心円はw平面上の楕円に、放射状の半直線はw平面上の双曲線に写像されます[*]。絶対値が1より大きい領域がw平面全体に写像されます。図には示しませんでしたが、絶対値が1より小さい円板の領域もw平面全体に写像されます。

同じく複素関数$f(z)=z+\dfrac{1}{z}$による写像ですが、中心がy軸から少しずれた$z=-1$を通る円がw平面上のどのような図形に写されるかを計算した結果が、下の図4.2.10に色付きの線で示されています。

図では多少わかりにくいかもしれませんが、$w=-2$で鋭角に交わり、$w=2$を取り囲む翼の形の図形です。これは航空力学において大切な図形です。

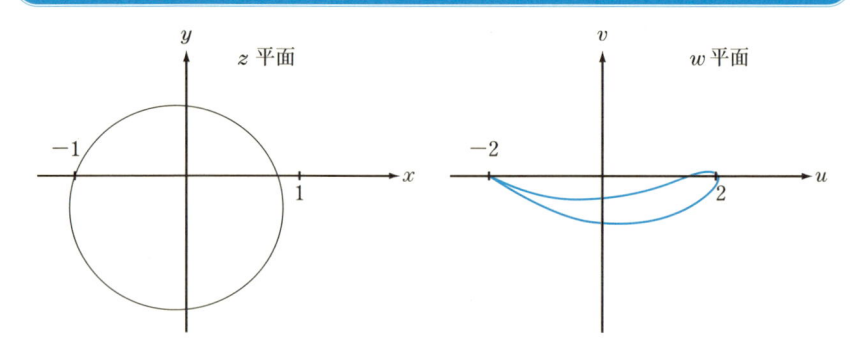

図4.2.10：複素関数を図で表す（$z+\dfrac{1}{z}$の例（その3））

●二価関数

複素関数$w=f(z)$に対し、$z=g(w)$となるgをfの**逆関数**といいます。複素関数$w=f(z)=z^2$の逆関数は$z=g(w)=\sqrt{w}$です。

ところで、中心が原点から少しずれた円を複素関数$f(z)=z^2$により、w平面上に写像してみましょう。その結果は次ページの図4.2.11です。

---

[*] **写像されます** もともと直交していた同心円と放射状の直線が、同じく直交する楕円と双曲線に写される。このように、二つの曲線の交わる角度が、写像された曲線の交わる角と等しくなる写像を等角写像という。あとで学ぶ正則関数による写像は、等角写像になる。

色付きの部分が色付きの部分に移されます。この結果から、原点を中心とする円がどう写像されるかをイメージすることができます。z 平面上で円周上を一周するとき、写された点は w 平面上で円周を2周します。z 平面上の2点が、w 平面上の1点に写像されます。このことは、$1^2 = (-1)^2 = 1$ を思い出すことにより納得できます。

次に、逆関数 $z = g(w) = \sqrt{w}$ を考えてみましょう。複素関数では $\sqrt{w}$ は実数関数のときとは異なり、$(\sqrt{w})^2 = w$ によって定義されます。言い換えれば、$\sqrt{1}$ は1と-1の両方の値をとります。いわゆる二価関数です。二価関数は取り扱いが面倒です。しかし、次に示すように、w の変域[*]を変えることにより一価関数にすることができます。

● 二価関数の取り扱いとリーマン面

図4.2.11を見ながら、原点を中心とする円周が w 平面上で二重の円周に写される様子をイメージしてください。二重の円周といっても、一つの輪ゴムを二重にたたんだような状態です。二つの輪ゴムを重ねた状態とは違います。一つの輪ゴムを二重にたたんだ領域を w の変域とすれば、$\sqrt{w}$ は一価関数になります。つまり、$\sqrt{4} = 2$ となる4と $\sqrt{4} = -2$ となる4は同じ4でも輪ゴム上で別の点であると考えるのです。

今度は面で考えてみましょう。複素関数 $f(z) = z^2$ によって、z 平面の右半分が w 平面全体に写像され、z 平面の左半分も w 平面全体に写像されます。二枚の w 平面を次ページの図4.2.12のようにつなぎ合わせて二重の面を作ります。

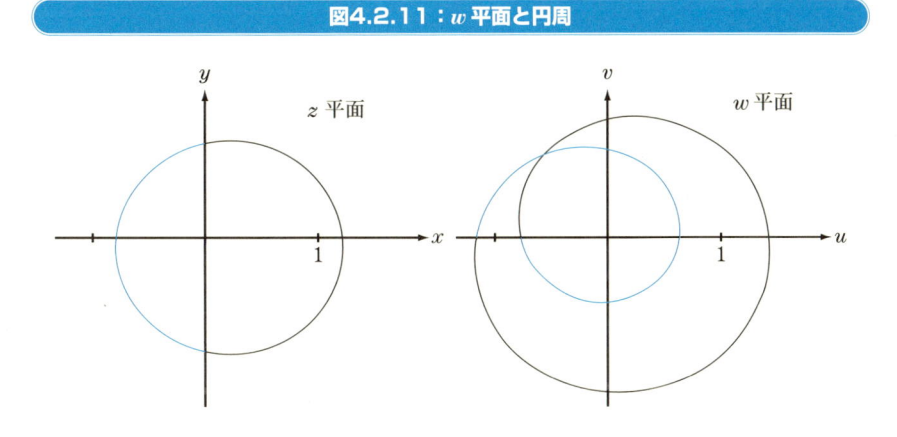

図4.2.11：w 平面と円周

---

[*] **変域** 変数の領域ということで変域と呼ぶ。

4-2 複素関数

図4.2.12：$\sqrt{w}$の変域であるリーマン面

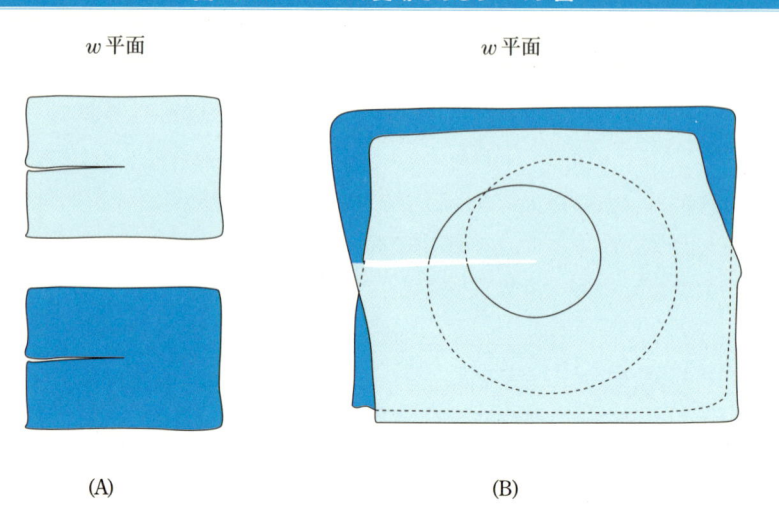

w平面　　　　　　　w平面

(A)　　　　　　　(B)

　複素関数$f(z)=z^2$によって、z平面全体はこの二重の面全体に、1：1に写されます。こうして得られた二重の面をwの変域とすると、$\sqrt{w}$は一価関数になります。つまり、$\sqrt{4}=2$となる4と$\sqrt{4}=-2$となる4は同じ4でもwの変域である二重の面上で別の点であると考えるからです。このような面をwの変域である**リーマン*面**といいます。

＊**リーマン**　ベルンハルト・リーマン（Bernhard Riemann、1826〜1866年）。ドイツの数学者。

4-3
複素関数の微分と正則関数

　複素関数の微分は実数関数の微分と同じような式で定義されます。しかし、微分が可能であるための条件は、実数関数の場合に比べてとても強い条件になります。複素関数として微分可能である関数を正則関数といいます。正則関数は、ある意味でとても性質の良い関数です。そして、嬉しいことに、物理で出てくる関数は正則関数であると考えてよいのです。この節では、複素関数の微分と微分可能な関数（正則関数）の性質について学びましょう。

▶▶ 複素関数の微分

　複素関数の微分は、形式的には実数関数の微分と同じ式で定義されます。複素数 z と複素関数 $f(z)$ に対し、次のような極限値が存在するとき、複素関数 f は微分可能であるといいます。

$$\lim_{z \to z_0} \frac{f(z) - f(z_0)}{z - z_0}$$

　そして、複素関数として微分可能である関数を**正則関数**[*]といいます。実数関数では、正の側から近づけたときと負の側から近づけたときの両方とも極限値が存在して、それらが一致することが微分可能の条件でした。複素関数の微分可能の条件は、図4.3.1のように、z_0 の周りのあらゆる方向から近づけたときに極限値が存在し、それらの極限値がすべて一致しなければなりません。

図4.3.1：複素関数の微分とゼロに近づけるやり方

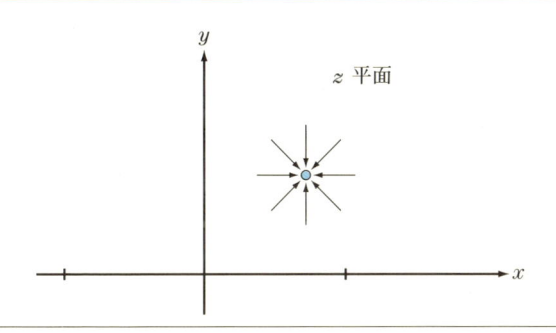

[*] **正則関数**　英語ではregular functionと書く。

4-3 複素関数の微分と正則関数

複素関数が微分可能であるとき、$f'(z_0) = \lim_{z \to z_0} \dfrac{f(z) - f(z_0)}{z - z_0}$ をz_0における**微分係数**と呼びます。

また、次の式を**導関数**と呼びます。

$$f'(z) = \lim_{\Delta z \to 0} \dfrac{f(z + \Delta z) - f(z)}{\Delta z} \tag{4.3.1}$$

複素関数がz_0で微分可能であるという条件は、z_0の近傍で、次のように書き表すことができるという条件[*]と同じです。

$$f(z) = f(z_0) + \alpha(z - z_0) \tag{4.3.2}$$

もちろん、$f'(z_0) = \alpha$ です。

▶▶ 正則関数の写像

実数関数がある点x_0で微分可能であるということは、グラフという観点でいえば、図4.3.2（A）のように、x_0の近くでグラフを直線で近似できるということです。

図4.3.2：微分可能な実関数のグラフと写像としての図

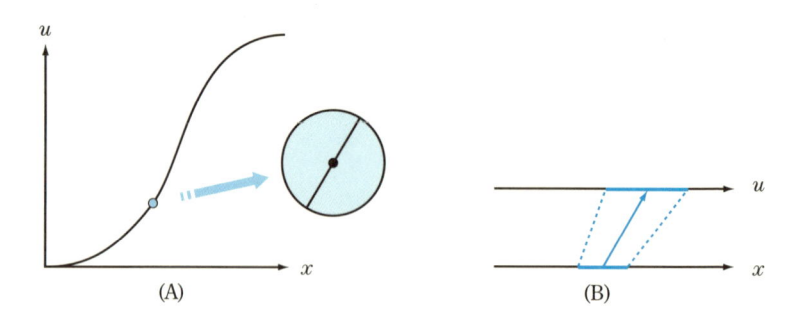

(A)　　　　(B)

写像という観点では、x軸からu軸への写像に際してx_0の近傍が同じ割合で拡大縮小して写されるということです。図4.3.2（B）にその様子を図示しました。

正則関数の例として、$f(z) = z^2$を考えましょう。点 (0.8, 0.5) を中心とするz平面上の同心円と放射状の直線が、$f(z) = z^2$によって、w平面上のどの図形に写像されるか数値計算により描いてみました。図4.3.3に結果が示されています。

---

[*]**条件**　きちんと表現すると、$f(z) = f(z_0) + \alpha(z - z_0) + \varepsilon(z, z_0)$ と書き表すことができ、$\varepsilon(z, z_0)$ が $\lim_{z \to z_0} \dfrac{\varepsilon(z, z_0)}{|z - z_0|} = 0$ を満たすという条件である。

図4.3.3：微分可能な複素関数（正則関数）の写像としての図

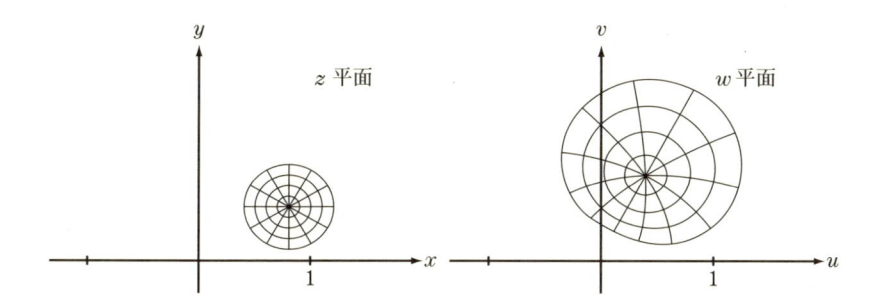

図4.3.4：正則関数による微小部分の写像の図

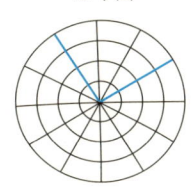

　図4.3.3の一部を10倍に拡大し、線を増やした図*が図4.3.4です。図4.3.4を見ると、z平面上の円板は一定倍率で拡大または縮小され、一定の角度回転したw平面上の円板に写されます。このことは、式（4.3.2）から予想される結論です。式（4.3.2）を変形すると、$f(z) - f(z_0) = \alpha(z - z_0)$となりますが、$\alpha(z - z_0)$は$z - z_0$を$|\alpha|$倍し、$\arg \alpha$だけ回転したものですから、$z$平面上の円板は、$|\alpha|$倍し、$\arg \alpha$だけ回転した$w$平面上の円板に写されます。

　式（4.3.2）から導かれるこの結論は、正則関数が満たすべき一般的な規則です。つまり、点z_0の近傍の円板は、正則関数fによって、$|f'(z_0)|$倍し$\arg(f'(z_0))$だけ回転したw平面上の円板に写像されます。この結果、**正則関数による写像**では、ある点で交わる二本の直線は交わる角度を保ったまま写像されます。そのため、正則関数による写像は**等角写像**と呼ばれます。

＊拡大した図　色付きの直線が色付きの直線に写される。

▶▶ 等角写像の応用

電磁気学によれば、電荷が存在しない場所での電位 $\phi(x, y)$ は**ラプラス**[*]**の方程式**と呼ばれる $\Delta\phi = 0$ を満たします。

二次元の場合、この式を満たす関数は正則関数の実数部分 $u(x, y)$（または虚数部分 $v(x, y)$）で表されることを183ページの「コーシー・リーマンの微分方程式と二次元での電位」で学びます。

また191ページの「正則関数は無限回微分可能」で学ぶように、ある領域で正則な関数は、境界での値が決まればただ一つに決まってしまいます。ですから、電荷のない場所での電位 $\phi(x, y)$ を求めるには、正則関数で実数部分 $u(x, y)$（または虚数部分 $v(x, y)$）が境界条件を満たすものを選べばよいのです。

● 直交する二つの平面導体による電気力線と等電位面

直交する二つの平面導体に電荷が存在しているときの電位を考えてみましょう。簡単にするため、x 軸と y 軸の正の部分が導体になっており、電荷が存在しない第一象限の電位を考えるものとします。導体上での電位は一定ですから、導体上での電位をゼロとすると、この問題は実数部分 $u(x, y)$ が x 軸と y 軸の正の部分でゼロとなる正則関数を見つける問題に帰着します。

ここで、$w = z^2$ による等角写像[*]を考えましょう。図4.3.5に示した w 平面上の鉛直または水平な直線（$u = $ 一定、$v = $ 一定の直線）は、z 平面上の図4.3.6に示した双曲線群に対応します。

特に、w 平面上の u 軸（$v = 0$）が z 平面上の x 軸と y 軸に対応しますから、x 軸と y 軸上では $v(x, y) = 0$ です。ということは、複素関数 $w = z^2$ の虚数部分 $v(x, y)$ がこの場合の電位を与えるということです。その結果、等電位面（二次元では $v(x, y) = $ 一定を満たす線）は、w 平面上の水平な直線に対応する z 平面上の曲線になります。それは図4.3.6の黒色の双曲線です。一方、図4.3.6の色付きの双曲線は**等電位面**に直交していますから、**電気力線**を表します。

---

[*] **ラプラス** ピエール＝シモン・ラプラス（Pierre-Simon Laplace）は、フランスの数学者（1749～1827年）。

[*] **等角写像** この場合、z 平面の x 軸を w 平面の x 軸に写像し、z 平面の y 軸を w 平面の $-x$ 軸に写像するために、角度を2倍にすると考えて $w = z^2$ を考える。しかし、一般には、等角写像を利用して問題を解く場合、どんな関数を使えばよいか見通しをもって見つけることは困難である。いろいろな関数の等角写像を調べておいて、「あっ！ この問題にはあの関数が使える」といった感じで偶然に見つけることが多い。

4-3 複素関数の微分と正則関数

図4.3.5：電気力線と等電位面（その1）

w 平面

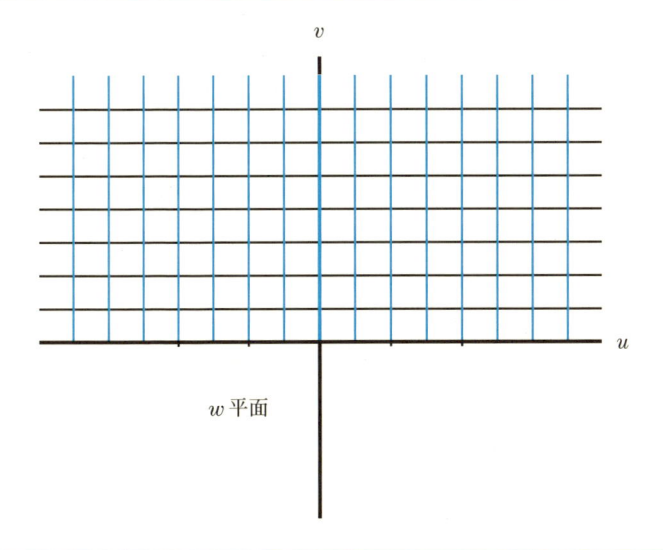

図4.3.6：電気力線と等電位面（その2）

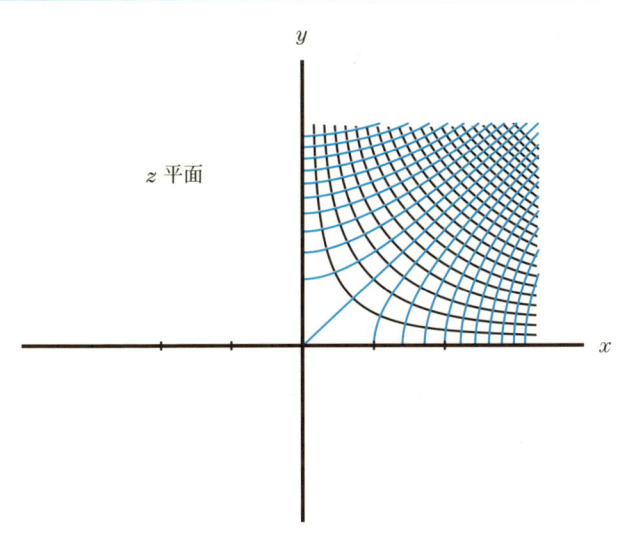

z 平面

　わざわざ述べる必要はないかもしれませんが、$w=z$ による等角写像を考えて、図4.3.5を z 平面の図とみなせば、これらの直線群は、u 軸を導体としたときの等電位面と電気力線になっています。

4-3 複素関数の微分と正則関数

●円と直線の導体による電気力線と等電位面

半径1の円とx軸が導体になっている場合の電位と電気力線を考えましょう。境界条件を満たす正則関数を見つけるために、$w = z + \dfrac{1}{z}$による等角写像を考えましょう。図4.3.5に示したw平面上の鉛直または水平な直線（$u = $一定、$v = $一定の直線）は、次ページにある$z$平面上の図4.3.7に示した曲線群に対応します。

特に、w平面上のu軸（$v = 0$）がz平面上のx軸と円（半径1）に対応しますから、x軸と円（半径1）上では$v(x, y) = 0$です。

ということは、複素関数$w = z + \dfrac{1}{z}$の虚数部分$v(x, y)$がこの場合の電位を与えるということです。その結果、**等電位面**（二次元では$v(x, y) = $一定を満たす線）は、$w$平面上の水平な直線に対応する$z$平面上の曲線になります。それは図4.3.7の黒色の曲線群です。

一方、図4.3.7の色付きの曲線群は等電位面に直交していますから、**電気力線**を表します。

●縮まない、渦のない定常流体の流線

縮まない、渦のない定常流体の場合、ある点での速度$v(x, y, z)$は div $v = 0$、rot $v = 0$ を満たすため、電場同様$v = \text{grad}\,\phi$と書くことができます。その結果、二次元の流れでは等角写像を応用することができ、図4.3.7の黒色の曲線群は一様な流れの中に円柱を置いたときの流れの**流線***を表しています。

***流線** 流線は流体の速度の方向を表す線である。

4-3 複素関数の微分と正則関数

図4.3.7：電気力線と等電位面（3）

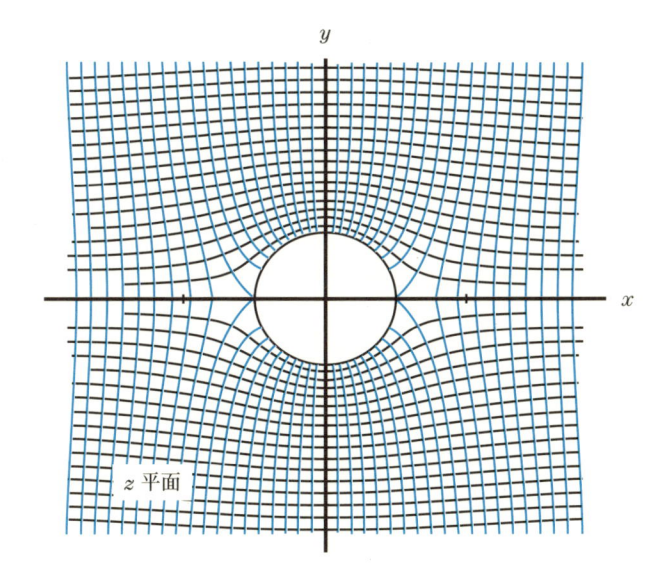

z 平面

▶▶ べき級数と項別微分

先にべき級数で展開される実数関数を学びました。複素関数においても、べき級数で展開される関数は非常に大切です。**べき級数**で表される複素関数は**正則関数**[*]です。

$$f(z) = \sum_{n=0}^{\infty} c_n z^n \tag{4.3.3}$$

導関数は、**項別微分**[*]した次式で与えられます。

$$f(z)' = \sum_{n=0}^{\infty} n c_n z^{n-1} \tag{4.3.4}$$

項別に微分することができるということは、たいへん便利なことです。すでに学んだように、べき級数は微分可能ですから、正則関数です。一方、192ページの「テーラー級数」で学ぶように、正則関数はべき級数で表すことができます。正則関数とべき級数関数は同じものです。

---

[*] **正則関数** 領域 $|z| < \rho$ で一様収束するという条件が必要だが、本書では、常に一様収束するものだけを考え、特に断らないことにする。

[*] **項別微分** 次式の右辺が一様収束することを証明する必要があるが、本書では、収束することの証明は省略する。

4-4
コーシー・リーマンの微分方程式

正則関数であるための条件は、とても強い条件です。ですから、正則関数に関してはいろいろと便利な式が成り立ちます。コーシー・リーマンの微分方程式もその一つです。先に、等角写像を応用して二次元の電気力線と等電位面を描きましたが、コーシー・リーマンの微分方程式を暗に利用しました。この式について、この節で勉強しましょう。

▶▶ 図で見るコーシー・リーマンの微分方程式

正則関数 $f(z)$ を実数関数 $u(x, y)$、$v(x, y)$ を使って $f(z) = u(x, y) + iv(x, y)$ と書いたとき、次の式が成り立ちます。

$$\frac{\partial u}{\partial x} = \frac{\partial v}{\partial y} \tag{4.4.1}$$

$$\frac{\partial u}{\partial y} = -\frac{\partial v}{\partial x} \tag{4.4.2}$$

これを**コーシー**[*]**・リーマン**[*]**の微分方程式**といいます。

前に述べたように、点 z_0 の近傍の円板は、正則関数 f によって、$|f'(z_0)|$ 倍し $\arg(f'(z_0))$ だけ回転した w 平面上の円板に写像されます。図4.4.1に、$\mathrm{d}x$ に対応する u、v の変化 $\mathrm{d}u_x$、$\mathrm{d}v_x$ と $\mathrm{d}y$ に対応する u、v の変化 $\mathrm{d}u_y$、$\mathrm{d}v_y$ を図示[*]してあります。

ただし、

$$\mathrm{d}u_x = \frac{\partial u}{\partial x}\mathrm{d}x, \quad \mathrm{d}v_x = \frac{\partial v}{\partial x}\mathrm{d}x$$

$$\mathrm{d}u_y = \frac{\partial u}{\partial y}\mathrm{d}y, \quad \mathrm{d}v_y = \frac{\partial v}{\partial y}\mathrm{d}y$$

---

[*] **コーシー** オーギュスタン・ルイ・コーシー（Augustin Louis Cauchy、1789〜1857年）。フランスの数学者。
[*] **リーマン** 172ページ参照。
[*] **コーシー・リーマン** 英語ではCauchy-Riemannと書く。
[*] **図示** 図4.3.4で説明したように、色付きの線が色付きの線に写像されるので、$\mathrm{d}x$ を写像した $\mathrm{d}f_x$ とその実数部分 $\mathrm{d}u_x$ 虚数部分 $\mathrm{d}v_x$ などは図4.4.1に示されたようになる。

4-4 コーシー・リーマンの微分方程式

図4.4.1：図で見るコーシー・リーマンの微分方程式

z 平面　　　　　　　　　w 平面

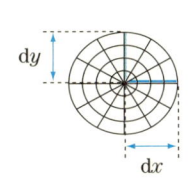

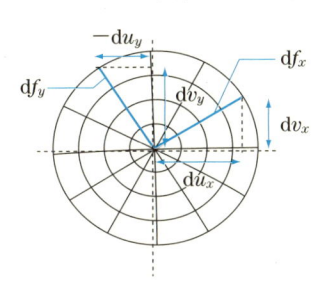

上の図ではdxとdyとを同じ大きさにとっています。図でdu_xとdv_yが等しいということは、式 (4.4.1) つまり $\dfrac{\partial u}{\partial x} = \dfrac{\partial v}{\partial y}$ が成り立つということであり、図でdv_yと$-du_x$が等しいということは、式 (4.4.2) つまり $\dfrac{\partial u}{\partial y} = -\dfrac{\partial v}{\partial x}$ が成り立つということです。こうして、「コーシー・リーマンの微分方程式が成り立つこと」と「点z_0の近傍の円板が、定数倍して回転したw平面上の円板に写像されること」は同じであることがわかりました。

4-4 コーシー・リーマンの微分方程式

▶▶ コーシー・リーマンの微分方程式の導出

次に、コーシー・リーマンの微分方程式を導き出しましょう。複素関数を $f(z) = u(x, y) + iv(x, y)$ として、実数関数 $u(x, y)$ と $v(x, y)$ で表します。微分係数は、$\Delta z = z - z_0$ をどの方向から近づけても同じ値になりますから、$\Delta z = z - z_0$ が実数のとき、$\Delta z = \Delta x$ として、以下の式が成り立ちます。

$$\lim_{\Delta z \to 0} \frac{f(z+\Delta z)-f(z)}{\Delta z} = \lim_{\Delta x \to 0} \frac{\{u(x+\Delta x,y)+iv(x+\Delta x,y)\}-\{u(x,y)+iv(x,y)\}}{\Delta x}$$

$$= \lim_{\Delta x \to 0} \frac{u(x+\Delta x,y)-u(x,y)}{\Delta x}$$

$$+ i \lim_{\Delta x \to 0} \frac{v(x+\Delta x,y)-v(x,y)}{\Delta x}$$

$$= \frac{\partial u}{\partial x} + i\frac{\partial v}{\partial x} \quad (4.4.3)$$

微分係数は $\Delta z = z - z_0$ が純虚数のときも同じ値になりますから、$\Delta z = i\Delta y$ として、次の式が成り立ちます。

$$\lim_{\Delta z \to 0} \frac{f(z+\Delta z)-f(z)}{\Delta z} = \lim_{\Delta y \to 0} \frac{\{u(x,y+\Delta y)+iv(x,y+\Delta y)\}-\{u(x,y)+iv(x,y)\}}{i\Delta y}$$

$$= -i \lim_{\Delta x \to 0} \frac{u(x,y+\Delta y)-u(x,y)}{\Delta y}$$

$$- ii \lim_{\Delta x \to 0} \frac{v(x,y+\Delta y)-v(x,y)}{\Delta y}$$

$$= -i\frac{\partial u}{\partial y} + \frac{\partial v}{\partial y} \quad (4.4.4)$$

両者を等しいと置くと、コーシー・リーマンの微分方程式が得られます（再掲）。

$$\frac{\partial u}{\partial x} = \frac{\partial v}{\partial y}$$

$$\frac{\partial u}{\partial y} = -\frac{\partial v}{\partial x}$$

コーシー・リーマンの微分方程式と二次元での電位

コーシー・リーマンの微分方程式から、次のような式が得られます。

$$\frac{\partial^2 u}{\partial x^2} = \frac{\partial}{\partial x}\frac{\partial u}{\partial x} = \frac{\partial}{\partial x}\frac{\partial v}{\partial y} = \frac{\partial}{\partial y}\frac{\partial v}{\partial x} = -\frac{\partial}{\partial y}\frac{\partial u}{\partial y}$$

$$= -\frac{\partial^2 u}{\partial y^2}$$

この式から、二次元*の場合、次の式が導かれます。

$$\Delta u = \frac{\partial^2 u}{\partial x^2} + \frac{\partial^2 u}{\partial y^2} = 0 \tag{4.4.5}$$

電荷がないときの電位ϕは次式によって決まります。

$$\Delta \phi = 0 \tag{4.4.6}$$

ですから、二次元の場合は、正則関数の実数部分$u(x, y)$または虚数部分$v(x, y)$が電荷がないときの電位$\phi(x, y)$を与えます。176ページで求めた二次元の電気力線と等電位面は、このことを使っていたのです。

***二次元** 三次元の場合はラプラシアンΔは$\Delta u = \frac{\partial^2 u}{\partial x^2} + \frac{\partial^2 u}{\partial y^2} + \frac{\partial^2 u}{\partial z^2}$である。

4-5

複素関数の積分

先の節で複素関数の微分を考えましたから、この節では複素関数の積分を考えましょう。

▶▶ 複素関数の積分

複素数は複素平面上の点で表されます。

下の図4.5.1に示したように、複素平面上に向きをもった曲線Cがあるとき、式(2.5.2)*に習って次のような線積分を定義することができます。これを**複素積分**と呼びます。

$$\int_C f(z)\,\mathrm{d}z = \lim_{N\to\infty} \sum_{i=1}^{N} f(z_i)\Delta z_i \tag{4.5.1}$$

図4.5.1：積分路

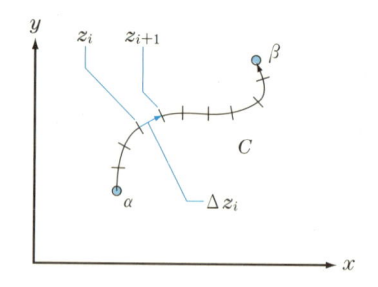

***式(2.5.2)** 式(2.5.2)を再掲する。

$$\int_C \boldsymbol{F}\cdot \mathrm{d}\boldsymbol{s} = \lim_{N\to\infty} \sum_{i=1}^{N} \boldsymbol{F}_i \cdot \Delta \boldsymbol{s}_i$$

$$\int_C F_s \cdot \mathrm{d}s = \lim_{N\to\infty} \sum_{i=1}^{N} F_{is}\Delta s_i \tag{2.5.2}$$

式 (4.5.1) を実数部と虚数部に分けて書き表すと、以下のようになります。

$$\lim_{N \to \infty} \sum_{i=1}^{N} f(z_i) \Delta z_i = \lim_{N \to \infty} \sum_{i=1}^{N} \{u(x_i, y_i) + iv(x_i, y_i)\}\{\Delta x_i + i \Delta y_i\}$$

$$= \lim_{N \to \infty} \sum_{i=1}^{N} \{u(x_i, y_i) \Delta x_i - v(x_i, y_i) \Delta y_i\}$$

$$+ i \lim_{N \to \infty} \sum_{i=1}^{N} \{v(x_i, y_i) \Delta x_i + u(x_i, y_i) \Delta y_i\}$$

(4.5.2)

積分の形で書く場合も、次のように実数部と虚数部に分けて表すことができます。

$$\int_C f(z) \mathrm{d}z = \int_C \{u(x, y) + iv(x, y)\}\{\mathrm{d}x + i\mathrm{d}y\}$$

$$= \int_C \{u(x, y)\mathrm{d}x - v(x, y)\mathrm{d}y\} + i \int_C \{v(x, y)\mathrm{d}x + u(x, y)\mathrm{d}y\}$$

(4.5.3)

▶▶ 原始関数

正則な一価関数[*]$F(z)$があり、$F'(z) = f(z)$を満たすとき、$F(z)$を**原始関数**といいます。これは実数関数の場合と同様の定義です。実数関数の場合と同様、複素関数の場合も原始関数を使って積分を計算することができます。複素平面上で曲線Cの始点をα、終点をβとすると、次式が成り立ちます[*]。

$$\int_C f(z) \mathrm{d}z = F(\beta) - F(\alpha) \tag{4.5.4}$$

形式的には、実数関数のときと同じ公式です。式 (4.5.4) によれば、原始関数が存在すれば複素積分は始点と終点によって決まり、曲線Cによらないといえます。特にCが閉曲線の場合、終点と始点が同じですから積分はゼロになります。

---

[*] **一価関数** 一価であることは大切である。一価でなければ、$F'(z) = f(z)$を満たしても$F(z)$は原始関数ではない。式(4.5.4)の公式も成り立たない。
[*] **成り立ちます** この式を証明するためにまず曲線Cを媒介変数で表しておく。実数の閉区間$a \leq t \leq b$で定義された連続微分可能な複素数値関数$z(t)$があって、tがaからbへ変化するとき、$z = z(t)$が曲線C上をαからβへ動いていくとする。複素積分の定義と$\mathrm{d}z = z'\mathrm{d}t$より$\int_C f(z)\mathrm{d}z = \int_a^b f(z(t))z'\mathrm{d}t$が成り立つ。この式は原始関数の定義と合成関数の微分の公式を使って、次のように変形できる。

$$\int_a^b f(z(t))z'\mathrm{d}t = \int_a^b \frac{\mathrm{d}F(z(t))}{\mathrm{d}z}\frac{\mathrm{d}z}{\mathrm{d}t}\mathrm{d}t = \int_a^b \frac{\mathrm{d}F(z(t))}{\mathrm{d}t}\mathrm{d}t = [F(z(t))]_a^b = F(\beta) - F(\alpha)$$

4-6
コーシーの積分定理とコーシーの積分公式

コーシーの積分定理は、複素積分が始点と終点で決まることを意味しています。力ベクトル場の場合の保存力の条件と類似したものです。コーシーの積分公式は、正則関数の大切な性質であるテーラー級数展開や留数を導く基礎になります。また、「ある点ですべての微分係数が等しくなる二つの複素関数は一致する」という一致の定理を導くためにも使われます。この節は式の変形の難しいところが多くありますが、テーラー級数や、次の節の留数につなげるために必要なものですから、頑張ってください。

▶▶ コーシーの積分定理

正則関数 $f(z)$ の閉曲線 C 上での積分に関し[*]、**コーシーの積分定理**と呼ばれる次の式が成り立ちます。

$$\oint_C f(z)\,\mathrm{d}z = 0 \tag{4.6.1}$$

●コーシーの積分定理の証明

コーシーの積分定理の証明のため、ストークスの定理（式（3.6.2））を使います。まず、式（3.6.2）を再掲します。

図4.6.1：コーシーの積分定理

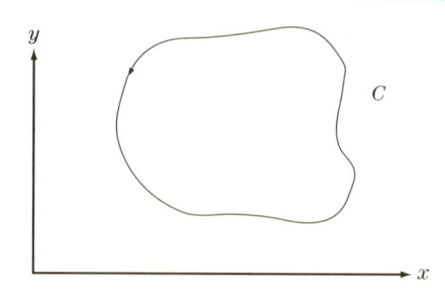

[*] **閉曲線 C 上での積分に関し** 詳しくいうと、「閉曲線 C で囲まれた領域および閉曲線を含む領域で正則ならば」である。一般の場合、閉曲線で囲まれた領域というものを定義する必要があるが、本書では、円とか四角形とか単純な閉曲線のみを扱うので、閉曲線で囲まれた領域というものも常識で判断する。

$$\int_S \mathrm{rot}\boldsymbol{A}\cdot \mathrm{d}\boldsymbol{S} = \oint_{\partial S} \boldsymbol{A}\cdot \mathrm{d}\boldsymbol{s} \tag{3.6.2}$$

ここで、$\boldsymbol{A}=(u,-v,0)$と考え、$\mathrm{d}\boldsymbol{S}$がz方向であり閉曲線Cはx-y面内であることに注意して、$\iint_S (\mathrm{rot}\boldsymbol{A})_z \mathrm{d}x\mathrm{d}y = \oint_C \boldsymbol{A}\cdot \mathrm{d}\boldsymbol{s}$に代入すると、次式が得られます。

$$\iint_S \left\{ \frac{\partial (-v)}{\partial x} - \frac{\partial u}{\partial y} \right\} \mathrm{d}x\mathrm{d}y = \oint_C (u\mathrm{d}x - v\mathrm{d}y) \tag{4.6.2}$$

次に$\boldsymbol{A}=(v,u,0)$と考えて、$(\mathrm{rot}\boldsymbol{A})_z = \dfrac{\partial u}{\partial x} - \dfrac{\partial v}{\partial y}$より、次式が得られます。

$$\iint_S \left\{ \frac{\partial u}{\partial x} - \frac{\partial v}{\partial y} \right\} \mathrm{d}x\mathrm{d}y = \oint_C (v\mathrm{d}x + u\mathrm{d}y) \tag{4.6.3}$$

これらの式を使って、コーシーの積分定理を証明します。

まず、複素積分の定義を使って、複素積分を次のように書き表しておきます。

$$\oint_C f(z)dz = \oint_C (u+iv)(\mathrm{d}x+i\mathrm{d}y)$$

$$= \oint_C (u\mathrm{d}x - v\mathrm{d}y) + i\oint_C (v\mathrm{d}x + u\mathrm{d}y) \tag{4.6.4}$$

ここで、式(4.6.2)と(4.6.3)を使って、式(4.6.4)の右辺を次のように変形します。

$$\oint_C (u\mathrm{d}x - v\mathrm{d}y) + i\oint_C (v\mathrm{d}x + u\mathrm{d}y)$$
$$= \iint_S \left\{ \frac{\partial (-v)}{\partial x} - \frac{\partial u}{\partial y} \right\} \mathrm{d}x\mathrm{d}y + i\iint_S \left\{ \frac{\partial u}{\partial x} - \frac{\partial v}{\partial y} \right\} \mathrm{d}x\mathrm{d}y$$
$$= -\iint_S \left\{ \frac{\partial v}{\partial x} + \frac{\partial u}{\partial y} \right\} \mathrm{d}x\mathrm{d}y + i\iint_S \left\{ \frac{\partial u}{\partial x} - \frac{\partial v}{\partial y} \right\} \mathrm{d}x\mathrm{d}y$$
$$\tag{4.6.5}$$

なお、SはCで囲まれる面です。式(4.6.5)の被積分関数は、コーシー・リーマンの微分方程式よりゼロになります。その結果、積分した式もゼロになります。この結果と式(4.6.4)を合わせて、コーシーの積分定理が証明されます。

4-6 コーシーの積分定理とコーシーの積分公式

▶▶ コーシーの積分公式

複素関数$f(z)$が正則であり*、aが閉曲線内部にあるとき、次の式が成り立ちます。

$$\frac{1}{2\pi i} \oint_C \frac{f(z)}{z-a} dz = f(a) \qquad (4.6.6)$$

これを**コーシーの積分公式**といいます。

正則関数を閉曲線に沿って積分すると、ゼロになるというのがコーシーの積分定理でした。正則関数であるz、z^2、z^3、z^4……などは積分するとゼロになります。それでは、$\frac{1}{z}$はどうでしょう。この関数は、全複素平面上では正則ではありません。しかし、原点を除いた領域では正則です。しかも、物理においてよく現れる関数*です。

図4.6.2：積分路 $|z|=1$

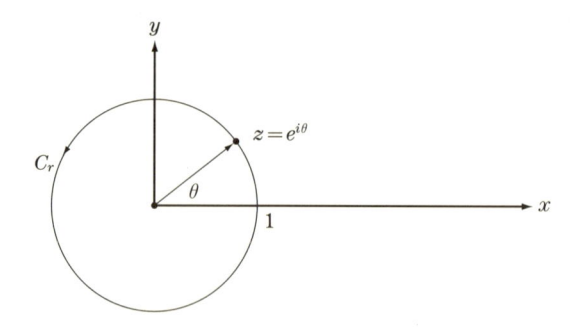

---

* **正則であり** 詳しくいうと、「閉曲線Cで囲まれた領域および閉曲線を含む領域で正則」である。
* **物理においてよく現れる関数** 例えば、$\frac{I}{2\pi z}$という関数を考える。直線電流の周りの磁場が$H_x = \frac{I}{2\pi} \frac{-y}{x^2+y^2}$、$H_y = \frac{I}{2\pi} \frac{x}{x^2+y^2}$で与えられることを使うと、$\frac{I}{2\pi z} = \frac{I}{2\pi} \frac{x-iy}{x^2+y^2} = H_y + iH_x$が成り立ち、複素積分の定義式(4.5.3)より、$\text{Im}\left(\oint \frac{I}{2\pi z} dz\right) = \oint (H_x dx + H_y dy) = \oint \boldsymbol{H} d\boldsymbol{s}$となる。この式の右辺は、電磁気でよく知られているように、閉曲線を貫く電流になる。$\frac{1}{z}$の積分は物理では大切。

4-6 コーシーの積分定理とコーシーの積分公式

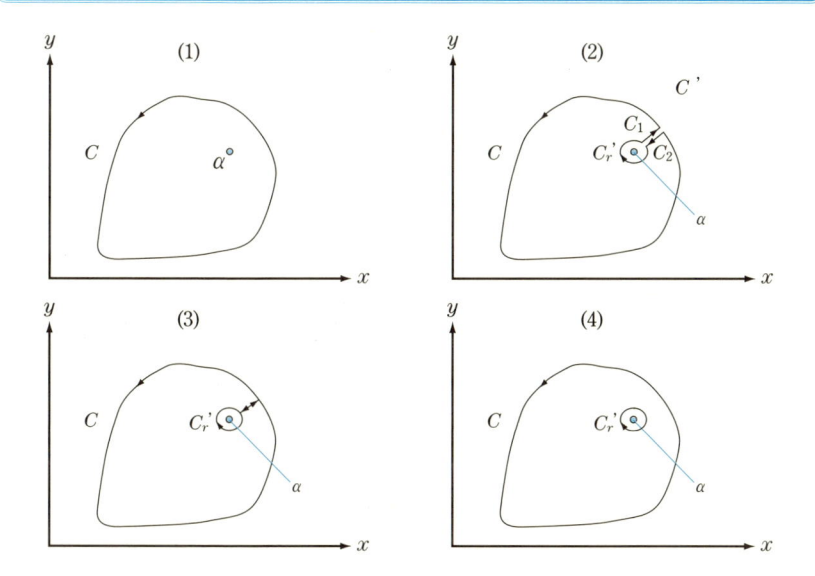

前ページの図4.6.2に示した半径1の円C_r上で、$\dfrac{1}{z}$を積分[*]してみましょう。

ところで、複素数zは原点を中心とする半径1の円ですから、図4.6.2に示したθを使って$z = e^{i\theta}$となります。これを微分すると、$dz = ie^{i\theta}d\theta$です。これらを使って、閉曲線C_r上での積分を計算すると、次のようになります。

$$\oint_{C_r} \frac{1}{z}dz = \int_0^{2\pi} \frac{1}{e^{i\theta}} \cdot ie^{i\theta} d\theta$$

$$= i\int_0^{2\pi} d\theta = 2\pi i \qquad (4.6.7)$$

この計算を一般化したものが、コーシーの積分公式（4.6.6）といえます。

● コーシーの積分公式の証明

コーシーの積分公式（4.6.6）を証明するために、下の図4.6.3を見てください。

図4.6.3：コーシーの積分公式

[*] $\dfrac{1}{z}$を積分　コーシーの積分定理があるから、C_r上での積分結果がわかれば、任意の閉曲線に沿って計算した結果も同じ値になる。

4-6 コーシーの積分定理とコーシーの積分公式

式（4.6.6）の閉曲線Cは図4.6.3(1)に示してあります。これに点αを中心とする半径rの円周C'_rと線分C_1、C_2を加えて、図4.6.3(2)のような閉曲線C'を考えてみましょう。

閉曲線C'はCからC_2、C'_r、C_1を通ってCにもどる閉曲線です。閉曲線C'の内部および閉曲線を含む領域で$\dfrac{f(z)}{z-\alpha}$は正則ですから、コーシーの積分定理より、次の式が成り立ちます。

$$\frac{1}{2\pi i}\oint_{C'}\frac{f(z)}{z-\alpha}dz=0 \tag{4.6.8}$$

図4.6.3(3)のように二つの線分C_1、C_2を近づけていくと、C_1上での積分とC_2上での積分は打ち消しあう*ようになります。その結果、以下のようになります。

$$\begin{aligned}\frac{1}{2\pi i}\oint_{C'}\frac{f(z)}{z-\alpha}dz&=\frac{1}{2\pi i}\oint_{C}\frac{f(z)}{z-\alpha}dz+\frac{1}{2\pi i}\oint_{C'_r}\frac{f(z)}{z-\alpha}dz\\ &=\frac{1}{2\pi i}\oint_{C}\frac{f(z)}{z-\alpha}dz-\frac{1}{2\pi i}\oint_{C_r}\frac{f(z)}{z-\alpha}dz\end{aligned}$$
$$\tag{4.6.9}$$

閉曲線C_rと閉曲線C'_rは、向きが逆であることに注意してください。

図4.6.4：円周上での積分（その1）

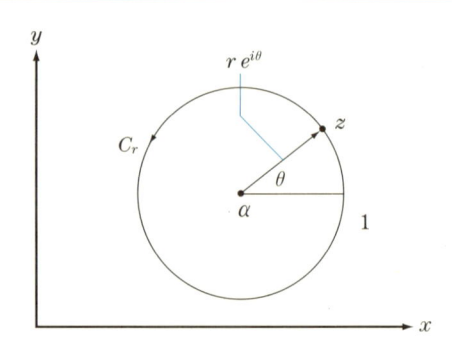

ところで、C_rはαを中心とする半径rの円ですから、C_r上では、図4.6.4に示したθを使って$z-\alpha=re^{i\theta}$となります。

---

*積分は打ち消しあう　線分の向きが逆だから、二つの線分が重なったとき、二つの線分上での積分は同じ大きさで符号が逆になる。

これを微分すると、$\mathrm{d}z = ire^{i\theta}\mathrm{d}\theta$ になります。これらを使って、閉曲線 C_r 上での積分を計算すると、以下のようになります。

$$\oint_{C_r} \frac{f(z)}{z-\alpha}\mathrm{d}z = \int_0^{2\pi} f(\alpha + re^{i\theta}) \cdot \frac{1}{re^{i\theta}} \cdot ire^{i\theta}\mathrm{d}\theta$$

$$= i\int_0^{2\pi} f(\alpha + re^{i\theta})\mathrm{d}\theta \tag{4.6.10}$$

閉曲線 C_r の半径 r は任意ですから、$r \to 0$ として $\lim_{r \to 0} f(\alpha + re^{i\theta}) = f(\alpha)$ を使って次のようになります。

$$i\int_0^{2\pi} f(\alpha + re^{i\theta})\mathrm{d}\theta = if(\alpha)\int_0^{2\pi}\mathrm{d}\theta = 2\pi i f(\alpha) \tag{4.6.11}$$

式 (4.6.8)、(4.6.9)、(4.6.10)、(4.6.11) から、式 (4.6.6) が成り立つことは明らかです。

▶▶ 正則関数は無限回微分可能

式 (4.6.6) の z は積分変数であり、ほかの文字に置き換えてもなんら変わるところはないので、ζ（ゼータ）という文字に置き換えましょう。次に、α を変数とみなして z と書くことにしましょう。式 (4.6.6) は、z が閉曲線内部にあるとき、以下のようになります。

$$f(z) = \frac{1}{2\pi i}\oint_C \frac{f(\zeta)}{\zeta - z}\mathrm{d}\zeta \tag{4.6.12}$$

正則関数の場合、$f(z)$ は、z を取り囲む閉曲線上での関数値 $f(\zeta)$ が与えられれば一つに決まってしまうことを意味しています。この結果は、176 ページと 178 ページで電位を求めるときにも暗に利用しています。つまり、**正則関数は周囲の値が与えられれば一つに決まってしまう**ので、境界条件を満たす正則関数を見つけることができれば、それが答えになるのです。

式 (4.6.12) を z で微分してみましょう。積分と微分の順番を入れ替えることにより、次の式[*]が得られます。

$$f'(z) = \frac{1}{2\pi i}\oint_C \frac{\mathrm{d}}{\mathrm{d}z}\left(\frac{f(\zeta)}{\zeta - z}\right)\mathrm{d}\zeta = \frac{1}{2\pi i}\oint_C \frac{f(\zeta)}{(\zeta - z)^2}\mathrm{d}\zeta$$

---

[*]次の式　符号については、$\frac{\mathrm{d}}{\mathrm{d}z}\left(\frac{1}{\zeta - z}\right) = (-1)(-1)\frac{1}{(\zeta - z)^2}$ のように、負号が相殺する。

$$f^{(2)}(z) = \frac{1}{2\pi i} \oint_C \frac{\mathrm{d}}{\mathrm{d}z}\left(\frac{f(\zeta)}{(\zeta-z)^2}\right)\mathrm{d}\zeta = \frac{2}{2\pi i} \oint_C \frac{f(\zeta)}{(\zeta-z)^3}\mathrm{d}\zeta$$

$$\vdots \qquad \vdots$$

$$f^{(n)}(z) = \frac{n!}{2\pi i} \oint_C \frac{f(\zeta)}{(\zeta-z)^{n+1}}\mathrm{d}\zeta \qquad (4.6.13)$$

この式は大切なことを教えてくれます。正則関数の導関数は微分することができる、すなわち、正則関数であるということを意味しています。**正則関数は無限回微分可能**であるということです。数学的には、これはとても強い制約です。しかし、物理で使われる関数は正則関数*であると考えて差し支えありません。正則関数のもつ性質を利用して計算を進めて問題ありません。

▶▶ テーラー級数

複素関数 $f(z)$ が正則であれば、$f(z)$ はべき級数に展開されます。具体的に書き表すと、次のようになります。

$$f(z) = \sum_{n=0}^{\infty} \frac{f^{(n)}(a)}{n!}(z-a)^n \qquad (4.6.14)$$

この級数を**テーラー級数**と呼びます。

この式が成り立つこと*を順を追って説明しましょう。

● テーラーの定理

正則関数 $f(z)$ を次のように展開すると、$f_n(z)$ は正則関数になります。これを**テーラーの定理**と呼びます。

$$f(z) = f(\alpha) + \frac{f'(\alpha)}{1!}(z-\alpha) + \frac{f^{(2)}(\alpha)}{2!}(z-\alpha)^2 + \cdots\cdots$$

$$+ \frac{f^{(n-1)}(\alpha)}{(n-1)!}(z-\alpha)^{(n-1)} + f_n(z)(z-\alpha)^n \qquad (4.6.15)$$

テーラー級数に似た式ですが、最後の項が少し違っています*。しかし、この定理

---

* **正則関数** 少なくとも、領域内のいくつかの点を除いて正則である。
* **この式が成り立つこと** 式（4.6.14）が収束することの証明が必要だが、本書では収束することの証明には触れないことにする。証明は、ほかの本格的な教科書を参照。
* **最後の項が少し違っています** 式（4.6.15）はテーラー級数の式（4.6.20）とよく似ている。もうテーラー級数の式（4.6.20）が証明できたといってしまいたいが、$n \to \infty$ で式（4.6.15）の最後の項がゼロに近づくかどうか不明だから、厳密には、まだテーラー級数に展開できたとはいえない。後に、この定理を使ってテーラー級数展開を導く。

4-6 コーシーの積分定理とコーシーの積分公式

を証明すれば、おおむねテーラー級数展開ができるといってよいでしょう。

それでは、テーラーの定理を導きましょう。正則関数 $f(z)$ に対し、次の式で定義される $f_1(z)$ は正則関数になります。

$$f_1(z) = \frac{f(z) - f(\alpha)}{z - \alpha} \qquad z \neq \alpha$$

$$= f'(\alpha) \qquad\qquad z = \alpha \qquad (4.6.16)$$

同様に、f_1 から f_2、そして f_2 から f_3、……と順番に定義しましょう。一般式は、次のとおりです。

$$f_n(z) = \frac{f_{n-1}(z) - f_{n-1}(\alpha)}{z - \alpha} \qquad z \neq \alpha$$

$$= f'_{n-1}(\alpha) \qquad\qquad z = \alpha \qquad (4.6.17)$$

このように定義された $f_n(z)$ は、正則になります。これらの式を順に適用すると、次の式が得られます。

$$\begin{aligned}
f(z) &= f(\alpha) + (z-\alpha)f_1(z) \\
&= f(\alpha) + (z-\alpha)\{f_1(\alpha) + (z-\alpha)f_2(z)\} \\
&= f(\alpha) + (z-\alpha)f_1(\alpha) + (z-\alpha)^2 f_2(z) \\
&= \quad \cdots\cdots\cdots\cdots \\
&= f(\alpha) + (z-\alpha)f_1(\alpha) + (z-\alpha)^2 f_2(\alpha) + \cdots\cdots \\
&\quad + (z-\alpha)^{(n-1)} f_{n-1}(\alpha) + (z-\alpha)^n f_n(z)
\end{aligned} \qquad (4.6.18)$$

この式を順次微分*して、$z = \alpha$ とおくことにより、式（4.6.15）が導かれます。次に、テーラーの定理を使って、一致の定理を導きましょう。

● 一致の定理

複素関数 $f(z)$ が $|z - \alpha| < r$ で正則、一点 α で関数 $f(z)$ とすべての微分係数がゼロならば、$|z - \alpha| < r$ 内のすべての点で $f(z) = 0$ となります。これを**一致の定理**といいます。ある一点での性質から領域内でのすべての点での性質が決まってくると言っているのですから、驚くべきことです。これが、一点での微分係数を使ってべき級数展開できるというテーラー級数展開につながります。

＊**順次微分** 順次微分して、$z = \alpha$ とおくことにより、

$$f_1(\alpha) = f'(\alpha)$$
$$f_2(\alpha) = \frac{f^{(2)}(\alpha)}{2!}$$
$$f_3(\alpha) = \frac{f^{(3)}(\alpha)}{3!} \cdots\cdots$$

4-6　コーシーの積分定理とコーシーの積分公式

テーラーの定理を使って一致の定理を導きましょう。すべての n に対し、$f^{(n)}(\alpha) = 0$ ですから、テーラーの定理より、次式が求められます。

$$f(z) = f_n(z)(z-\alpha)^n \tag{4.6.19}$$

正則関数 $f_n(z)$ に対しコーシーの積分公式を使うと、以下のようになります*。

$$|f_n(z)| = \left| \frac{1}{2\pi i} \oint_{C_r} \frac{f_n(\zeta)}{(\zeta - z)} d\zeta \right|$$

$$= \left| \frac{1}{2\pi i} \oint_{C_r} \frac{f(\zeta)}{(\zeta-\alpha)^n(\zeta-z)} d\zeta \right|$$

$$\leq \frac{1}{2\pi} \oint_{C_r} \frac{|f(\zeta)|}{|\zeta-\alpha|^n |\zeta-z|} |d\zeta|$$

$$\leq \frac{M 2\pi r}{2\pi r^n (r-|z-\alpha|)} = \frac{M}{r^{n-1}(r-|z-\alpha|)}$$

図4.6.5：円周上での積分（その2）

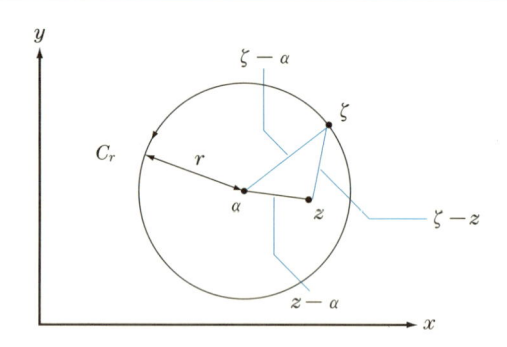

＊**になります**　二行目の式から三行目の式への変形は、積分を和の形に書き、$\left|\sum_{n=1}^{\infty} a_n\right| \leq \sum_{n=1}^{\infty} |a_n|$ を使って、証明できる。三行目の式から四行目の式への変形は、図4.6.5よりわかる式、$|\zeta-\alpha|=r$ と、図の三角形の二辺の差よりの残りの一辺が大きいという式 $|\zeta-z| \geq |\zeta-\alpha|-|z-\alpha|=r-|z-\alpha|$ を使う。M は C_r 上での $|f(\zeta)|$ の最大値である。

式 (4.6.19) を使うと、次のようになります。

$$|f(z)| = |f_n(z)| |z-\alpha|^n$$
$$\leq \frac{Mr}{(r-|z-\alpha|)} \left(\frac{|z-\alpha|}{r}\right)^n$$

この式の右辺は、$n \to \infty$ のときゼロに近づきます。ですから、$|f(z)|=0$ です。これはすごい定理です。正則関数の場合、領域内のある点ですべての微分係数がゼロであれば、その領域内[*]で常に $f(z)=0$ となるのです。

● **テーラー級数**

一致の定理を使って、正則関数がテーラー級数に展開できることを示しましょう。

$$g(z) = \sum_{n=0}^{\infty} \frac{f^{(n)}(a)}{n!} (z-\alpha)^n \tag{4.6.20}$$

上の式のようにおくと、項別微分により $g^{(n)}(z) = f^{(n)}(z)$ となりますから、$f(z) - g(z)$ のすべての微分係数は点 a でゼロになります。一致の定理より $f(z) - g(z)$ がゼロです。言い換えれば、$f(z) = g(z)$ です。つまり、正則関数 $f(z)$ は式 (4.6.14) のようにテーラー級数に展開できます。

式 (4.6.14) を再掲しておきます。

$$f(z) = \sum_{n=0}^{\infty} \frac{f^{(n)}(a)}{n!} (z-\alpha)^n \tag{4.6.14}$$

前にも述べましたように、正則関数を**テーラー級数**に展開できることはとても便利です。

---

[*] **領域内** 証明したのは領域が円板の場合だが、この定理は円板以外の領域でも成り立つ。

4-7

留数とその応用

複素関数論の大きな成果の一つに、留数*を使って定積分を計算することがあります。有限温度の物理量を計算するための温度グリーン関数なども、これらを応用したものです。

▶▶ 留数の定理

複素関数 $f(z)$ がある一点 α を除いて正則であるとしましょう。複素関数 $f(z)$ が、点 α でゼロでも無限大でもない正則関数 $f_h(z)$ を使って次のように書けるとき、複素関数 $f(z)$ は点 α で **h 位の極***をもつといいます。

$$f(z) = \frac{f_h(z)}{(z-\alpha)^h} \qquad f_h(\alpha) \neq 0, \infty \qquad (4.7.1)$$

テーラーの定理により、正則関数 $f_h(z)$ を展開すると、以下のようになります。

$$f_h(z) = f_h(\alpha) + \frac{f_h'(\alpha)}{1!}(z-\alpha) + \frac{f_h^{(2)}(\alpha)}{2!}(z-\alpha)^2 + \cdots\cdots$$

$$+ \frac{f_h^{(n-1)}(\alpha)}{(n-1)!}(z-\alpha)^{(n-1)} + f^*(z)(z-\alpha)^n \qquad (4.7.2)$$

図4.7.1：留数の定理

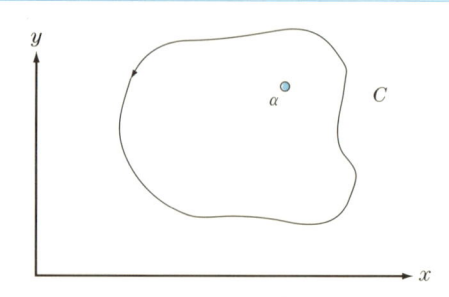

---

*留数　英語ではresidueと書く。
*極　英語ではpoleと書く。

ただし、正則関数 $f^*(z)$ は、いままでの書き方に従えば $(f_h)_n(z)$ ですが、煩雑になるので $f^*(z)$ と書きました。この式を $(z-\alpha)^h$ で割って、

$$\frac{f_h^{(l)}(\alpha)}{l!} = b_{l-h} \tag{4.7.3}$$

とおくと、次のようになります。

$$f(z) = \frac{b_{-h}}{(z-\alpha)^h} + \frac{b_{-(h-1)}}{(z-\alpha)^{h-1}} + \cdots\cdots$$
$$+ \frac{b_{-1}}{(z-\alpha)} + b_0 + b_1(z-\alpha) + b_2(z-\alpha)^2 + \cdots\cdots \tag{4.7.4}$$

ここで、b_0 以降の項の和は正則関数になるのでこれを $f^{**}(z)$ とおくと、次のようになります。

$$f(z) = \frac{b_{-h}}{(z-\alpha)^h} + \frac{b_{-(h-1)}}{(z-\alpha)^{h-1}} + \cdots\cdots + \frac{b_{-1}}{(z-\alpha)} + f^{**}(z) \tag{4.7.5}$$

$\dfrac{b_{-k}}{(z-\alpha)^k}$ は $k \neq 1$ の場合、原始関数 $-\dfrac{b_{-k}}{(k-1)(z-\alpha)^{k-1}}$ をもちますから、式 (4.5.4)[*] より、次の式が成り立ちます。

$$\oint_C \frac{b_{-k}}{(z-\alpha)^k}dz = 0 \qquad k \neq 1$$

コーシーの積分定理より、正則関数 $f^{**}(z)$ に対しても、$\oint_C f^{**}(z)dz = 0$ が成り立ちます。これらより次式が成り立ちます[*]。

$$\oint_C f(z)dz = \oint_C \frac{b_{-1}}{(z-\alpha)}dz = 2\pi i b_{-1} \tag{4.7.6}$$

この式を**留数の定理**といいます。

---

[*] **式(4.5.4)**　式 (4.5.4) を再掲する。
$$\int_C f(z)dz = F(\beta) - F(\alpha)$$
この場合、始点と終点が一致するので、$\alpha = \beta$ である。

[*] **次式が成り立ちます**　コーシーの積分公式を再掲する。
$$\frac{1}{2\pi i}\oint_C \frac{f(z)}{z-\alpha}dz = f(\alpha)$$
これを $f(z) = b_{-1}$ とおくと、次の式が得られる。
$$\oint_C \frac{b_{-1}}{(z-\alpha)}dz = 2\pi i b_{-1}$$

4-7 留数とその応用

おもしろい結果ですね。式（4.7.5）の各項中、$f^{**}(z)$ の積分がゼロになるのは当然として、残りの項の中で b^{-1} の項だけ積分がゼロにならない[*]のです。こんなところに、$(\log z)' = \dfrac{1}{z}$ であるにも関わらず $\log z$ が多価関数であるために $\log z$ は原始関数でないということが影響しています。ほかの項の場合、原始関数をもつために、閉曲線に沿って積分するとゼロになりますが、b^{-1} の項だけ一周したときの始点と終点での $\log z$ 値が異なり、積分がゼロにならないのです。

式（4.7.6）中の b_{-1} を $f(z)$ の α における**留数**と呼び、$\mathrm{Res}[f(\alpha)]$ と書きます。そうすると、留数の定理は次のように書けます。

$$\oint_C f(z)\,\mathrm{d}z = 2\pi i\,\mathrm{Res}[f(\alpha)] \tag{4.7.8}$$

ただし、留数は式（4.7.3）と式（4.7.1）より、次式で与えられます。

$$\mathrm{Res}[f(\alpha)] = b_{-1} = \frac{1}{(h-1)!} f_h^{(h-1)}(\alpha) = \frac{1}{(h-1)!}\left[\frac{\mathrm{d}^{h-1}\{f_h(z)\}}{\mathrm{d}z^{h-1}}\right]_{z=\alpha}$$
$$= \frac{1}{(h-1)!}\left[\frac{\mathrm{d}^{h-1}\{(z-\alpha)^h f(z)\}}{\mathrm{d}z^{h-1}}\right]_{z=\alpha} \tag{4.7.9}$$

なお、留数の定理は、閉曲線の中にいくつかの正則でない点 $\alpha_1, \alpha_2, \alpha_3 \cdots$ があるとき、次のようになります。

$$\oint_C f(z)\,\mathrm{d}z = 2\pi i\,\mathrm{Res}[f(\alpha_1)] + 2\pi i\,\mathrm{Res}[f(\alpha_2)] + 2\pi i\,\mathrm{Res}[f(\alpha_3)] + \cdots \tag{4.7.10}$$

---

[*] **積分がゼロにならない** 式（4.6.10）に習って直接計算で確かめることもできる。

$$\oint_{C_r} \frac{1}{(z-\alpha)^n}\,\mathrm{d}z = \int_0^{2\pi} \frac{1}{r^n e^{in\theta}} \cdot i r e^{i\theta}\,\mathrm{d}\theta$$
$$= \frac{i}{r^{(n-1)}} \int_0^{2\pi} e^{i(1-n)\theta}\,\mathrm{d}\theta \tag{4.7.7}$$

最後の積分が $n=1$ のときだけゼロでないことは、すぐにわかる。被積分関数は $n=1$ のときだけ定数になる。

留数を使った定積分の計算

留数の定理を使って定積分の計算をしましょう。

例題1

$$I = \int_{-\infty}^{\infty} \frac{1}{a^2 + x^2} \, dx$$

解答

難しそうな定積分ですが、留数を応用すると簡単に計算できます。

以下の被積分関数は $z = \pm ia$ で一位の極をもち、それ以外の点では正則です。

$$f(z) = \frac{1}{a^2 + z^2} = \frac{1}{(z+ia)(z-ia)} \tag{4.7.11}$$

図4.7.2の閉曲線で積分すると、閉曲線の中にある極は $z = ia$ のみです。

図4.7.2：留数を使った定積分の計算（その1）

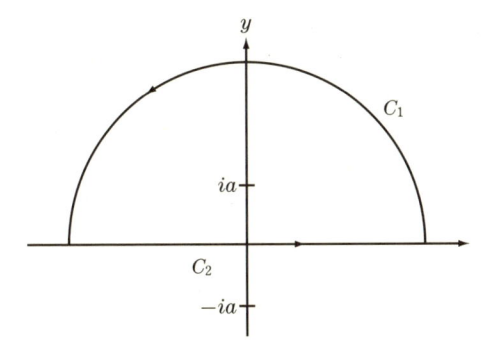

4-7 留数とその応用

留数の定理より、

$$\oint_C \frac{1}{a^2+z^2} dz = 2\pi i \operatorname{Res}[f(\alpha)] \qquad (4.7.12)$$

ところで、以下の式も成り立ちます*。

$$\oint_C \frac{1}{a^2+z^2} dz = \int_{C_1} \frac{1}{a^2+z^2} dz + \int_{C_2} \frac{1}{a^2+z^2} dz$$

$$= \int_{C_1} \frac{1}{a^2+z^2} dz + \int_{-\infty}^{+\infty} \frac{1}{a^2+x^2} dx$$

$$= \int_{-\infty}^{+\infty} \frac{1}{a^2+x^2} dx \qquad (4.7.13)$$

一方、式 (4.7.11) より、$f(z)$は一位の極をもちますので、式 (4.7.9) で$h=1$とおいて留数*を求めると、次のようになります。

$$\operatorname{Res}[f(\alpha)] = \frac{1}{(h-1)!} \left[\frac{d^{h-1}\{(z-\alpha)^h f(z)\}}{dz^{h-1}} \right]_{z=\alpha}$$

$$= \left[(z-ia) \frac{1}{(z+ia)(z-ia)} \right]_{z=ia} = \frac{1}{2ia}$$

$$(4.7.14)$$

式 (4.7.12)、(4.7.13)、(4.7.14) より、

$$I = \int_{-\infty}^{\infty} \frac{1}{a^2+x^2} dx = \frac{\pi}{a}$$

---

* **成り立ちます。** 半円周C_1の半径Rを大きくすると

$$\lim_{R\to\infty} \int_{C_1} \frac{1}{a^2+z^2} dz \leq \lim_{R\to\infty} \int_{C_1} \left| \frac{1}{a^2+z^2} \right| dz = \lim_{R\to\infty} \int_{C_1} \left| \frac{1}{R^2} \right| dz = \lim_{R\to\infty} \left(\frac{1}{R^2} \int_{C_1} dz \right) = \lim_{R\to\infty} \left(\frac{1}{R^2} \pi R \right) = 0$$

* **留数** 正則関数$g(z)$が$g(\alpha)=0$, $g'(\alpha)\neq 0$のとき、$f(z)=\frac{1}{g(z)}$は点αで一位の極をもつが、このときの留数は$\operatorname{Res}[f(\alpha)] = \lim_{z\to\alpha} \frac{z-\alpha}{g(z)} = \lim_{z\to\alpha} \frac{(z-\alpha)'}{g'(z)} = \frac{1}{g'(\alpha)}$である。この公式を使うと、式 (4.7.14) は $\operatorname{Res}[f(\alpha)] = \frac{1}{g'(\alpha)} = \left[\frac{1}{2\alpha}\right]_{\alpha=ia} = \frac{1}{2ia}$ により簡単に求まる。

例題2

$$I = \int_0^{2\pi} \frac{1}{1-2a\cos\theta + a^2} d\theta \qquad \text{ただし、} a \neq 1 \text{とする。}$$

解答

下の図4.7.3のような半径1の円上で $z = e^{i\theta}$ です。

図4.7.3：留数を利用した積分の計算（その2）

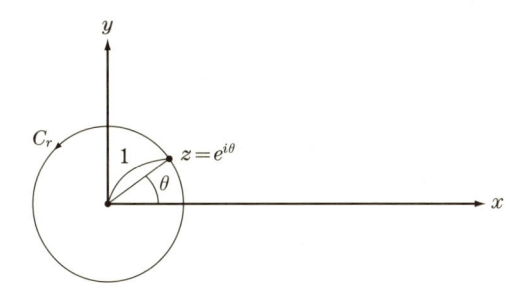

次の二つの式を使って、θ での積分を閉曲線 C_r 上での複素積分に直します。

$$\cos\theta = \frac{z + \frac{1}{z}}{2}$$

$$dz = ie^{i\theta} d\theta = iz d\theta$$

$$I = \int_0^{2\pi} \frac{1}{1-2a\cos\theta + a^2} d\theta$$

$$= \int_{C_r} \frac{1}{1 - a\left(z + \frac{1}{z}\right) + a^2} \cdot \frac{1}{iz} dz$$

$$= \frac{1}{i} \int_{C_r} \frac{1}{-az^2 + (a^2+1)z - a} \cdot dz$$

$$= -\frac{1}{i} \int_{C_r} \frac{1}{a\left(z - \frac{1}{a}\right)(z-a)} \cdot dz$$

4-7 留数とその応用

場合1：$a>1$ のとき、

C_r の内部には $z=\dfrac{1}{a}$ に一位の極をもち、留数は次のようになります。

$$\frac{1}{a\left(\dfrac{1}{a}-a\right)}=\frac{1}{(1-a^2)}=-\frac{1}{|a^2-1|}$$

場合2：$a<1$ のとき、

C_r の内部には $z=a$ に一位の極をもち、留数は次のようになります。

$$\frac{1}{a\left(a-\dfrac{1}{a}\right)}=\frac{1}{(a^2-1)}=-\frac{1}{|a^2-1|}$$

これらの結果、積分 I は次のようになります。

$$I=-\frac{1}{i}2\pi i\left(-\frac{1}{|a^2-1|}\right)=\frac{2\pi}{|a^2-1|}$$

第5章

変分法

　物理では、最大値最小値を求めることがよくあります。「投げ上げた物体が一番高くへ達する時刻を求めよ」というような、関数 f の最大最小の問題であれば、微分 df がゼロという停留値になる条件が使われます。

　これに対して、フェルマーの光路程最小の原理では、光の通る経路を表す関数 f 自体を変化させたとき、光の伝わる時間 T を最小にするのはどんな関数のときであるかを問題にします。このときも停留値となる条件を探すわけです。しかし、このときの停留値は、「関数 f を変化させたときに、関数の関数ともいうべき T の変化がゼロになる」という条件を満たすときです。このような関数の関数ともいうべき T を汎関数と呼びます。また、関数 f を変化させたとき汎関数 T の変化を δT と書き変分と呼びます。

　このように、汎関数の停留値を求め、変分がゼロになるような関数を求めることを変分法といいます。変分法は、力学における運動方程式を一般化して記述する際にも使われるほか、量子力学において基底状態を求める際など幅広く使われます。

　なお、この章では、最大最小になる条件を求めると言いながら、多くの場合、停留値になる条件を求めます。物理の問題では停留値を求めることに意味があることが多いからです。

5-1
変分法はどのようなときに必要か

　この節では、どういうときに変分法が必要になるか、変分法はどういう意味をもっているのか、ということについて学びましょう。汎関数という概念にも触れます。なお、この章で取り扱う関数は、すべて必要なだけ微分可能であるとします。

▶▶ 2点を結ぶ最短曲線と変分

　変分法を使う最も簡単な例は、「2点を結ぶ最短曲線を求める問題」です。答えは幾何学でよく知られているとおり、2点を結ぶ直線です。この問題を、解析的に扱ってみましょう。

　図5.1.1を参考にして、点 (x_1, y_1) と (x_2, y_2) を結ぶ曲線 $y(x)$ の長さ L は次式で与えられます。ただし、$y(x_1)=y_1$、$y(x_2)=y_2$ です。

$$L = \int_{x_1}^{x_2} \sqrt{(dx)^2 + (dy)^2}$$

$$= \int_{x_1}^{x_2} \sqrt{1+(y')^2}\, dx \tag{5.1.1}$$

図5.1.1：2点を結ぶ曲線の長さ

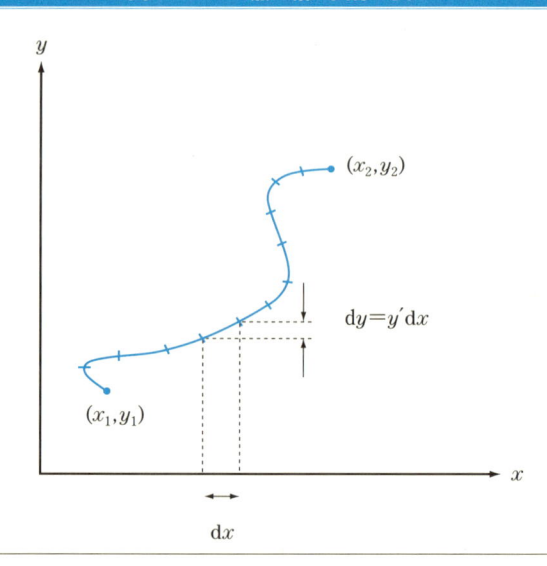

5-1 変分法はどのようなときに必要か

曲線の長さ L は曲線を表す関数 $y(x)$ を変えると変化します。いわば、L は関数 $y(x)$ の関数です。これを**汎関数**といい、$L[y(x)]$ または $L[y]$ と書きます。また、ある関数を変化させたときの、その汎関数の変化を**変分**[*]と呼びます。曲線の長さが最小になるのは関数 $y(x)$ がどういう関数のときであるかを求めるのが、変分の問題です。

普通の関数の最大最小を求めるときに、微分係数がゼロになる**停留点**[*]を求めました。物理の問題では、停留点が最大最小を与えることが明らかであったり、または、停留点であることが重要であったりすることが多いので、停留点を求めるだけで終わりにしてしまうことが多いのです。汎関数の最大最小を求める場合も、同じように停留点を求めます。汎関数の場合に停留点とは何を意味するのか、次の項で考えます。

▶▶ 変分の意味と方法

汎関数の変分はどう定義されるのか、関数の変分をゼロに近づけるというのは具体的にどのようなことを意味しているのかを学び、汎関数の停留点の求め方につなげます。

●汎関数の変分の定義

微分の場合、変数を少し変化させますが、**変分法**では関数を少し変化させます。式 (5.1.1) の場合、関数 $y(x)$ を次ページの図5.1.2のように $\delta y(x)$ だけ変化させたとき、汎関数 $L[y(x)]$ の変化は次のようになり、これを**変分**と呼びます。

$$\delta L \stackrel{\text{def}}{=} L[y(x) + \delta y(x)] - L[y(x)]$$

$$= \int_{x_1}^{x_2} \left(\sqrt{1+(y'+\delta y')^2} - \sqrt{1+(y')^2} \right) dx \quad (5.1.2)$$

●関数 $y(x)$ の変分 $\delta y(x)$ をゼロに近づける

変数 x の変化 dx をゼロに近づけるというのはわかりやすいのですが、関数 $y(x)$ の変分 $\delta y(x)$ をゼロに近づけるというのはどういう状況でしょう。具体例を次ページの図5.1.3に描いてみました。

図は点 $(x_1, y_1) = (0, 0)$ と $(x_2, y_2) = (1, 1)$ を結ぶ色付きの曲線 $y(x)$ と、それに近づいていく曲線群が描かれています。四つの曲線は $\delta y(x) = \varepsilon(x - x^2)$ としたときの曲線です。それぞれ、$\varepsilon = 0.05$、0.025、0.0125、0.005 に対応した曲線です。

---

[*]変分　英語ではvariationと書く。
[*]微分係数がゼロになる停留点　これは最大最小になるための必要条件である。

5-1 変分法はどのようなときに必要か

図5.1.2：変分

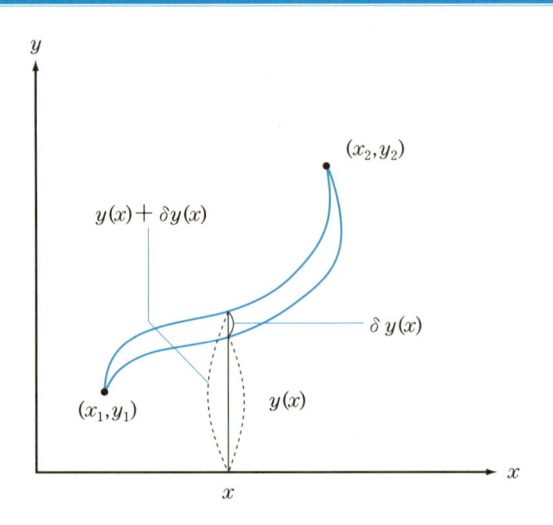

図5.1.3：関数の変分 $\delta y(x)$ をゼロに近づける

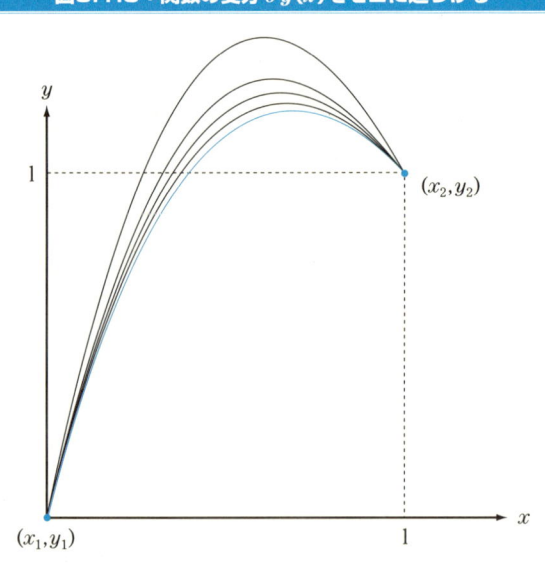

これは例であって、$x-x^2$ を2点 (x_1, y_1)、(x_2, y_2) でゼロになる任意の関数 $\eta(x)$ で置き換えてもかまいません。このように、$\delta y(x) = \varepsilon \eta(x)$ として ε をゼロに近づけることが、変分 $\delta y(x)$ をゼロに近づけることになります。

5-1 変分法はどのようなときに必要か

●汎関数の停留点

関数の停留点というのは、微係数がゼロになるところです。汎関数の停留点はどういえばよいでしょう。

「関数$y(x)$の変分$\delta y(x)$をゼロに近づけたとき、汎関数の変分δLが、$\delta y(x)$より速くゼロに近づく」といえばよさそうです。

「関数$y(x)$の変分を$\delta y(x) = \varepsilon \eta(x)$としたとき、$\displaystyle\lim_{\varepsilon \to 0}\frac{\delta L}{\varepsilon} = 0$となる」ということもできます。

具体的には次のようにします。関数$y(x)$の変分を$\delta y(x) = \varepsilon \eta(x)$としたとき、汎関数$L[y(x) + \delta y(x)]$は$\varepsilon$の関数になります。これを$\Phi(\varepsilon)$と書きましょう。脚注に示したように、すべての$\eta(x)$に対し$\left[\dfrac{d\Phi}{d\varepsilon}\right]_{\varepsilon=0} = 0$となること*が停留点の条件です。いまの例では、次のようになります*。

$$\Phi(\varepsilon) = \int_{x_1}^{x_2} \left(\sqrt{1 + (y' + \varepsilon \eta')^2}\right) dx$$

$$\frac{d\Phi}{d\varepsilon} = \int_{x_1}^{x_2} \left(\frac{1}{2} \frac{1}{\sqrt{1 + (y' + \varepsilon \eta')^2}} \{2(y' + \varepsilon \eta')\eta'\}\right) dx$$

$$\left[\frac{d\Phi}{d\varepsilon}\right]_{\varepsilon=0} = \int_{x_1}^{x_2} \left(\frac{1}{2} \frac{1}{\sqrt{1 + (y')^2}} 2y'\right) \eta' \, dx$$

この式を部分積分して、$\eta(x_1) = 0$、$\eta(x_2) = 0$を使うと、次のようになります。

$$\left[\frac{d\Phi}{d\varepsilon}\right]_{\varepsilon=0} = \left[\left(\frac{1}{2} \frac{1}{\sqrt{1+(y')^2}} 2y'\right)\eta\right]_{x_1}^{x_2} - \int_{x_1}^{x_2} \left(\frac{1}{2} \frac{1}{\sqrt{1+(y')^2}} 2y'\right)' \eta \, dx$$

$$= -\int_{x_1}^{x_2} \left(\frac{1}{2} \frac{1}{\sqrt{1+(y')^2}} 2y'\right)' \eta \, dx$$

---

*すべての$\eta(x)$に対し$\left[\dfrac{d\Phi}{d\varepsilon}\right]_{\varepsilon=0} = 0$となること

汎関数の変分は$\delta L = \Phi(\varepsilon) - \Phi(0)$なので、次の式が成り立つ。

$$\left[\frac{d\Phi}{d\varepsilon}\right]_{\varepsilon=0} = \lim_{\varepsilon \to 0} \frac{\Phi(0+\varepsilon) - \Phi(0)}{\varepsilon} = \lim_{\varepsilon \to 0} \frac{\delta L}{\varepsilon}$$

ゆえに、$\displaystyle\lim_{\varepsilon \to 0}\frac{\delta L}{\varepsilon} = 0$という停留点の条件は$\left[\dfrac{d\Phi}{d\varepsilon}\right]_{\varepsilon=0} = 0$という条件と言い換えることができる。

*次のようになります 微分と積分の順番を入れ替えてよいことを、証明なしに使った。

5-1 変分法はどのようなときに必要か

すべての $\eta(x)$ に対し $\left[\dfrac{d\Phi}{d\varepsilon}\right]_{\varepsilon=0}=0$ となるためには、次の式が成り立つ必要があります。

$$\left(\frac{1}{2}\frac{1}{\sqrt{1+(y')^2}}2y'\right)'=0$$

この式から、$\left(\dfrac{1}{2}\dfrac{1}{\sqrt{1+(y')^2}}2y'\right)$ が一定であり、それゆえ、y' も一定、つまり直線であることが導かれます。ここでの計算は、次節「5-2 オイラーの微分方程式と例」で導くオイラーの方程式の例になっています。

▶▶ 変分の直接的な方法

　式 (5.1.1) の積分を微小区間の長さの和と考えてみましょう。微小な区間に分割し、その区間の曲線を線分で近似し、それらの線分の長さの和をとって、最後に分割を無限に細かくすれば L が求まります。

　図5.1.4は曲線を微小な区間に N 分割した図です。

　微小区間を線分で近似しその長さの和を L とすると、本来関数 $y(x)$ の汎関数である L は x_i における y の値 y_i により決まります。つまり N 個の変数 y_i の関数となっているわけです。分割を無限にすることにより、「変分法によって汎関数の停留値を求めるという問題」は「無限個の変数に関して微分し停留値を求める問題」とみなすことができます。実際上は無限個の変数をとる必要はありません。充分大きい数の変数をとることにより、近似解を求めることができます。

　このように多数の変数を使って汎関数を近似的に表し、停留値を求める方法は、コンピューターによる数値計算においてよく使われます。第6章で学ぶフーリエ級数展開を使い、その係数を変数とすることもあります。量子化学などでは、波動関数をたくさんのガウス関数の一次結合で表し、その係数を変化させてエネルギーが最小になるようにすることによって、基底状態の波動関数とエネルギーを求めることが行われています。

5-1 変分法はどのようなときに必要か

図5.1.4：変分と無限個の変数の微分

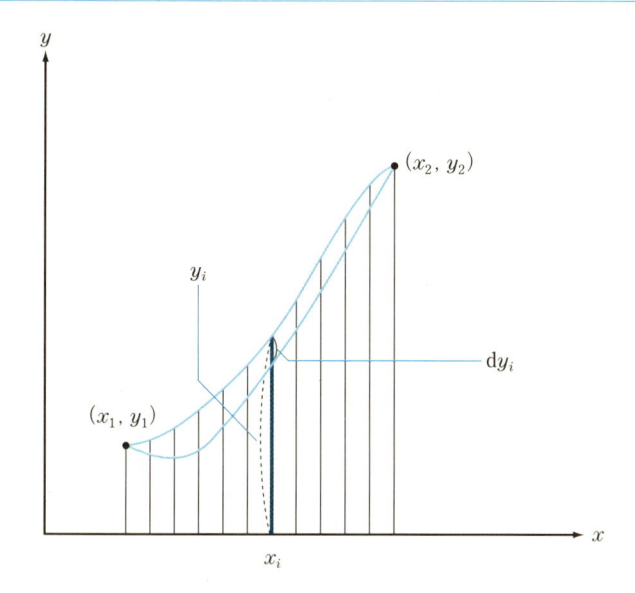

▶▶ 変分問題の例

最後に、簡単な変分問題の例を二つあげておきましょう。

●フェルマーの光路程最小の原理と変分

フェルマー*の光路程最小の原理*に従えば、光が屈折率の変化する媒質中を伝わるとき*、所要時間が最も短い経路を通ります。

次ページの図5.1.5に示したように、光の速度が $v(x, y)$ で与えられるとき、光が点 (x_1, y_1) から点 (x_2, y_2) まで伝わるに要する経過時間 T は、微小距離 $\sqrt{1+(y')^2}\,dx$ を速度 $v(x, y)$ で割って和を取ることにより、次のようになります。

$$T = \int_{x_1}^{x_2} \frac{\sqrt{1+(y')^2}}{v(x, y)} dx \tag{5.1.3}$$

経過時間は関数 $y(x)$ の汎関数です。汎関数が停留値をとるときの関数 $y(x)$ が光の経路となります。このような変分法により光の経路を求めることができます。

---

*フェルマー　ピエール・ド・フェルマー (Pierre de Fermat) は、フランスの法律家、数学者 (1601〜1665年)。
*フェルマーの光路程最小の原理　屈折率の異なる媒質中の2点間を光が伝わるとき、光の伝わる時間が最小になる経路を通るという法則。
*光が屈折率の変化する媒質中を伝わるとき　屈折率 n と光の伝わる速度 v の間に $nv = c$ という関係がある。ただし c は真空中での光速である。

5-1 変分法はどのようなときに必要か

図5.1.5：光の経路とフェルマーの光路程最小の原理（その1）

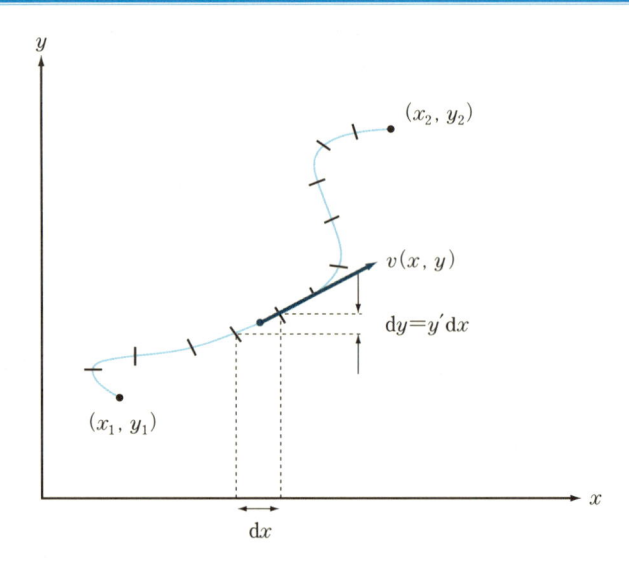

変分法を利用する物理の問題では、この例のように、汎関数が次の形の積分で表されることがよくあります。

$$F[y(x)] = \int_{x_1}^{x_2} f(x, y, y') dx$$

212ページでは、このような汎関数の変分を取り扱います。

●最速降下線と変分

2点 (x_1, y_1)、(x_2, y_2) を結ぶ曲線に沿って、高いほう (x_1, y_1) から低いほう (x_2, y_2) に向かって初速ゼロで滑っていくとき、経過時間 T が最小になるのはどういう曲線のときか考えてみましょう。このような問題を最速降下線の問題といいます。点 (x_1, y_1) で速度がゼロであるとすると、エネルギー保存則より、点 (x, y) での速度は $v = \sqrt{2g(y_1 - y)}$ となります。

5-1 変分法はどのようなときに必要か

図5.1.6：最速降下線（その1）

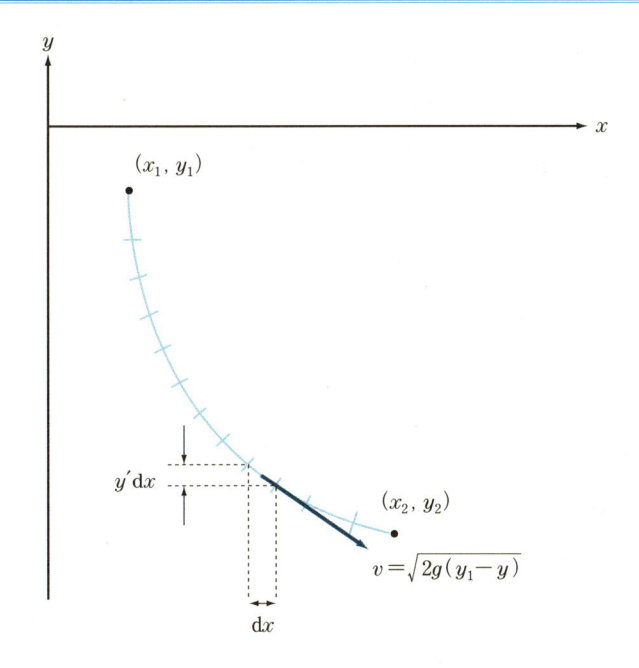

図5.1.6の微小区間の長さが$\sqrt{1+(y')^2}\,dx$ですから、経過時間は次のようになります。

$$T=\int_{x_1}^{x_2}\frac{\sqrt{1+(y')^2}}{\sqrt{2g(y_1-y)}}\,dx \qquad (5.1.4)$$

この場合も、経過時間は関数$y(x)$の汎関数ですから、汎関数が停留値をもつ条件から関数を決める変分法を使うことになります。

ここで取り上げた二つの例、フェルマーの光路程最小の原理と最速降下線の問題は、次節の最後で具体的な計算をします。

5-2 オイラーの微分方程式と例

前節で2点を結ぶ最短曲線の問題を考えるとき、停留点となるための条件を微分方程式で表しました。この節では、一般的な問題に対して、同様のやり方で停留点となるための条件を求め、微分方程式で表しましょう。このとき得られる微分方程式が、オイラーの微分方程式です。

▶▶ オイラーの微分方程式

2点x_1, x_2における関数値$y(x_1)=y_1$, $y(x_2)=y_2$が与えられているとき、次のような汎関数を最小にする変分問題を取り扱う便利な方法を学びましょう。

$$F[y] = \int_{x_1}^{x_2} f(x, y, y') \mathrm{d}x \quad (5.2.1)$$

汎関数が停留値をとるという条件から、オイラー*の微分方程式を導きます。

関数の停留点というのは微係数がゼロになるところです。これに対し、汎関数の停留点の条件は、「関数$y(x)$の変分を$\delta y(x) = \varepsilon \eta(x)$として$\varepsilon$をゼロに近づけたとき、汎関数の変分$\delta F$を$\varepsilon$で割ったものが、ゼロに近づく」という条件です。

この条件をもっと具体的に表しましょう。関数$y(x)$の変分を、$\eta(x_1)=0$, $\eta(x_2)=0$である任意の関数$\eta(x)$を使って、次のようにしたとき、汎関数$F[y+\delta y]$はεの関数になります。

$$\delta y(x) = \varepsilon \eta(x) \quad (5.2.2)$$

汎関数$F[y+\delta y]$を$\Phi(\varepsilon)$と書いたとき、汎関数の変分は$\delta F = \Phi(\varepsilon) - \Phi(0)$ですから、次の式が成り立ちます。

$$\left[\frac{\mathrm{d}\Phi}{\mathrm{d}\varepsilon}\right]_{\varepsilon=0} = \lim_{\varepsilon \to 0} \frac{\Phi(0+\varepsilon) - \Phi(0)}{\varepsilon} = \lim_{\varepsilon \to 0} \frac{\delta F}{\varepsilon}$$

このため、$\lim_{\varepsilon \to 0} \frac{\delta F}{\varepsilon} = 0$という停留点の条件は、$\eta(x_1)=0$, $\eta(x_2)=0$であるすべての$\eta(x)$に対し、次のようになることです。

$$\left[\frac{\mathrm{d}\Phi}{\mathrm{d}\varepsilon}\right]_{\varepsilon=0} = 0 \quad (5.2.3)$$

---

* **オイラー** レオンハルト・オイラー（Leonhard Euler）は、スイス生まれの数学、物理学、天文学者（1707～1783年）。

5-2 オイラーの微分方程式と例

いまの例では、以下のようになります。

$$\Phi(\varepsilon) = \int_{x_1}^{x_2} f(x, y+\varepsilon\eta, y'+\varepsilon\eta') dx \tag{5.2.4}$$

微分と積分の順番を入れ替えてよいことを使って式（5.2.4）をεで微分すると、次のようになります。

$$\left[\frac{d\Phi}{d\varepsilon}\right]_{\varepsilon=0} = \int_{x_1}^{x_2} \left(\frac{\partial f}{\partial y}\eta + \frac{\partial f}{\partial y'}\eta'\right) dx \tag{5.2.5}$$

この式の右辺第二項を部分積分して、$\eta(x_1)=0$、$\eta(x_2)=0$を使うと、次式のようになります。

$$\int_{x_1}^{x_2} \left(\frac{\partial f}{\partial y'}\eta'\right) dx = \left[\frac{\partial f}{\partial y'}\eta\right]_{x_1}^{x_2} - \int_{x_1}^{x_2} \left[\frac{d}{dx}\left(\frac{\partial f}{\partial y'}\right)\right]\eta dx$$

$$= -\int_{x_1}^{x_2} \left[\frac{d}{dx}\left(\frac{\partial f}{\partial y'}\right)\right]\eta dx \tag{5.2.6}$$

これを代入すると、式（5.2.5）は次のようになります。

$$\left[\frac{d\Phi}{d\varepsilon}\right]_{\varepsilon=0} = \int_{x_1}^{x_2} \left[\frac{\partial f}{\partial y}\eta - \frac{d}{dx}\left(\frac{\partial f}{\partial y'}\right)\eta\right] dx$$

$$= \int_{x_1}^{x_2} \left[\frac{\partial f}{\partial y} - \frac{d}{dx}\left(\frac{\partial f}{\partial y'}\right)\right]\eta\, dx \tag{5.2.7}$$

すべての$\eta(x)$に対し$\left[\frac{d\Phi}{d\varepsilon}\right]_{\varepsilon=0}=0$となるためには、次の式が成り立つ必要があります。

$$\frac{\partial f}{\partial y} - \frac{d}{dx}\left(\frac{\partial f}{\partial y'}\right) = 0 \tag{5.2.8}$$

これが**オイラーの方程式**です。

汎関数が多くの関数の汎関数であるとき、例えば、

$$F[y_1, y_2, \ldots, y_N] = \int_{x_1}^{x_2} f(x, y_1, y_1', y_2, y_2', \ldots, y_N, y_N') dx \tag{5.2.9}$$

のようなとき、オイラーの方程式は、次ページのようになります。

5-2 オイラーの微分方程式と例

$$\frac{\partial f}{\partial y_1} - \frac{\mathrm{d}}{\mathrm{d}x}\left(\frac{\partial f}{\partial y_1'}\right) = 0$$

$$\frac{\partial f}{\partial y_2} - \frac{\mathrm{d}}{\mathrm{d}x}\left(\frac{\partial f}{\partial y_2'}\right) = 0$$

$$\vdots \qquad \vdots$$

$$\frac{\partial f}{\partial y_N} - \frac{\mathrm{d}}{\mathrm{d}x}\left(\frac{\partial f}{\partial y_N'}\right) = 0 \tag{5.2.10}$$

これが一般的なオイラーの方程式です。

▶▶ オイラーの微分方程式の使用例

フェルマーの最小路程の原理と最速降下線の問題に対して、オイラーの方程式を適用してみましょう。

●フェルマーの光路程最小の原理とオイラーの方程式

光の速度が$v(x, y)$で与えられるとき、光が点(x_1, y_1)から点(x_2, y_2)まで伝わるのに要する経過時間Tは、式 (5.1.3) で与えられます。式 (5.1.3) を再掲します。

$$T = \int_{x_1}^{x_2} \frac{\sqrt{1+(y')^2}}{v(x, y)} \mathrm{d}x \tag{5.1.3}$$

フェルマーの光路程最小の原理によれば、汎関数$T[y]$が最小になるような経路$y(x)$が光の通る経路になります。

速度が$v(x, y) = v(x)$、つまりxのみの関数である場合を考えてみましょう。この場合、オイラーの微分方程式 (5.2.8) の左辺は次のようになります。

$$\frac{\partial}{\partial y}\frac{\sqrt{1+(y')^2}}{v(x)} - \frac{\mathrm{d}}{\mathrm{d}x}\left(\frac{\partial}{\partial y'}\frac{\sqrt{1+(y')^2}}{v(x)}\right) = 0 - \frac{\mathrm{d}}{\mathrm{d}x}\left(\frac{1}{v(x)}\frac{2y'}{2\sqrt{1+(y')^2}}\right)$$

オイラーの微分方程式は、

$$-\frac{\mathrm{d}}{\mathrm{d}x}\left(\frac{1}{v(x)}\frac{y'}{\sqrt{1+(y')^2}}\right) = 0$$

となります。これから、次式が導かれます。

$$\frac{1}{v(x)}\frac{y'}{\sqrt{1+(y')^2}} = -\text{定} \tag{5.2.11}$$

5-2 オイラーの微分方程式と例

図5.2.1：光の進行方向

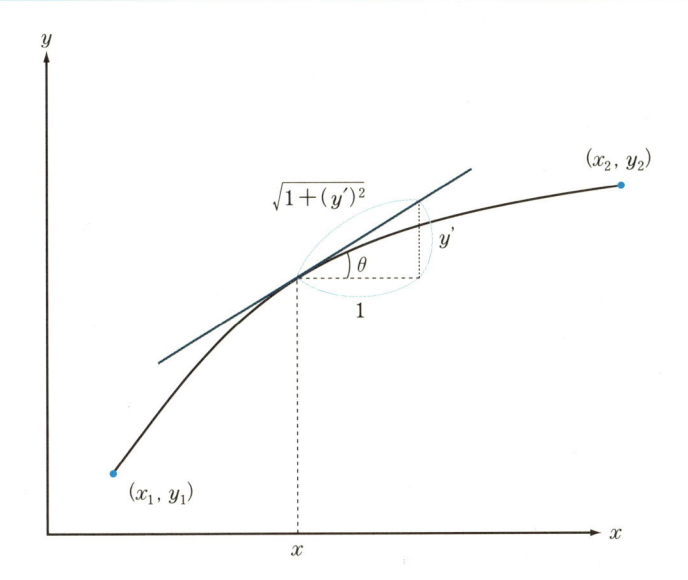

真空中の光速をcとすると、屈折率と速度の関係は$n(x)v(x)=c$です。

一方、図5.2.1より、光の進行方向とx軸のなす角を$\theta(x)$とすると、次式が成り立ちます。

$$\frac{y'}{\sqrt{1+(y')^2}}=\sin\theta$$

式 (5.2.11) は、次のようになります。

$$n(x)\sin\theta = 一定 \qquad (5.2.12)$$

次ページの図5.2.2に示したように、$x \leq x_0$では光速がv_1であり$x > x_0$では光速がv_2である場合、式 (5.2.12) は次のようになり、有名なスネル[*]の屈折の公式[*]が得られます。

$$n_1\sin\theta_1 = n_2\sin\theta_2$$

---

[*] **スネル** ヴィレブロルト・ファン・ローエン・スネル（Willebrord van Roijen Snell）は、オランダの光学、数学、天文学者（1591〜1626年）。
[*] **スネルの屈折の公式** 「屈折率の違う2つの媒体間での光の屈折を表した法則」を公式化したもの。

5-2 オイラーの微分方程式と例

図5.2.2：光の経路とフェルマーの光路程最小の原理（その2）

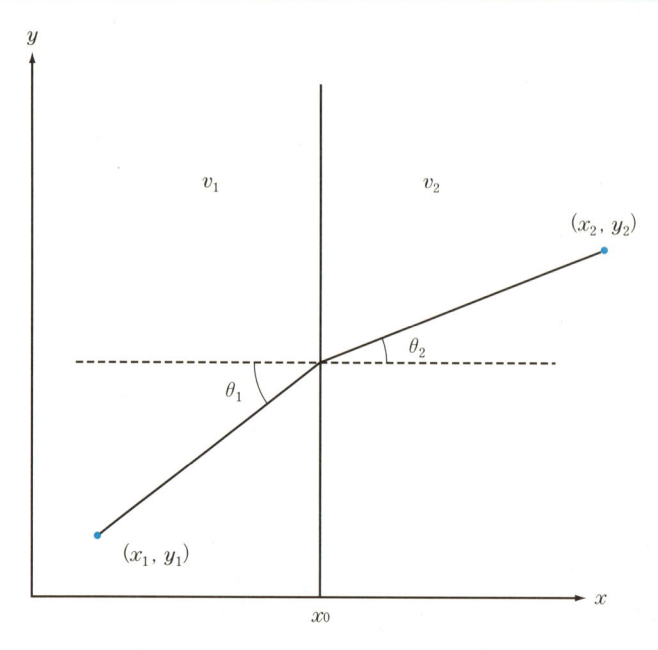

●最速降下線の問題とオイラーの方程式

2点 (x_1, y_1)、(x_2, y_2) を結ぶ曲線に沿って、高いほう (x_1, y_1) から低いほう (x_2, y_2) に向かって初速ゼロで滑っていくとき、経過時間 T は式（5.1.4）で与えられます。式（5.1.4）を再掲します。

$$T = \int_{x_1}^{x_2} \frac{\sqrt{1+(y')^2}}{\sqrt{2g(y_1-y)}} \, dx \tag{5.1.4}$$

オイラーの微分方程式は次のようになります。

$$\frac{\partial}{\partial y}\frac{\sqrt{1+(y')^2}}{\sqrt{2g(y_1-y)}} - \frac{d}{dx}\left(\frac{\partial}{\partial y'}\frac{\sqrt{1+(y')^2}}{\sqrt{2g(y_1-y)}}\right) = 0$$

偏微分の計算すると、次のようになります。

$$\frac{\sqrt{1+(y')^2}}{\sqrt{2g}}\left\{-\left(-\frac{1}{2}\right)(y_1-y)^{-\frac{3}{2}}\right\}$$

$$-\frac{d}{dx}\left(\frac{1}{\sqrt{2g(y_1-y)}}\frac{1}{2}\frac{2y'}{\sqrt{1+(y')^2}}\right) = 0 \tag{5.2.13}$$

5-2 オイラーの微分方程式と例

ここで、最初の点 (x_1, y_1) を原点 $(0, 0)$ にとると、次のようになります。

$$\sqrt{1+(y')^2}\left\{\left(\frac{1}{2}\right)(-y)^{-\frac{3}{2}}\right\} - \frac{\mathrm{d}}{\mathrm{d}x}\left(\frac{1}{\sqrt{(-y)}}\frac{y'}{\sqrt{1+(y')^2}}\right) = 0 \tag{5.2.14}$$

この式の解は、パラメタ表示（次ページのコラム参照）で、以下のように書き表すことができます。

$$x(\theta) = \frac{a}{2}(\theta - \sin\theta) \tag{5.2.15}$$

$$y(\theta) = -\frac{a}{2}(1 - \cos\theta) \tag{5.2.16}$$

ただし a は積分定数で、この軌道が点 (x_2, y_2) を通るように決めます。定数 a の値を0.05から4まで80通りに変化させ、そのときの軌道を図示したものが下の図5.2.3です。

この図を見ると、最速降下線がどのような軌道であるかよくわかります。なお、色付きの線は点 (x_2, y_2) を通る軌道です。

図5.2.3：最速降下線（その2）

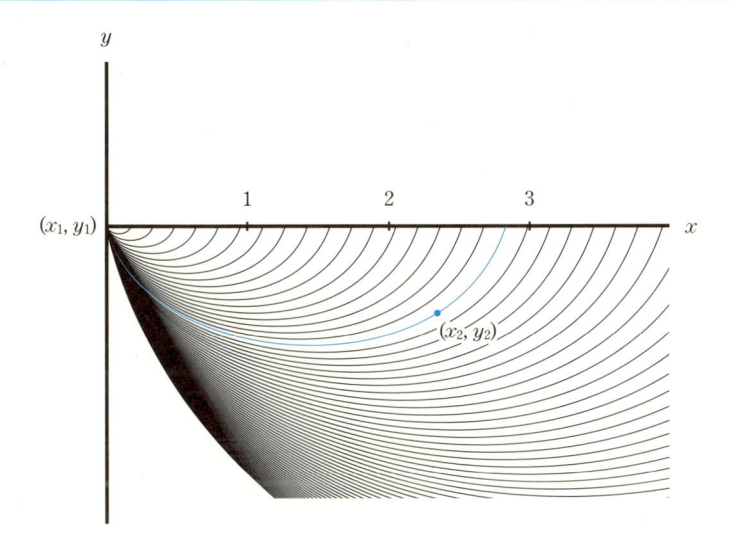

COLUMN パラメタ表示

式 (5.2.15) と (5.2.16) が式 (5.2.14) の解であることを確かめましょう。

まず、準備のための計算をします。式 (5.2.15) と (5.2.16) を微分すると、次のようになります。

$$dx = \frac{a}{2}(1-\cos\theta)d\theta \tag{1}$$

$$dy = -\frac{a}{2}(\sin\theta)d\theta \tag{2}$$

これから、次の式が得られます。

$$y' = -\frac{\sin\theta}{1-\cos\theta} \tag{3}$$

$$\sqrt{1+(y')^2} = \sqrt{\frac{(1-\cos\theta)^2+\sin^2\theta}{(1-\cos\theta)^2}} = \sqrt{\frac{2-2\cos\theta}{(1-\cos\theta)^2}} = \sqrt{\frac{2}{1-\cos\theta}} \tag{4}$$

式 (5.2.15)、(5.2.16) と式 (1)〜(4) を式 (5.2.14) の2つの項に代入します。

・第一項

$$\sqrt{1+(y')^2}\left\{\left(\frac{1}{2}\right)(-y)^{-\frac{3}{2}}\right\} = \sqrt{\frac{2}{1-\cos\theta}}\frac{1}{2}\left(\frac{a}{2}(1-\cos\theta)\right)^{-\frac{3}{2}}$$

$$= \frac{2}{\sqrt{a^3}}\frac{1}{(1-\cos\theta)^2}$$

・第二項

$$\frac{d}{dx}\left(\frac{1}{\sqrt{(-y)}}\frac{y'}{\sqrt{1+(y')^2}}\right) = \frac{d}{dx}\left(\frac{1}{\sqrt{\frac{a}{2}(1-\cos\theta)}}\frac{-\frac{\sin\theta}{1-\cos\theta}}{\sqrt{\frac{2}{1-\cos\theta}}}\right)$$

$$= \frac{d}{dx}\left(-\frac{1}{\sqrt{a}}\frac{\sin\theta}{1-\cos\theta}\right)$$

$$= \frac{d\theta}{dx}\frac{d}{d\theta}\left(-\frac{1}{\sqrt{a}}\frac{\sin\theta}{1-\cos\theta}\right)$$

$$= \frac{1}{\frac{a}{2}(1-\cos\theta)}\left(-\frac{1}{\sqrt{a}}\right)\frac{\cos\theta(1-\cos\theta)-\sin\theta\sin\theta}{(1-\cos\theta)^2}$$

$$= -\frac{2}{\sqrt{a^3}}\frac{1}{1-\cos\theta}\frac{\cos\theta-\cos^2\theta-\sin^2\theta}{(1-\cos\theta)^2}$$

$$= \frac{2}{\sqrt{a^3}}\frac{1}{(1-\cos\theta)^2}$$

第一項と第二項の結果より、式 (5.2.14) が成り立っていることが確かめらます。

5-3

解析力学への応用

この節では、変分法の例として解析力学への応用を学び、ラグランジュの方程式、ハミルトニアンと正準方程式などを学びます。これらの方法により、デカルト座標[*]だけではなく一般座標によって力学の問題を解くことができます。なお、この節では時間微分をドットで表します。すなわち $\dot{x} = \dfrac{dx}{dt}$ です。

▶▶ デカルト座標での運動方程式と最小作用の原理

太陽の周りを回る惑星の運動を調べるとき、66ページで学んだ極座標を利用した加速度の式（2.3.10）を使って運動方程式を解くことが便利でした。式（2.3.10）を再掲します。

$$\boldsymbol{a} = (\ddot{r} - r\dot{\theta}^2)\boldsymbol{e}_r + (2\dot{r}\dot{\theta} + r\ddot{\theta})\boldsymbol{e}_\theta \tag{2.3.10}$$

この式を使うと、図5.3.1に示した太陽の周りを回る惑星の運動方程式は、次のようになります。

$$m(\ddot{r} - r\dot{\theta}^2) = -G\frac{mM}{r^2} \tag{5.3.1}$$

$$m(2\dot{r}\dot{\theta} + r\ddot{\theta}) = 0 \tag{5.3.2}$$

例えば、式（5.3.1）が $m\ddot{r} = -G\dfrac{mM}{r^2}$ ではないのが難しいところです。最小作用の原理とそれから導かれるラグランジュ[*]の方程式[*]を使うことにより、式（5.3.1）、（5.3.2）を簡単に導くことができます。

まず、デカルト座標での運動方程式が最小作用の原理から導かれることを示します。運動方程式、$m\ddot{x} = -G\dfrac{mM}{r^2}\dfrac{x}{r}$、$m\ddot{y} = -G\dfrac{mM}{r^2}\dfrac{y}{r}$ を次のように書き換えてみましょう。

$$\frac{d}{dt}(m\dot{x}) = -\frac{\partial}{\partial x}U \tag{5.3.3}$$

---

[*] **デカルト座標** 通常の x-y-z 座標をデカルト座標という。
[*] **ラグランジュ** ジョゼフ＝ルイ・ラグランジュ（Joseph-Louis Lagrange）。イタリアで生まれてフランスで活動した数学者（1736～1813年）。
[*] **ラグランジュの方程式** 223ページ参照。

5-3 解析力学への応用

$$\frac{\mathrm{d}}{\mathrm{d}t}(m\dot{y}) = -\frac{\partial}{\partial y}U \tag{5.3.4}$$

図5.3.1：惑星の運動

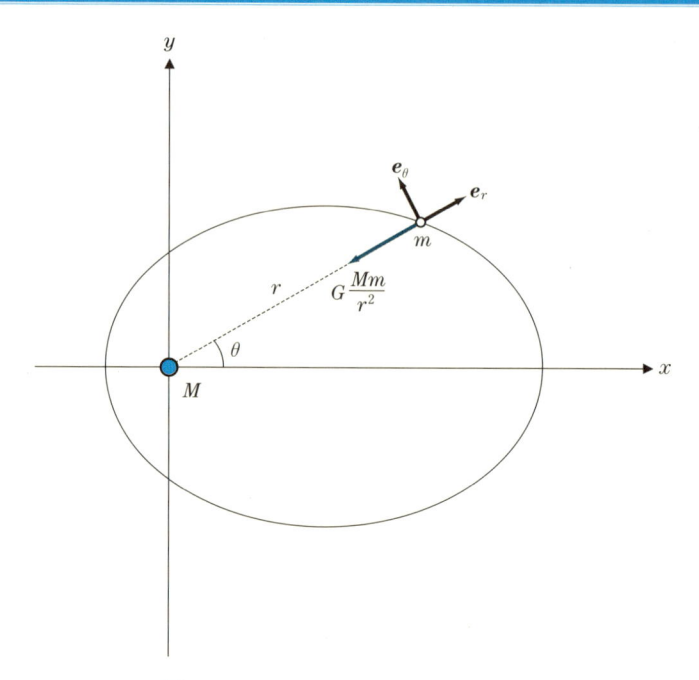

ここで、$U = -G\dfrac{mM}{r}$ は位置エネルギーです。例えば、式 (5.3.3) はオイラーの微分方程式に似た形をしています。似ているというよりも、次のような汎関数を最小にするための条件であるオイラーの方程式そのもの*です。

$$S[x, y] = \int_{t_1}^{t_2} L(x, \dot{x}, y, \dot{y})\,\mathrm{d}t$$

$$= \int_{t_1}^{t_2}\left(\frac{m\dot{x}^2}{2} + \frac{m\dot{y}^2}{2} - U(x, y)\right)\mathrm{d}t \tag{5.3.5}$$

こうして、デカルト座標で記述した運動方程式は**汎関数$S[x, y]$を最小にする**ための条件になっていることがわかりました。なお、汎関数$S[x, y]$を**作用***、被積分関数

***オイラーの方程式そのもの** 変数をxからtに変え、関数をyからxに変え、被積分関数をfからLに変えると、オイラーの方程式は $\dfrac{\partial L}{\partial x} - \dfrac{\mathrm{d}}{\mathrm{d}t}\left(\dfrac{\partial L}{\partial \dot{x}}\right) = 0$ となる。この式に $\dfrac{\partial L}{\partial \dot{x}} = m\dot{x}$ を代入すると、式 (5.3.3) が得られる。

***作用** 英語でactionと書く。

L を**ラグランジアン**[*]と呼びます。

●極座標における運動方程式

作用汎関数 S を最小にするための条件が、デカルト座標で記述した運動方程式であることを学びました。デカルト座標で記述すると、作用汎関数 S を最小にする関数 $x(t)$、$y(t)$ が質点の運動において実現する軌道を与えるということです。デカルト座標で記述したとき、質点の運動において実現する軌道が作用汎関数 S を最小にするのであれば、どんな座標系で記述しても、**質点の運動において実現する軌道が作用汎関数 S を最小にするはず**です。作用 S を極座標で表し、これが最小となるためのオイラーの方程式が極座標での運動方程式（5.3.1）、（5.3.2）に一致するかどうか確かめてみましょう。

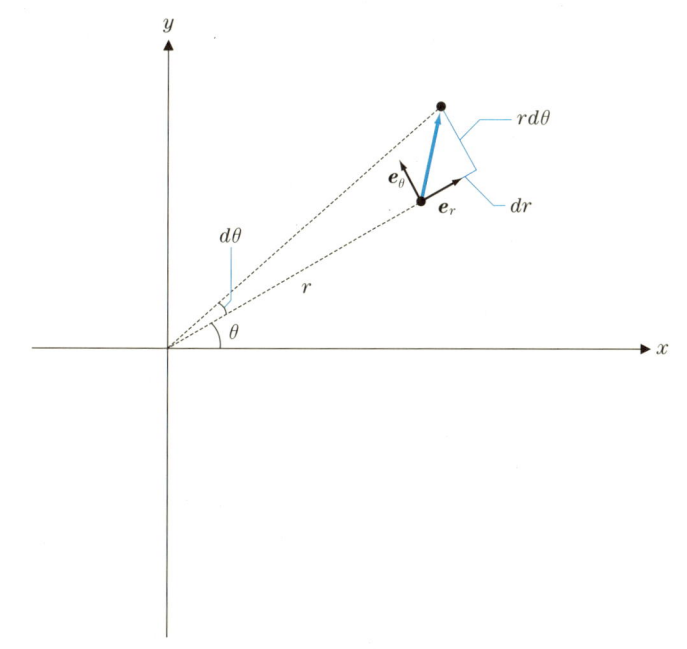

図5.3.2：速度の極座標成分

図5.3.2を見てください。動径方向と角度方向の速度は動径方向の変位 $\mathrm{d}r$ と角度方向の変位 $r\mathrm{d}\theta$ を経過時間 $\mathrm{d}t$ で割ったものになりますから、$v_r = \dot{r}$、$v_\theta = r\dot{\theta}$ となりま

---

[*] **ラグランジアン** 英語でLagrangianと書く。

5-3 解析力学への応用

す。これから、ラグランジアン L は次のように極座標で書き表すことができます。

$$L = \frac{m\dot{x}^2}{2} + \frac{m\dot{y}^2}{2} - U$$

$$= \frac{mv^2}{2} - U$$

$$= \frac{m(v_r^2 + v_\theta^2)}{2} - U$$

$$= \frac{m(\dot{r}^2 + r^2\dot{\theta}^2)}{2} - U \tag{5.3.6}$$

作用を最小にするためのオイラーの方程式の左辺は、以下のようになります。

$$\frac{\partial L}{\partial r} - \frac{d}{dt}\left(\frac{\partial L}{\partial \dot{r}}\right) = -\frac{\partial U}{\partial r} + mr\dot{\theta}^2 - \frac{d}{dt}(m\dot{r})$$

$$= -\frac{\partial U}{\partial r} + mr\dot{\theta}^2 - m\ddot{r}$$

$$\frac{\partial L}{\partial \theta} - \frac{d}{dt}\left(\frac{\partial L}{\partial \dot{\theta}}\right) = -\frac{\partial U}{\partial \theta} - \frac{d}{dt}(mr^2\dot{\theta})$$

$$= -0 - mr^2\ddot{\theta} - 2mr\dot{r}\dot{\theta}$$

よって、オイラーの微分方程式は次のようになります。

$$-\frac{\partial U}{\partial r} + mr\dot{\theta}^2 - m\ddot{r} = 0 \tag{5.3.7}$$

$$-mr^2\ddot{\theta} - 2mr\dot{r}\dot{\theta} = 0 \tag{5.3.8}$$

当然のことですが運動方程式（5.3.1）と（5.3.2）に一致します[*]。

---

[*] **運動方程式(5.3.1)(5.3.2)に一致します**　位置エネルギーが、$U = -G\frac{Mm}{r}$ であることから、次式が得られる。

$$-\frac{\partial U}{\partial r} = -G\frac{Mm}{r^2}$$

$$-\frac{\partial U}{\partial \theta} = 0$$

▶▶ 最小作用の原理とラグランジュの運動方程式

前節で得られた結果を、より一般的な運動に拡張します。自由度*がfである一般の運動において実現する軌道の座標$q_1(t)$, $q_2(t)$, ……, $q_f(t)$は、作用汎関数を最小にする関数で与えられます。

$$S[q_1, q_2, \cdots\cdots, q_f] = \int_{t_1}^{t_2} L(q_1, q_2, \cdots\cdots, q_f, \dot{q}_1, \dot{q}_2, \cdots\cdots, \dot{q}_f, t) \mathrm{d}t$$

これを**最小作用の原理**といいます。作用をデカルト座標x_1, x_2, ……, x_f で表したとき、最小作用の原理から得られるオイラーの方程式が、運動方程式*$\dfrac{\mathrm{d}}{\mathrm{d}t}(m\dot{x}_i) = -\dfrac{\partial U}{\partial x_i}$と一致するため*には、ラグランジアンが運動エネルギーTと位置エネルギーUを使って、$L = T - U$と書き表される必要があります。

最小作用の原理をまとめると、運動エネルギー$T(\dot{q}_1, \dot{q}_2, \cdots\cdots, \dot{q}_f)$と位置エネルギー$U(q_1, q_2, \cdots\cdots, q_f, t)$を使って、ラグランジアン$L$と作用$S$は次のように定義されます。

$$L(q_1, q_2, \cdots\cdots, q_f, \dot{q}_1, \dot{q}_2, \cdots\cdots, \dot{q}_f, t)$$
$$= T(\dot{q}_1, \dot{q}_2, \cdots\cdots, \dot{q}_f) - U(q_1, q_2, \cdots\cdots, q_f, t) \qquad (5.3.9)$$

$$S = \int_{t_1}^{t_2} L(q_1, q_2, \cdots\cdots, q_f, \dot{q}_1, \dot{q}_2, \cdots\cdots, \dot{q}_f, t) \mathrm{d}t \qquad (5.3.10)$$

こうして定義される作用が最小になるような軌道が、実際の運動で実現します。作用が最小になるという条件は、オイラーの方程式で次ページのように表されます。

---

* **自由度** 質点の位置を記述するのに必要な座標の数がfであるとき、自由度がfであるという。
* **運動方程式** 力F_xは位置エネルギーUを使って$-\dfrac{\partial U}{\partial x}$と書ける。
* **一致するため** 質点の数をN、自由度を$f = 3N$として、デカルト座標で運動エネルギーを書き表すと
$$T = \frac{m_1 v_1^2}{2} + \frac{m_2 v_2^2}{2} + \cdots\cdots + \frac{m_f v_f^2}{2}$$
となる。これから次式が得られ、オイラーの方程式が運動方程式と一致することがわかる。
$$\frac{\partial L}{\partial x_i} - \frac{\mathrm{d}}{\mathrm{d}t}\left(\frac{\partial L}{\partial \dot{x}_i}\right) = \frac{\partial(-U)}{\partial x_i} - \frac{\mathrm{d}}{\mathrm{d}t}\left(\frac{\partial T}{\partial \dot{x}_i}\right)$$

5-3 解析力学への応用

$$\frac{\partial L}{\partial q_1} - \frac{\mathrm{d}}{\mathrm{d}t}\left(\frac{\partial L}{\partial \dot{q}_1}\right) = 0$$

$$\frac{\partial L}{\partial q_2} - \frac{\mathrm{d}}{\mathrm{d}t}\left(\frac{\partial L}{\partial \dot{q}_2}\right) = 0$$

$$\vdots \qquad \vdots$$

$$\frac{\partial L}{\partial q_f} - \frac{\mathrm{d}}{\mathrm{d}t}\left(\frac{\partial L}{\partial \dot{q}_f}\right) = 0 \tag{5.3.11}$$

この方程式は、ニュートンの運動方程式を一般化したものになっており、**ラグランジュの運動方程式**と呼ばれます。

ラグランジュの運動方程式の例

●バネの振動の例

質量mの質点が二つ、図5.3.3のように、バネで壁とつながれています。床との摩擦はなく、三つのバネはいずれも同じバネ（バネ定数k、自然の長さℓ）とします。

図5.3.3：バネの振動の例

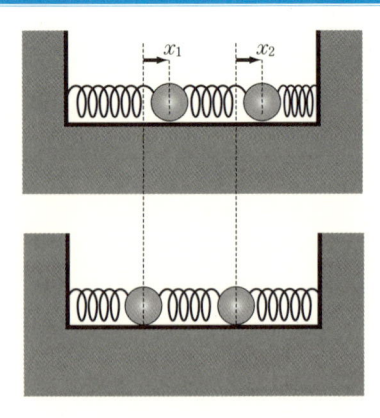

5-3 解析力学への応用

最初バネは伸び縮みしていないとして、二つの質点の最初の位置からの変位をx_1、x_2とします。二つの質点を運動させたときの運動方程式を求めてみましょう。二つの質点の速度は、$v_1 = \dot{x}_1$、$v_2 = \dot{x}_2$です。これを使って、ラグランジアンLを計算すると、次のようになります[*]。

$$\begin{aligned} L &= T - U \\ &= \frac{mv_1^2}{2} + \frac{mv_2^2}{2} - \left(\frac{kx_1^2}{2} + \frac{k(x_2-x_1)^2}{2} + \frac{k(-x_2)^2}{2} \right) \\ &= \frac{m\dot{x}_1^2}{2} + \frac{m\dot{x}_2^2}{2} - \frac{k}{2}(x_1^2 + (x_2^2 - 2x_1x_2 + x_1^2) + x_2^2) \\ &= \frac{m\dot{x}_1^2}{2} + \frac{m\dot{x}_2^2}{2} - k(x_1^2 - x_1x_2 + x_2^2) \end{aligned}$$

これらを偏微分して、次の式が導かれます。

$$\frac{\partial L}{\partial x_1} = -k(2x_1 - x_2)$$

$$\frac{\partial L}{\partial x_2} = -k(-x_1 + 2x_2)$$

$$\frac{d}{dt}\left(\frac{\partial L}{\partial \dot{x}_1}\right) = m\ddot{x}_1$$

$$\frac{d}{dt}\left(\frac{\partial L}{\partial \dot{x}_2}\right) = m\ddot{x}_2$$

ラグランジュの運動方程式は、次のようになります。

$$\begin{aligned} m\ddot{x}_1 + k(2x_1 - x_2) &= 0 \\ m\ddot{x}_2 + k(-x_1 + 2x_2) &= 0 \end{aligned} \quad (5.3.12)$$

これは、ニュートンの運動方程式そのものです。

例えば、質点1に働く力が$-kx_1 + k(x_2 - x_1)$であることを考えれば、上の式は(質量)×(加速度)=(力)という式になっています。

ラグランジュの方程式の良いところは、一般的な座標を使って記述できるところです。そこで、次ページのように定義される新しい座標q_1、q_2を使って、ラグランジュの方程式を書き表してみましょう。

---

[*] **なります** 三つのばねの伸びは、それぞれx_1、(x_2-x_1)、$(-x_2)$ です。

5-3 解析力学への応用

$$q_1 = \frac{x_1 + x_2}{\sqrt{2}}$$

$$q_2 = \frac{x_1 - x_2}{\sqrt{2}}$$

関係式 $q_1^2 + q_2^2 = x_1^2 + x_2^2$、$\dot{q}_1^2 + \dot{q}_2^2 = \dot{x}_1^2 + \dot{x}_2^2$ を使うと、ラグランジアンは次のようになります。

$$\begin{aligned}
L &= T - U \\
&= \frac{mv_1^2}{2} + \frac{mv_2^2}{2} - \left(\frac{kx_1^2}{2} + \frac{k(x_2 - x_1)^2}{2} + \frac{k(-x_2)^2}{2}\right) \\
&= \frac{m(\dot{q}_1^2 + \dot{q}_2^2)}{2} - \left(\frac{k(q_1^2 + q_2^2)}{2} + kq_2^2\right) \\
&= \frac{m(\dot{q}_1^2 + \dot{q}_2^2)}{2} - \left(\frac{kq_1^2}{2} + \frac{3kq_2^2}{2}\right)
\end{aligned}$$

これらを偏微分して、次の式が導かれます。

$$\frac{\partial L}{\partial q_1} = -kq_1$$

$$\frac{\partial L}{\partial q_2} = -3kq_2$$

$$\frac{d}{dt}\left(\frac{\partial L}{\partial \dot{q}_1}\right) = m\ddot{q}_1$$

$$\frac{d}{dt}\left(\frac{\partial L}{\partial \dot{q}_2}\right) = m\ddot{q}_2$$

ラグランジュの運動方程式は、次のようになります。

$$m\ddot{q}_1 + kq_1 = 0$$
$$m\ddot{q}_2 + 3kq_2 = 0$$

これは連立微分方程式ではなく、独立した二つの微分方程式です。先ほどの連立方程式（5.3.12）よりはるかに解きやすい式です。このような式を得ることができるところが、ラグランジュの方程式の良いところです。

●二重振り子の例

下の図5.3.4のような二重振り子の運動方程式を求めてみましょう。

図5.3.4：二重振り子

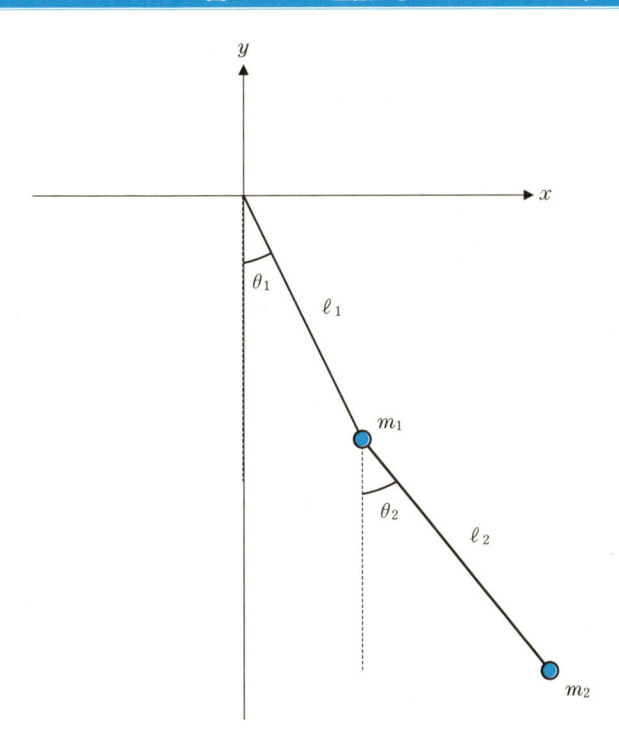

二つの質点のx、y座標は以下のとおりです。

$x_1 = \ell_1 \sin\theta_1$

$y_1 = -\ell_1 \cos\theta_1$

$x_2 = \ell_1 \sin\theta_1 + \ell_2 \sin\theta_2$

$y_2 = -\ell_1 \cos\theta_1 - \ell_2 \cos\theta_2$

これを微分して、速度が次のように得られます。

$v_{1x} = \dot{x}_1 = \ell_1 \cos\theta_1 \, \dot{\theta}_1$

$v_{1y} = \dot{y}_1 = \ell_1 \sin\theta_1 \, \dot{\theta}_1$

$v_{2x} = \dot{x}_2 = \ell_1 \cos\theta_1 \, \dot{\theta}_1 + \ell_2 \cos\theta_2 \, \dot{\theta}_2$

$$v_{2y} = \dot{y}_2 = \ell_1 \sin\theta_1\, \dot\theta_1 + \ell_2 \sin\theta_2\, \dot\theta_2$$

これを使って、ラグランジアン L を計算すると、以下のようになります。

$$L = T - U$$

$$= \frac{m_1 v_{1x}^2}{2} + \frac{m_1 v_{1y}^2}{2} + \frac{m_2 v_{2x}^2}{2} + \frac{m_2 v_{2y}^2}{2} - (m_1 g y_1 + m_2 g y_2)$$

$$= \frac{m_1(\ell_1 \cos\theta_1\, \dot\theta_1)^2}{2} + \frac{m_1(\ell_1 \sin\theta_1\, \dot\theta_1)^2}{2} + \frac{m_2(\ell_1 \cos\theta_1\, \dot\theta_1 + \ell_2 \cos\theta_2\, \dot\theta_2)^2}{2}$$

$$+ \frac{m_2(\ell_1 \sin\theta_1\, \dot\theta_1 + \ell_2 \sin\theta_2\, \dot\theta_2)^2}{2} + (m_1 g \ell_1 \cos\theta_1 + m_2 g (\ell_1 \cos\theta_1 + \ell_2 \cos\theta_2))$$

$$= \frac{(m_1+m_2)(\cos^2\theta_1 + \sin^2\theta_1)}{2} \ell_1^2 \dot\theta_1^2 + \frac{m_2(\cos^2\theta_2 + \sin^2\theta_2)}{2} \ell_2^2 \dot\theta_2^2$$

$$+ m_2 \ell_1 \ell_2 \dot\theta_1 \dot\theta_2 (\cos\theta_1 \cos\theta_2 + \sin\theta_1 \sin\theta_2)$$

$$+ (m_1+m_2) g \ell_1 \cos\theta_1 + m_2 g \ell_2 \cos\theta_2$$

$$= \frac{m_1+m_2}{2} \ell_1^2 \dot\theta_1^2 + \frac{m_2}{2} \ell_2^2 \dot\theta_2^2 + m_2 \ell_1 \ell_2 \dot\theta_1 \dot\theta_2 \cos(\theta_1 - \theta_2)$$

$$+ (m_1+m_2) g \ell_1 \cos\theta_1 + m_2 g \ell_2 \cos\theta_2$$

これらを偏微分して、次の式が導かれます。

$$\frac{\partial L}{\partial \theta_1} = -(m_1+m_2) g \ell_1 \sin\theta_1 - m_2 \ell_1 \ell_2 \dot\theta_1 \dot\theta_2 \sin(\theta_1 - \theta_2)$$

$$\frac{\partial L}{\partial \theta_2} = -m_2 g \ell_2 \sin\theta_2 + m_2 \ell_1 \ell_2 \dot\theta_1 \dot\theta_2 \sin(\theta_1 - \theta_2)$$

$$\frac{d}{dt}\left(\frac{\partial L}{\partial \dot\theta_1}\right) = (m_1+m_2)\ell_1^2 \ddot\theta_1 - m_2 \ell_1 \ell_2 \dot\theta_2 [\sin(\theta_1 - \theta_2)](\dot\theta_1 - \dot\theta_2)$$

$$+ m_2 \ell_1 \ell_2 \ddot\theta_2 \cos(\theta_1 - \theta_2)$$

$$\frac{d}{dt}\left(\frac{\partial L}{\partial \dot\theta_2}\right) = m_2 \ell_2^2 \ddot\theta_2 - m_2 \ell_1 \ell_2 \dot\theta_1 [\sin(\theta_1 - \theta_2)](\dot\theta_1 - \dot\theta_2)$$

$$+ m_2 \ell_1 \ell_2 \ddot\theta_1 \cos(\theta_1 - \theta_2)$$

ラグランジュの運動方程式は、次のようになります。

$$-(m_1+m_2)g\ell_1\sin\theta_1-(m_1+m_2)\ell_1^2\ddot{\theta}_1$$
$$+m_2\ell_1\ell_2\dot{\theta}_2[\sin(\theta_1-\theta_2)](-\dot{\theta}_2)-m_2\ell_1\ell_2\ddot{\theta}_2\cos(\theta_1-\theta_2)=0$$
$$-m_2g\ell_2\sin\theta_2-m_2\ell_2^2\ddot{\theta}_2+m_2\ell_1\ell_2\dot{\theta}_1[\sin(\theta_1-\theta_2)]\dot{\theta}_1$$
$$-m_2\ell_1\ell_2\ddot{\theta}_1\cos(\theta_1-\theta_2)=0$$

▶▶ ハミルトニアンと正準方程式

　ラグランジュの運動方程式は、座標q_iと速度$\dot{q}_i$を使って記述されていました。一方、量子力学では速度よりも運動量のほうが本質的であり重要です。そこで、量子力学への発展を考えて、座標q_iと運動量p_iを使って運動方程式を記述することを考えましょう。

● 一般化運動量

　デカルト座標で表した運動量を一般化して、一般化運動量を求めましょう。
ラグランジュの運動方程式（5.3.11）より、次の式が成り立ちます。

$$\frac{\mathrm{d}}{\mathrm{d}t}\left(\frac{\partial L}{\partial \dot{q}_i}\right)=\frac{\partial L}{\partial q_i}$$

デカルト座標の場合（q_iをx_iとおいて）、$\dfrac{\partial L}{\partial \dot{q}_i}=\dfrac{\partial L}{\partial \dot{x}_i}=m\dot{x}_i$は運動量$p_i$を表しており、ラグランジュの運動方程式は$\dfrac{\mathrm{d}}{\mathrm{d}t}p_i=\dfrac{\partial L}{\partial x_i}=-\dfrac{\partial U}{\partial x_i}$という運動量で表したニュートンの運動方程式と一致しています。

　デカルト座標の場合、$\dfrac{\partial L}{\partial \dot{x}_i}$が運動量を表していましたので、一般の座標の場合も次の式を運動量と定義することにします。

$$p_i=\frac{\partial L}{\partial \dot{q}_i} \tag{5.3.13}$$

この場合、**一般化運動量**と呼びます。

5-3 解析力学への応用

二次元の運動において、極座標 θ に対する一般化運動量 p_θ が何を表しているか考えてみましょう。極座標で表したラグランジュアンの式 (5.3.6) を使って一般化運動量を計算すると、次のようになります。

$$p_\theta = \frac{\partial L}{\partial \dot{\theta}}$$

$$= \frac{\partial}{\partial \dot{\theta}} \left(\frac{m(\dot{r}^2 + r^2 \dot{\theta}^2)}{2} - U \right)$$

$$= mr^2 \dot{\theta}$$

図5.3.5からわかるように、$r\dot{\theta}$ は動径 r に垂直方向の速度です。角運動量の定義の式 $\boldsymbol{\ell} = \boldsymbol{r} \times \boldsymbol{p}$ とあわせて考えると、一般化運動量 p_θ は角運動量の z 成分 $\ell_z = rmr\dot{\theta}$ に一致します。

図5.3.5：角運動量

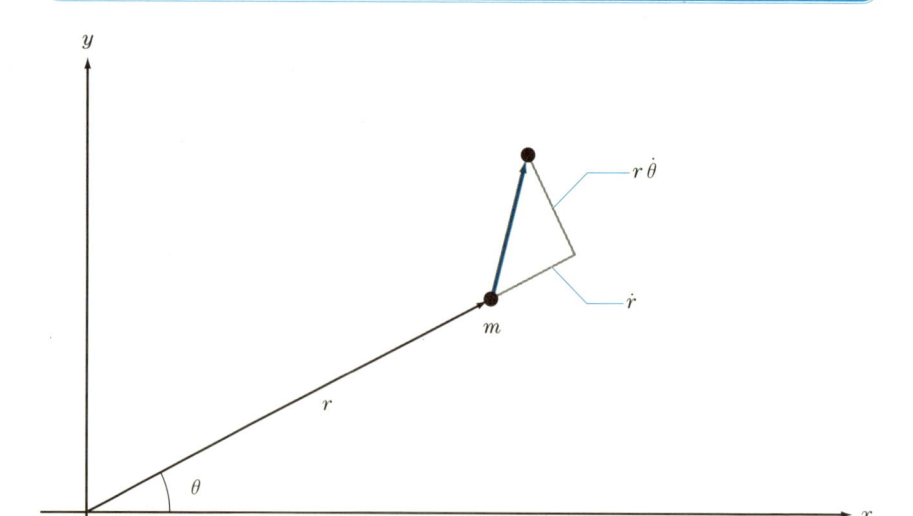

●ハミルトニアン

エネルギーとハミルトニアンについて勉強しましょう。ラグランジアンが時刻を陽に含まない* とします。ラグランジアンを偏微分の公式を使って微分します。

---

*ラグランジアンが時刻を陽に含まない　時刻が変わると座標が変化することによりラグランジアンは変化するが、座標を通して変化する以外には変化しないとする。

$$\frac{dL}{dt} = \sum_{i=1}^{f} \frac{\partial L}{\partial \dot{q}_i}\ddot{q}_i + \sum_{i=1}^{f} \frac{\partial L}{\partial q_i}\dot{q}_i$$

ラグランジュの方程式、$\frac{d}{dt}\left(\frac{\partial L}{\partial \dot{q}_i}\right) = \frac{\partial L}{\partial q_i}$ を代入し、積の微分の公式を逆に使うことにより、次のようになります。

$$\frac{dL}{dt} = \sum_{i=1}^{f} \frac{\partial L}{\partial \dot{q}_i}\ddot{q}_i + \sum_{i=1}^{f} \frac{d}{dt}\left\{\left(\frac{\partial L}{\partial \dot{q}_i}\right)\right\}\dot{q}_i$$

$$= \sum_{i=1}^{f} \frac{d}{dt}\left(\frac{\partial L}{\partial \dot{q}_i}\dot{q}_i\right)$$

この式を変形すると、次の式が得られます。

$$\frac{d}{dt}\left(\sum_{i=1}^{f} \frac{\partial L}{\partial \dot{q}_i}\dot{q}_i - L\right) = 0$$

$$\sum_{i=1}^{f} \frac{\partial L}{\partial \dot{q}_i}\dot{q}_i - L = 一定$$

一定の値をこの系のエネルギーと定義します。エネルギーの定義は次式のようになります。

$$E = \sum_{i=1}^{f} \frac{\partial L}{\partial \dot{q}_i}\dot{q}_i - L \tag{5.3.14}$$

こうして定義されたエネルギーは、運動エネルギーTと位置エネルギーUの和になっています（次ページコラム参照）。

$$E = T + U$$

このエネルギーEを運動量と座標で書き表したものを**ハミルトニアン**＊といい、Hと書きます。ハミルトニアンは次の式を運動量と座標で表したものです。

$$H = \sum_{i=1}^{f} \frac{\partial L}{\partial \dot{q}_i}\dot{q}_i - L = \sum_{i=1}^{f} p_i \dot{q}_i - L \tag{5.3.15}$$

$$= T + U \tag{5.3.16}$$

デカルト座標では、$p_{ix} = m_i\dot{x}_i$、$p_{iy} = m_i\dot{y}_i$、$p_{ixz} = m_i\dot{z}_i$ を使って具体的に書くと次のようになります。

$$H = \sum_{i=1}^{N} \frac{p_{ix}^2 + p_{iy}^2 + p_{iz}^2}{2m_i} + U \tag{5.3.17}$$

＊**ハミルトニアン**　英語ではHamiltonianと書く。

5-3 解析力学への応用

●ハミルトンの正準方程式

ハミルトニアンの定義の式（5.3.15）の微分を求めてみましょう。積の微分の公式を使って、以下のように表すことができます。

$$dH = d\left(\sum_{i=1}^{f} p_i \dot{q}_i\right) - dL$$

$$= \sum_{i=1}^{f} p_i d\dot{q}_i + \sum_{i=1}^{f} \dot{q}_i dp_i - dL \tag{5.3.18}$$

一方、ラグランジアンの微分[*]は次のように表されます。

$$dL = \sum_{i=1}^{f} \dot{p}_i dq_i + \sum_{i=1}^{f} p_i d\dot{q}_i \tag{5.3.19}$$

COLUMN　定義されたエネルギーは運動エネルギー T と位置エネルギー U の和

デカルト座標 x_i は一般座標 $q_1, \ldots, q_{3N}$ の関数と考えることができますから、$x_i(q_1, \ldots, q_{3N})$ を時間で微分して、$\dfrac{dx_i}{dt} = \sum_{j=1}^{3N} \dfrac{\partial x_i}{\partial q_j} \dfrac{dq_j}{dt}$ となります。ここで、$\dfrac{\partial x_i}{\partial q_j} = a_{ij}$ とおくと、デカルト座標で書かれた運動エネルギーを、一般座標で次のように表すことができます。なお、ここでは $x_i, y_i, z_i (i=1 \ldots N)$ をまとめて $x_i (i=1 \ldots 3N)$ と書いています。

$$T = \sum_{i=1}^{3N} \frac{m_i \dot{x}_i^2}{2}$$

$$= \sum_{i=1}^{3N} \frac{m_i}{2} \left(\sum_{j=1}^{3N} a_{ij} \dot{q}_j \right) \left(\sum_{k=1}^{3N} a_{ik} \dot{q}_k \right)$$

この式を $\dot{q}_\ell$ で微分すると、$\dfrac{\partial}{\partial \dot{q}_\ell} \sum_{j=1}^{3N} a_{ij} \dot{q}_j = a_{i\ell}$ となりますから、次の式が得られます。

$$\sum_{\ell=1}^{3N} \frac{\partial T}{\partial \dot{q}_\ell} \dot{q}_\ell = \sum_{\ell=1}^{3N} \sum_{i=1}^{3N} \frac{m_i}{2} (a_{i\ell}) \left(\sum_{k=1}^{3N} a_{ik} \dot{q}_k \right) \dot{q}_\ell + \sum_{\ell=1}^{3N} \sum_{i=1}^{3N} \frac{m_i}{2} \left(\sum_{j=1}^{3N} a_{ij} \dot{q}_j \right) (a_{i\ell}) \dot{q}_\ell$$

$$= T + T$$

これを式（5.3.14）に代入すると、$E = T + U$ は明らかです。$L = T - U$ と、和の記号のなかの ℓ を j に置き換えてよいことを思い出してください。

---

[*] **ラグランジアンの微分**　ラグランジアンは q_i と $\dot{q}_i$ の関数だから、偏微分の公式より、

$$dL = \sum_{i=1}^{f} \frac{\partial L}{\partial q_i} dq_i + \sum_{i=1}^{f} \frac{\partial L}{\partial \dot{q}_i} d\dot{q}_i$$

ラグランジュの方程式より導かれる $\dot{p}_i = \dfrac{d}{dt}\left(\dfrac{\partial L}{\partial \dot{q}_i}\right) = \dfrac{\partial L}{\partial q_i}$ と、一般化運動量の定義の式（5.3.13）を上の式に代入すると、式（5.3.19）を得られる。

この式を式 (5.3.18) に代入すると、次のようになります。

$$dH = -\sum_{i=1}^{f} \dot{p}_i dq_i + \sum_{i=1}^{f} \dot{q}_i dp_i \tag{5.3.20}$$

一方、ハミルトニアンは座標と運動量の関数ですから、偏微分の公式を使って、次のようになります。

$$dH = \sum_{i=1}^{f} \frac{\partial H}{\partial q_i} dq_i + \sum_{i=1}^{f} \frac{\partial H}{\partial p_i} dp_i \tag{5.3.21}$$

式 (5.3.20) と式 (5.3.21) を比較して、次の式が得られます。

$$\dot{q}_i = \frac{\partial H}{\partial p_i} \tag{5.3.22}$$

$$\dot{p}_i = -\frac{\partial H}{\partial q_i} \tag{5.3.23}$$

この式をハミルトンの正準方程式、または、**正準方程式**＊といいます。デカルト座標では正準方程式は次のようになり、二階の微分方程式であるニュートンの運動方程式を一階の連立微分方程式で表したものになっています。

$$\dot{x}_i = \frac{p_i}{m_i} \tag{5.3.24}$$

$$\dot{p}_i = -\frac{\partial U}{\partial x_i}$$

＊**正準方程式**　英語ではcanonical equationと書く。

5-4

ラグランジュの未定係数法と応用

　ある条件のもとで最大最小を求める必要は、よく生じます。一定の長さの紐で最大の面積を囲う方法を求めるなども、その例です。物理で重要な問題としては、マックスウェル・ボルツマン分布を求めるといった統計力学上の問題にも現れます。ある条件のもとで最大最小を求める問題を取り扱う便利な方法が、ラグランジュの未定係数法です。ラグランジュの未定係数法は、普通の関数の最大最小の問題にも、変分における最大最小の問題にも適用できます。この節では、普通の関数の最大最小を例にとって説明します。

▶▶ 条件付最大値を求める簡単な例

　条件付の最大値（または最小値）を求める簡単な例として、周囲の長さが2ℓである長方形の面積の最大値を求めましょう。長方形の二辺をx、yとすると、条件は以下のようになります。

$$g(x, y) = x + y - \ell = 0 \tag{5.4.1}$$

この条件のもとで、次の関数の最大値を求めます。

$$f(x, y) = xy \tag{5.4.2}$$

条件式（5.4.1）より$y = \ell - x$を求め、これを式（5.4.2）に代入し、fがxのみの関数と思って微分をとります。

$$df(x, y(x)) = \frac{d\{x(\ell - x)\}}{dx} dx = (\ell - 2x) dx \tag{5.4.3}$$

この式が任意のdxに対してゼロになる条件から、$x = \ell/2$のとき最大値をとることを導くことができます。

　しかし、ここではラグランジュの未定係数法を学ぶために、少し違う方法で解いてみましょう。式（5.4.2）の微分は、次のようになります。

$$df = \frac{\partial f}{\partial x} dx + \frac{\partial f}{\partial y} dy = y dx + x dy \tag{5.4.4}$$

これが条件式（5.4.1）を満たすdx、dyに対してゼロになればよいわけです。条件式（5.4.1）を満たすためには、dx、dyは次の式を満たさねばなりません[*]。

---

[*] dx、dyは次の式を満たさねばなりません　この式は条件式（5.4.1）の微分である。

5-4　ラグランジュの未定係数法と応用

$$\mathrm{d}g = \frac{\partial g}{\partial x}\mathrm{d}x + \frac{\partial g}{\partial y}\mathrm{d}y = \mathrm{d}x + \mathrm{d}y = 0 \tag{5.4.5}$$

式（5.4.5）から$\mathrm{d}y$を求め、式（5.4.4）に代入し、式（5.4.1）を使うと式（5.4.3）が得られます。しかし、ここでは、代入する代わりに、式（5.4.4）に式（5.4.5）の定数倍を加えて$\mathrm{d}y$を消去します*。このケースでは、定数の値が$-x$であることはすぐにわかりますが、わからないと思って、定数をλとおき、$\mathrm{d}y$を消去できるようにλを決めることにしましょう。（式（5.4.4））$+\lambda\times$（式（5.4.5））は次のようになります。

$$\mathrm{d}f + \lambda \mathrm{d}g = \frac{\partial f}{\partial x}\mathrm{d}x + \frac{\partial f}{\partial y}\mathrm{d}y + \lambda\left(\frac{\partial g}{\partial x}\mathrm{d}x + \frac{\partial g}{\partial y}\mathrm{d}y\right)$$

$$= \left(\frac{\partial f}{\partial x} + \lambda\frac{\partial g}{\partial x}\right)\mathrm{d}x + \left(\frac{\partial f}{\partial y} + \lambda\frac{\partial g}{\partial y}\right)\mathrm{d}y \tag{5.4.6}$$

$$= (y+\lambda)\mathrm{d}x + (x+\lambda)\mathrm{d}y \tag{5.4.7}$$

この式の$\mathrm{d}y$を消去するためには、$\lambda=-x$ですから、$\lambda=-x$を代入して式（5.4.1）を使ってyを消去すると、式（5.4.3）が得られます。

見方を少し変えると、次の三つの式を同時に満たすようにすれば、答えが得られるということです。

$$g(x, y) = x + y - l = 0 \tag{5.4.1（再掲）}$$

$$\frac{\partial f}{\partial x} + \lambda\frac{\partial g}{\partial x} = 0 \tag{5.4.8}$$

$$\frac{\partial f}{\partial y} + \lambda\frac{\partial g}{\partial y} = 0 \tag{5.4.9}$$

式（5.4.1）、式（5.4.8）、式（5.4.9）を同時に満たすということは、λ、x、yを独立な変数と思って、次の関数が停留値を採る*ということです。

$$\tilde{f} = f(x, y) + \lambda g(x, y) \tag{5.4.10}$$

条件付で$f(x, y)$の停留値を求める代わりに、x、yを独立な変数として式（5.4.10）の停留値を求める方法を、**ラグランジュの未定係数法**といいます。次の項でもっと一般的な説明をしましょう。

---

*$\mathrm{d}y$を消去します　ここでは、$\mathrm{d}x$、$\mathrm{d}y$を変数と考えているから、xを含んでいても定数と呼んでおく。
*次の関数が停留値を採る　式（5.4.1）はλに関する偏微分係数がゼロという式になっている。また、式（5.4.8）と（5.4.9）はx、yに関する偏微分係数がゼロという式になっている。

▶▶ ラグランジュの未定係数法

前節の結果より予測されるように、次のⅠ、Ⅱ、Ⅲは同じ問題になります。Ⅰを解く代わりに、ⅡまたはⅢを解くことをラグランジュの未定係数法といいます。

Ⅰ

拘束条件 $\begin{cases} g_1(x_1, x_2, \cdots, x_f)=0 \\ g_2(x_1, x_2, \cdots, x_f)=0 \\ \vdots \\ g_s(x_1, x_2, \cdots, x_f)=0 \end{cases}$ のもとで

$f(x_1, x_2, \cdots, x_f)$ の停留値を求める。

Ⅱ

拘束条件 $\begin{cases} g_1(x_1, x_2, \cdots, x_f)=0 \\ g_2(x_1, x_2, \cdots, x_f)=0 \\ \vdots \\ g_s(x_1, x_2, \cdots, x_f)=0 \end{cases}$ のもとで

$\tilde{f}=f(x_1, x_2, \cdots, x_f)+\lambda_1 g_1(x_1, x_2, \cdots, x_f)+\cdots+\lambda_s g_s(x_1, x_2, \cdots, x_f)$
の停留値を求める。

つまり、
$\begin{cases} \dfrac{\partial \tilde{f}}{\partial x_1}=0 \\ \dfrac{\partial \tilde{f}}{\partial x_2}=0 \\ \vdots \\ \dfrac{\partial \tilde{f}}{\partial x_f}=0 \\ \dfrac{\partial \tilde{f}}{\partial \lambda_1}=0 \ (\text{つまり} g_1(x_1, x_2, \cdots, x_f)=0) \\ \dfrac{\partial \tilde{f}}{\partial \lambda_2}=0 \ (\text{つまり} g_2(x_1, x_2, \cdots, x_f)=0) \\ \vdots \\ \dfrac{\partial \tilde{f}}{\partial \lambda_s}=0 \ (\text{つまり} g_s(x_1, x_2, \cdots, x_f)=0) \end{cases}$ である点を求める。

Ⅲ $\tilde{f} = f(x_1, x_2, \cdots, x_f) + \lambda_1 g_1(x_1, x_2, \cdots, x_f) + \cdots + \lambda_s g_s(x_1, x_2, \cdots, x_f)$
の停留値を求める。

つまり、
$$\begin{cases} \dfrac{\partial \tilde{f}}{\partial x_1} = 0 \\[4pt] \dfrac{\partial \tilde{f}}{\partial x_2} = 0 \\ \quad \vdots \\ \dfrac{\partial \tilde{f}}{\partial x_f} = 0 \\[4pt] \dfrac{\partial \tilde{f}}{\partial \lambda_1} = 0 \quad (\text{つまり } g_1(x_1, x_2, \cdots, x_f) = 0) \\[4pt] \dfrac{\partial \tilde{f}}{\partial \lambda_2} = 0 \quad (\text{つまり } g_2(x_1, x_2, \cdots, x_f) = 0) \\ \quad \vdots \\ \dfrac{\partial \tilde{f}}{\partial \lambda_s} = 0 \quad (\text{つまり } g_s(x_1, x_2, \cdots, x_f) = 0) \end{cases}$$
である点を求める。

ⅡとⅢが同じであることはいうまでもありません[*]。

ⅠとⅢが同じであることを示しましょう。Ⅰは、以下に示す f の微分が拘束条件を満たす dx_1、dx_2、……、dx_f に対してゼロになればよいわけです。

$$df = \frac{\partial f}{\partial x_1} dx_1 + \frac{\partial f}{\partial x_2} dx_2 + \cdots + \frac{\partial f}{\partial x_f} dx_f \tag{5.4.11}$$

拘束条件を満たすためには、dx_1、dx_2、……、dx_f は次の式を満たさねばなりません[*]。

$$dg_1 = \frac{\partial g_1}{\partial x_1} dx_1 + \frac{\partial g_1}{\partial x_2} dx_2 + \cdots + \frac{\partial g_1}{\partial x_f} dx_f = 0 \qquad (*1)$$

$$dg_2 = \frac{\partial g_2}{\partial x_1} dx_1 + \frac{\partial g_2}{\partial x_2} dx_2 + \cdots + \frac{\partial g_2}{\partial x_f} dx_f = 0 \qquad (*2)$$

$$\vdots$$

$$dg_s = \frac{\partial g_s}{\partial x_1} dx_1 + \frac{\partial g_s}{\partial x_2} dx_2 + \cdots + \frac{\partial g_s}{\partial x_f} dx_f = 0 \qquad (*s)$$

---

[*] **ⅡとⅢが同じであることはいうまでもありません**　Ⅲは拘束条件がないが、$\lambda_1, \lambda_2, \cdots, \lambda_s$ に対して停留値をもつことから、拘束条件を自動的に満たしている。

[*] **dx_1, dx_2, ……, dx_f は次の式を満たさねばなりません**　この式は拘束条件式の微分である。

5-4 ラグランジュの未定係数法と応用

(式(5.4.11)+$\lambda_1 \times$(式(*1))+$\lambda_2 \times$(式(*2))+……+$\lambda_s \times$(式(*s))) を計算し、dx_1, ……, dx_s を消去できるように λ_1, ……, λ_s を決めることにしましょう。

$$df + \lambda_1 dg_1 + \lambda_2 dg_2 + \cdots\cdots + \lambda_s dg_s$$

$$= \frac{\partial f}{\partial x_1}dx_1 + \cdots\cdots + \frac{\partial f}{\partial x_f}dx_f + \lambda_1 \left(\frac{\partial g_1}{\partial x_1}dx_1 + \cdots\cdots + \frac{\partial g_1}{\partial x_f}dx_f \right)$$

$$+ \cdots\cdots + \lambda_s \left(\frac{\partial g_s}{\partial x_1}dx_1 + \cdots\cdots + \frac{\partial g_s}{\partial x_f}dx_f \right)$$

$$= \left(\frac{\partial f}{\partial x_1} + \lambda_1 \frac{\partial g_1}{\partial x_1} + \cdots\cdots + \lambda_s \frac{\partial g_s}{\partial x_1} \right) dx_1$$

$$+ \cdots\cdots\cdots\cdots$$

$$+ \cdots\cdots\cdots\cdots$$

$$+ \left(\frac{\partial f}{\partial x_f} + \lambda_1 \frac{\partial g_1}{\partial x_f} + \cdots\cdots + \lambda_s \frac{\partial g_s}{\partial x_f} \right) dx_f \quad (5.4.12)$$

$$= 0$$

この式の dx_1、dx_2……、dx_s を消去するためには、次のようにします。

$$\frac{\partial f}{\partial x_1} + \lambda_1 \frac{\partial g_1}{\partial x_1} + \cdots\cdots + \lambda_s \frac{\partial g_s}{\partial x_1} = 0$$

$$\vdots$$

$$\frac{\partial f}{\partial x_s} + \lambda_1 \frac{\partial g_1}{\partial x_s} + \cdots\cdots + \lambda_s \frac{\partial g_s}{\partial x_s} = 0 \quad (5.4.13)$$

こうして dx_1, dx_2……, dx_s を消去した結果、df は dx_{s+1}, ……, dx_f だけで表されます。df が任意の dx_{s+1}, ……, dx_f に対して停留値をとればよいのです。そのための条件は、以下のとおりです。

$$\frac{\partial f}{\partial x_{s+1}} + \lambda_1 \frac{\partial g_1}{\partial x_{s+1}} + \cdots\cdots + \lambda_s \frac{\partial g_s}{\partial x_{s+1}} = 0$$

$$\vdots$$

$$\frac{\partial f}{\partial x_f} + \lambda_1 \frac{\partial g_1}{\partial x_f} + \cdots\cdots + \lambda_s \frac{\partial g_s}{\partial x_f} = 0 \quad (5.4.14)$$

こうして、問題Ⅰは拘束条件の式と式 (5.4.13)、(5.4.14) を同時に満たす問題を解くことに帰着します。

5-4 ラグランジュの未定係数法と応用

ここで$\tilde{f}$を次のように定義します。

$$\tilde{f}=f+\lambda_1 g_1+\lambda_2 g_2+\cdots\cdots+\lambda_s g_s \tag{5.4.15}$$

この式（5.4.15）がx_1, ……, x_fに対して停留値をとる条件が式（5.4.13）、（5.4.14）ですし、λ_1, ……, λ_fに対して停留値をとる条件が拘束条件の式です。結局、問題Iは式（5.4.15）がx_1, ……, x_f, λ_1, ……, λ_fに対して停留値をとる問題、すなわち問題IIIに帰着します。

ラグランジュの未定係数法は、拘束条件があるときの停留値を求める問題に広く使うことができます。変分法にも応用できます。しかし、物理への応用で最も有名なものは、統計力学への応用です。次項で、統計力学への応用例を学びましょう。

▶▶ ラグランジュの未定係数法の応用

気体や固体の性質をミクロの視点で考察するとき必要になるボルツマン*分布について考えましょう。ボルツマン分布によれば、分子がエネルギーεをもつ確率は、$\exp\left(\dfrac{-\varepsilon}{k_B T}\right)$に比例します*。実は、ボルツマン分布を導くとき、ラグランジュの未定係数法が応用されます。

分子のとり得る状態の数がℓで、それらの状態のエネルギーがε_1, ε_2, ……, ε_ℓであるとします。総分子数Nの分子が絶対温度Tで熱平衡状態にあるとして、エネルギーがε_1, ε_2, ……, ε_ℓの状態にいる分子の数n_1, n_2, ……, n_ℓを求める問題を考えてみましょう。

熱平衡状態では、ε_1にn_1個、ε_2にn_2個、……ε_kにn_k個を分配する場合の数wが最大になる分布が実現します。熱平衡状態での分布を求める問題は、場合の数wを求め、総分子数がN、全エネルギーがEという条件のもとで、wが最大になる条件をラグランジュの未定係数法を使って求める問題になります。

●場合の数

総分子数Nの分子を、エネルギーがε_1の状態にn_1個、ε_2の状態にn_2個、……、ε_kの状態にn_k個を分配する場合の数wを求めましょう。

---

* **ボルツマン**　ルートヴィッヒ・ボルツマン（Ludwig Bolzmann）。オーストリアの物理学者（1844〜1906年）。
* **比例します**　ただし、k_Bはボルツマン定数と呼ばれる定数で、$k_B=1.38\times 10^{-23}$J/Kである。

5-4 ラグランジュの未定係数法と応用

図5.4.1：場合の数（その1）

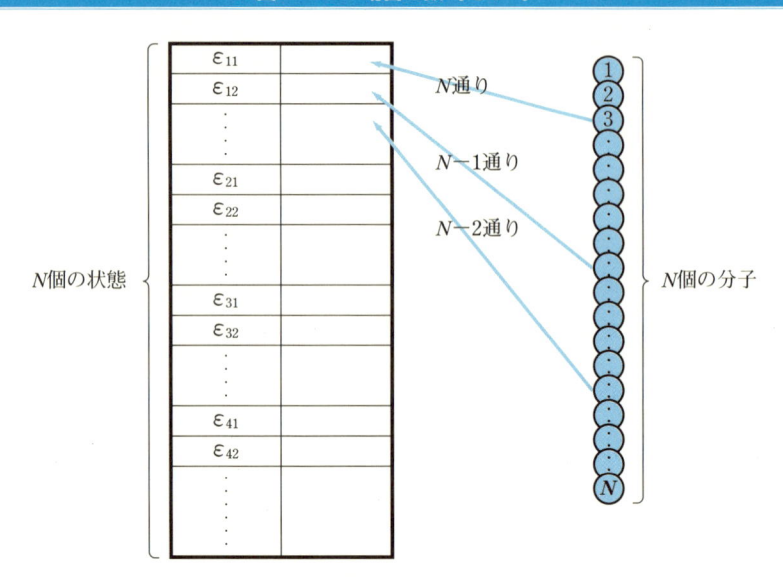

(1) 最初に、エネルギーが ε_1 の状態はすべて別々の状態であるとしましょう。その状態を ε_{11}, ε_{12}, ……, ε_{1n_1} と書くことにします。エネルギーが ε_2, ……, ε_k の状態についても同様とします。この場合、図5.4.1に示したような $N(=n_1+n_2+……+n_k)$ 個の状態に N 個の分子を分配する場合の数を求めることになります。

最初の状態（ε_{11}）に分子を分配する場合の数は、どの分子をもってきてもよいので、N 通りです。次の状態（ε_{12}）に分子を分配する場合の数は、残りの $N-1$ 個の分子のうちどの分子をもってきてもよいので、$N-1$ 通りです。このように考えて、$N(=n_1+n_2+……+n_k)$ 個の状態に N 個の分子を分配する場合の数は $N!$ 通りになります。

(2) 次に、エネルギーが ε_1 の状態はすべて同じ状態であるとしましょう。そうすると、図5.4.2に示したように、同じ n_1 個の分子が ε_1 の状態に入っている $n_1!$ 個の状態はすべて同じ状態になります。

5-4　ラグランジュの未定係数法と応用

図5.4.2：場合の数（その2）

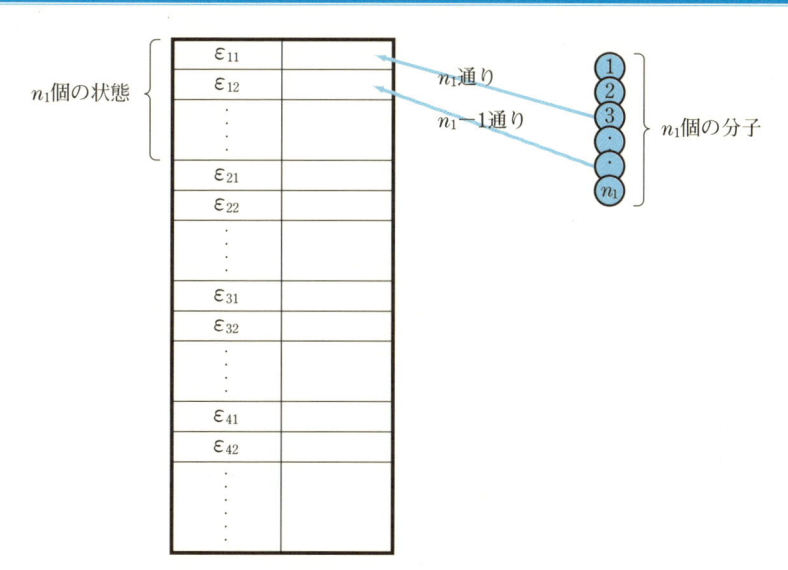

場合の数は（1）で求めた場合の数を$n_1!$で割ることにより得られます。エネルギーがε_2の状態はすべて同じ状態であるとすると、さらに、$n_2!$で割らねばなりません。こうして得られる場合の数wは、次のようになります。

$$w = \frac{N!}{n_1! n_2! n_3! \cdots n_k!} \qquad (5.4.16)$$

● **場合の数を最大にする**

さて、熱平衡状態では、$\sum_{i=1}^{k} n_i = N$、$\sum_{i=1}^{k} \varepsilon_i n_i = E$の条件のもとで、場合の数$w$（式（5.4.16））を最大にする状態が実現します。対数関数が単調増加であることから、wを最大にする条件を考える代わりに、$f = \log w$を最大にする条件を求めることにします。大きなnに対する近似式*$\log n! \approx n \log n - n$と式（5.4.16）を使って、$f$を次ページのように書き表します。

＊**近似式**　244ページのコラム参照。

5-4 ラグランジュの未定係数法と応用

$$\begin{aligned}
f = \log w &= \log \frac{N!}{n_1! n_2! n_3! \cdots\cdots n_k!} \\
&= \log N! - \log n_1! - \log n_2! - \log n_3! - \cdots\cdots - \log n_k! \\
&\approx (N \log N - N) - (n_1 \log n_1 - n_1) - (n_2 \log n_2 - n_2) \\
&\quad - \cdots\cdots - (n_k \log n_k - n_k) \\
&= N \log N - n_1 \log n_1 - n_2 \log n_2 - n_3 \log n_3 - \cdots\cdots - n_k \log n_k
\end{aligned}$$

(5.4.17)

なお、最後の変形において、$N = n_1 + n_2 + \cdots\cdots + n_k$ を使いました。この f が以下のような拘束条件のもとで停留値をもつ条件から、$n_1, n_2, \cdots\cdots, n_k$ を求めてみましょう。

$$\sum_{i=1}^{k} n_i = N \tag{5.4.18}$$

$$\sum_{i=1}^{k} \varepsilon_i n_i = E \tag{5.4.19}$$

ラグランジュの未定係数法により、次の $\tilde{f}$ が停留値をもつ問題に帰着します。

$$\tilde{f} = N \log N - \sum_{i=1}^{k} n_i \log n_i - \alpha \left(\sum_{i=1}^{k} n_i - N \right) - \beta \left(\sum_{i=1}^{k} \varepsilon_i n_i - E \right)$$

(5.4.20)

この式を n_i で偏微分すると、次のようになります。

$$\begin{aligned}
\frac{\partial \tilde{f}}{\partial n_i} &= -\left(\log n_i + n_i \frac{1}{n_i} \right) - \alpha - \beta \varepsilon_i \\
&= -\log n_i - 1 - \alpha - \beta \varepsilon_i
\end{aligned}$$

(5.4.21)

関数 $\tilde{f}$ が停留値をとる条件 $\dfrac{\partial \tilde{f}}{\partial n_i} = 0$ より、$n_i = e^{-1-\alpha-\beta\varepsilon_i} = e^{-1-\alpha} e^{-\beta\varepsilon_i}$ です。$e^{-1-\alpha}$ を A とおいて、n_i は次のようになります。

$$n_i = A e^{-\beta \varepsilon_i} \tag{5.4.22}$$

5-4 ラグランジュの未定係数法と応用

ただし、これ以外に拘束条件を満たす必要があります。拘束条件は、次のようになります。

$$N = \sum_{i=1}^{k} n_i = \sum_{i=1}^{k} A e^{-\beta \varepsilon_i} = A \sum_{i=1}^{k} e^{-\beta \varepsilon_i} \tag{5.4.23}$$

$$E = \sum_{i=1}^{k} \varepsilon_i n_i = \sum_{i=1}^{k} A \varepsilon_i e^{-\beta \varepsilon_i} = A \sum_{i=1}^{k} \varepsilon_i e^{-\beta \varepsilon_i} \tag{5.4.24}$$

この条件を満たすように、A と β を決めると答えが求まります。なお、状態のエネルギーが連続的になっているとき、エネルギー ε が $\varepsilon' < \varepsilon < \varepsilon' + \mathrm{d}\varepsilon'$ の範囲にある状態の数が $\rho(\varepsilon')\mathrm{d}\varepsilon'$ であるとすると、拘束条件式 (5.4.23) と (5.4.24) は、次のように積分の形で表されます。

$$N = A \int_{-\infty}^{\infty} e^{-\beta \varepsilon'} \rho(\varepsilon') \mathrm{d}\varepsilon' \tag{5.4.25}$$

$$E = A \int_{-\infty}^{\infty} \varepsilon' e^{-\beta \varepsilon'} \rho(\varepsilon') \mathrm{d}\varepsilon' \tag{5.4.26}$$

COLUMN 大きなnに対する近似式の証明

まず、対数に関する公式を使って、次のように展開できます。

$$\log n! = \log n + \log(n-1) + \cdots + \log 2 + \log 1 = \sum_{k=1}^{n} \log k = \sum_{k=1}^{n} \log k \times 1$$

この式は、$\log_e$のグラフを書いたとき、幅1の長方形n個の面積の和になります。下の図5.4.3に$n=19$の例が書いてあります。

図5.4.3：n_k=1 logk×1の計算

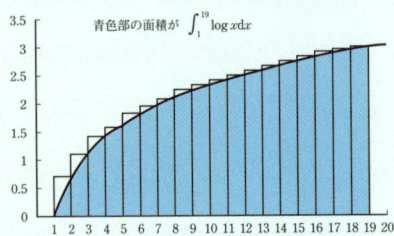

青色部の面積が $\int_1^{19} \log x dx$

青色部の面積が $\int_1^{19+1} \log x dx$

長方形の面積の和が $\sum_{k=1}^{19} \log k \times 1$

図の19個の長方形の面積の和が、$\sum_{k=1}^{19} \log k \times 1$ です。ところで、図5.4.3を見れば、19個の長方形の面積の和は、$x=19$までの$\log_e$のグラフの面積 $\int_1^{19} \log x dx$ よりは大きく、$x=20$までの$\log_e$のグラフの面積 $\int_1^{20} \log x dx$ より小さいことがわかります。そこで、次の式が成り立ちます。

$$\int_1^{n} \log x dx < \sum_{k=1}^{n} \log k \times 1 < \int_1^{n+1} \log x dx$$

一方、部分積分の公式を使って定積分を計算すると、次のようになります。

$$\int_1^{n} \log x dx = [x \log x]_1^n - \int_1^n x \frac{1}{x} dx = [x \log x]_1^n - [x]_1^n = n \log n - n + 1$$

この結果、以下のようになります。

$$n \log n - n + 1 < \sum_{k=1}^{n} \log k \times 1 < (n+1) \log(n+1) - (n+1) + 1$$

大きなnに対し、nの一乗より小さい項を無視すると、次のようになることから、$\log n! \approx n \log n - n$ が証明されます。

$$[(n+1)\log(n+1) - (n+1) + 1] - (n \log n - n + 1)$$
$$= n \log(n+1) - n \log n + \log(n+1) - 1$$
$$= n \log \frac{n+1}{n} + \log(n+1) - 1$$
$$\approx 0 \quad (n\text{の一乗より小さい項を無視})$$

5-4 ラグランジュの未定係数法と応用

●未定係数 β と絶対温度 T の関係

式（5.4.22）を理想気体に適用してみましょう。理想気体では、エネルギーは次のようになります。

$$\varepsilon = \sum_{i=1}^{N} \frac{m_i v_i^2}{2} \tag{5.4.27}$$

ただし、$v_i = \sqrt{v_{ix}^2 + v_{iy}^2 + v_{iz}^2}$ です。エネルギー ε が $\varepsilon' < \varepsilon < \varepsilon' + d\varepsilon'$ の範囲にある状態の数は、速度が $v' = \sqrt{\dfrac{2\varepsilon'}{m_i}} < v < \sqrt{\dfrac{2(\varepsilon' + d\varepsilon')}{m_i}} = v' + dv'$ の範囲にある状態の数に等しく、図5.4.4の色付き部分の状態数になります。

図5.4.4：状態の数 $\rho(\varepsilon)d\varepsilon$

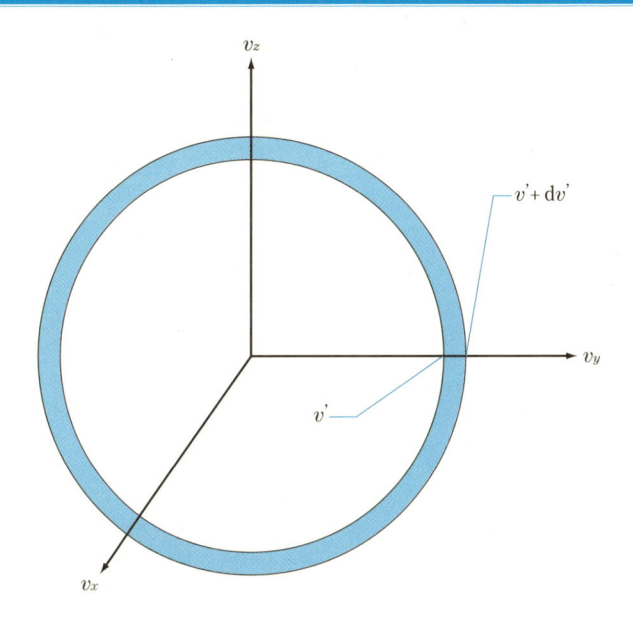

色付き部分の状態数は色付き部分の体積に比例しますから、比例定数を C として、次のように表すことができます。

$$\rho(\varepsilon')d\varepsilon' = C 4\pi v^2 dv$$

$$= C 4\pi \frac{2\varepsilon}{m} \frac{1}{\sqrt{2m\varepsilon}} d\varepsilon$$

5-4 ラグランジュの未定係数法と応用

$$=C'\sqrt{\varepsilon}\,d\varepsilon$$

拘束条件式（5.4.25）と（5.4.26）は、次のように積分の形で表されます[*]。

$$N=A\int_0^\infty e^{-\beta\varepsilon'}C'\sqrt{\varepsilon'}\,d\varepsilon'$$

$$=AC'\int_0^\infty e^{-\beta\varepsilon'}(\varepsilon')^{\frac{1}{2}}\,d\varepsilon' \qquad (5.4.28)$$

$$E=A\int_0^\infty \varepsilon' e^{-\beta\varepsilon'}C'\sqrt{\varepsilon'}\,d\varepsilon'$$

$$=AC'\int_0^\infty e^{-\beta\varepsilon'}(\varepsilon')^{\frac{3}{2}}\,d\varepsilon' \qquad (5.4.29)$$

式（5.4.29）を部分積分して、次のように変形することができます[*]。

$$E=\left[AC'\frac{1}{-\beta}e^{-\beta\varepsilon'}(\varepsilon')^{\frac{3}{2}}\right]_0^\infty - AC'\int_0^\infty \frac{1}{-\beta}e^{-\beta\varepsilon'}\frac{3}{2}(\varepsilon')^{\frac{1}{2}}\,d\varepsilon'$$

$$=-\frac{3}{2}\frac{1}{-\beta}AC'\int_0^\infty e^{-\beta\varepsilon'}(\varepsilon')^{\frac{1}{2}}\,d\varepsilon'$$

$$=\frac{3}{2\beta}AC'\int_0^\infty e^{-\beta\varepsilon'}(\varepsilon')^{\frac{1}{2}}\,d\varepsilon'$$

$$=\frac{3}{2\beta}N \qquad (5.4.30)$$

ところで、理想気体の場合、気体分子運動論より$E=\dfrac{3k_BT}{2}N$が成り立ちます。この式によって絶対温度を定義しているということもできます。

式（5.4.30）と比較すると、$\beta=\dfrac{1}{k_BT}$です。式（5.4.22）は次のようになります。

$$n_i = Ae^{-\frac{\varepsilon_i}{k_BT}} \qquad (5.4.31)$$

---

[*] 表されます　式（5.4.27）より$\varepsilon'<0$の状態は存在しない。つまり、$\varepsilon'<0$に対し$\rho(\varepsilon')=0$である。

[*] 変形することができます　第2章の公式$\int gf'\,dx = fg - \int fg'\,dx$を定積分に応用すると、

$$\int_0^\infty gf'\,dx = [fg]_0^\infty - \int_0^\infty g'f\,dx$$ である。この式で$f=\dfrac{1}{-\beta}e^{-\beta\varepsilon'}$、$g=(\varepsilon')^{\frac{3}{2}}$とおいて部分積分する。

第6章

関数空間

　普通のベクトルを成分で表すとき、直交した基底をとるほうが便利なことが多い。関数空間における直交した基底の最も簡単な例は、三角関数です。関数空間の基底として三角関数を使ったフーリエ級数はあらゆる分野でよく使われています。この章では、普通のベクトル空間に習って関数空間における内積を定義し、演算子、フーリエ級数、フーリエ積分を学びます。

　フーリエ級数・フーリエ積分は自然現象の中でも大切な役割を果たします。例えば、音を耳で聞いたときの音色を決めるのは、音の振幅をフーリエ積分に変換したものです。私たちが波の性質を調べるとき正弦波の性質だけを調べるのは、フーリエ積分に変換することにより正弦波の重ね合わせとして波を記述できるからです。また、フーリエ級数・フーリエ積分は数学的な意味でも重要です。

　また、演算子は量子力学を考える上で不可欠のものです。量子力学では、状態は関数空間のベクトルで表され、物理量は関数空間のエルミート演算子で表されます。演算子の考え方は微分方程式を解くときにも威力を発揮します。その例として、ラプラス変換を使った演算子法による線形常微分方程式の解法にも触れたいと思います。

6-1

ベクトル空間と関数空間

第2章では、矢印で表されるベクトルを学びました。この節では、まず、一般化したベクトルとベクトルの集まり（集合）であるベクトル空間を学びます。次に、関数の集まり（集合）である関数空間が、ベクトル空間の一種であることを学びます。

▶▶ ベクトル空間

第2章でベクトルを学びましたが、第2章で学んだベクトルが次の式を満たすことは明らかです。

（Ⅰ）ベクトルの和に関する関係式

- （1）　$(x+y)+z = x+(y+z)$　　（結合の法則）
- （2）　$x+y = y+x$　　（交換の法則）
- （3）　$0+x = x$　　（ゼロベクトル0の存在）
- （4）　$x+(-x) = 0$　　（逆ベクトル$-x$の存在）

（Ⅱ）ベクトルのスカラー倍に関する関係式

- （1）　$(a+b)x = ax+bx$　　（分配の法則）
- （2）　$a(x+y) = ax+ay$　　（分配の法則）
- （3）　$(ab)x = a(bx)$　　（結合の法則）
- （4）　$1x = x$

これらの関係式を使って、より一般的なベクトルを定義することができます。

集合の元*が（Ⅰ）（Ⅱ）の式を満たすとき*、この集合を**ベクトル空間***といい、ベクトル空間の元を**ベクトル**といいます。

- ***集合の元**　集合を構成する要素を「元」という。
- ***（Ⅰ）（Ⅱ）の式を満たすとき**　（Ⅰ）（Ⅱ）の式は、あたりまえの式であり必ず成り立っていると感じる人も多いだろうが、第2章で学んだ行列は、行列の掛け算に対しては交換関係が成り立たない。（Ⅰ）（Ⅱ）の式は成り立たない場合もある。
- ***ベクトル空間**　実数xの全体（Rと書く）や、二つの実数の組(x_1, x_2)の全体（R^2と書く）、さらに、n個の次数の組$(x_1, x_2, \cdots, x_n)$の全体（R^nと書く）はベクトル空間である。しかし、$0 < x < 1$である実数の集合はベクトル空間ではない。二つの元の和がこの集合に含まれるとは限らないからである。

6-1 ベクトル空間と関数空間

図6.1.1：ベクトルと基底

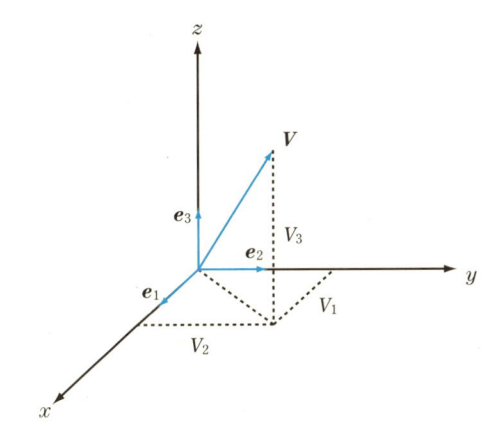

図6.1.1に示したように、第2章で学んだ3次元のベクトルは、独立な3つのベクトルe_1、e_2、e_3* (**基底**と呼ぶ) を使って、次のように表されます。

$$V = V_1 e_1 + V_2 e_2 + V_3 e_3 \tag{6.1.1}$$

一般のベクトル空間の場合、ベクトル空間の元であるベクトルが三つの基底で表されるとき、ベクトル空間が**3次元**であるといいます。同様に、n個の基底で次のように表されるとき、**n次元**であるといいます。

$$V = V_1 e_1 + V_2 e_2 + \cdots\cdots + V_n e_n \tag{6.1.2}$$

▶▶ 関数空間

第2章で学んだ3次元ベクトルはx, y, z成分で表されました。ここでは式（6.1.1）のV_1、V_2、V_3を第1成分、第2成分、第3成分と呼ぶことにします。第1成分、第2成分、第3成分がそれぞれ$f(1)$、$f(2)$、$f(3)$となる関数$f(n)$を考えると、変数$n=1,2,3$に対して定義される関数$f(n)$と3次元ベクトルは同一視することができます。

変数nの三つの値に対して定義された関数$f(n)$が3次元ベクトルとみなせるならば、変数nの四つの値に対して定義された関数$f(n)$は4次元ベクトルとみなせます。さらに、変数xの無限個の値に対して定義されている関数$f(x)$は**無限次元ベクトル**とみなせます。

---

* **独立な3つのベクトルe_1、e_2、e_3**　それぞれのベクトルを残りのベクトルで表すことができないとき、独立であるという。同一平面内にある三つのベクトルは独立ではない。同一平面内にない3つのベクトルは独立である。

6-1　ベクトル空間と関数空間

図6.1.2：ベクトルと関数

(A)　(B)　(C)

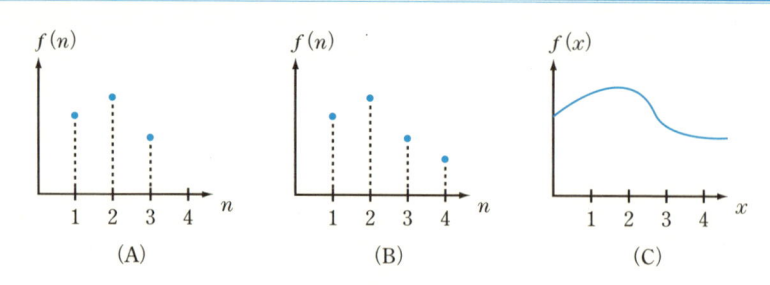

すなわち、図6.1.2（A）に示された関数 $f(n)$ が3次元ベクトルとみなせるならば、図6.1.2（B）に示された関数 $f(n)$ は4次元ベクトルとみなせますし、図6.1.2（C）に示された関数 $f(x)$ は無限次元ベクトルとみなせます。このように考えて、関数 $f(x)$ を無限次元ベクトルとみなすことにします。関数の集合が前項の（Ⅰ）（Ⅱ）を満たすとき、この関数の集合をベクトル空間とみなし、**関数空間**と呼びます。

関数の集合といっても、どのような関数の集合であるのか定義する必要があります。ある範囲で連続な関数の集合かもしれません。微分可能な関数の集合かもしれません。数学的にはそのような条件をはっきりさせる必要があります。しかし、本書では、その時々に応じて適当なものを取るということにして、そのような条件をいちいち断らないことにします。

内積とユークリッドベクトル空間

第2章で学んだベクトルに対して、「内積なんて何で大切なの？」という人はいても、長さとか直交という概念が大切であることに異論のある人はいないでしょう。しかし、長さとか直交という概念は内積によって定義されているのです。

●内積

第2章で学んだベクトルは、内積が定義されていました。そして、内積を使って、「長さ」や「直交」という概念が定義されていました。基底にしても、多くの場合、直交している単位長さの基底が使われます。**正規直交基底**[*]（ON基底）といわれますが、そのための条件は内積を使って、次のように表されます。

$$\boldsymbol{e}_i \cdot \boldsymbol{e}_j = \delta_{ij} \tag{6.1.3}$$

---

[*] **正規直交基底**　英語でorthogonal normalized basisと書く。253ページも参照。

ここで、記号 δ_{ij} は、以下のように定義されます。

$\delta_{ij} = 0 \quad i \neq j$
$\quad\quad = 1 \quad i = j$

第2章で学んだベクトルの内積 $\boldsymbol{x} \cdot \boldsymbol{y} = x_1 y_1 + x_2 y_2 + x_3 y_3$ は次の式を満たしています。

(Ⅲ) 内積の満たす関係[*]

(1) $\boldsymbol{x} \cdot \boldsymbol{y} = (\boldsymbol{y} \cdot \boldsymbol{x})^*$ 　　　　　　　（交換の法則）

(2) $\boldsymbol{x} \cdot (\boldsymbol{y} + \boldsymbol{z}) = \boldsymbol{x} \cdot \boldsymbol{y} + \boldsymbol{x} \cdot \boldsymbol{z}$ 　　　　（分配の法則）

(3) $(a\boldsymbol{x}) \cdot \boldsymbol{y} = a^* (\boldsymbol{x} \cdot \boldsymbol{y})$ 　　　　　（結合の法則）

(4) $\boldsymbol{x} \cdot \boldsymbol{x} \geq 0$ 　　　　　　　　　　（ベクトルの長さ $|x| = \sqrt{\boldsymbol{x} \cdot \boldsymbol{x}}$）

(5) $\boldsymbol{x} \cdot \boldsymbol{x} = 0 \Rightarrow \boldsymbol{x} = 0$

● 複素ベクトルの内積

成分が複素数である複素ベクトルを考えてみましょう。一つの複素数で表される1次元の複素ベクトルの内積を実数の場合に習って $\boldsymbol{x} \cdot \boldsymbol{y} = x_1 y_1$ [*] と定義するわけにはいきません。ベクトルの長さ $|\boldsymbol{x}| = \sqrt{\boldsymbol{x} \cdot \boldsymbol{x}}$ が正の実数にならないからです。1次元の複素ベクトルの長さは $|x_1| = \sqrt{x_1^* x_1}$ とすべきでしょう。そのためには内積を $\boldsymbol{x} \cdot \boldsymbol{y} = x_1^* y_1$ と定義するべきです。

1次元複素ベクトルの場合に習って、一般の n 次元**複素ベクトルの内積**を次のように定義します。

$$\boldsymbol{x} \cdot \boldsymbol{y} = x_1^* y_1 + x_2^* y_2 + \cdots\cdots + x_n^* y_n = \sum_{i=1}^{n} x_i^* y_i \qquad (6.1.4)$$

行列の記法を使えば、次のようになります。

$$\boldsymbol{x} \cdot \boldsymbol{y} = \begin{pmatrix} x_1^* x_2^* \cdots\cdots x_n^* \end{pmatrix} \begin{pmatrix} y_1 \\ y_2 \\ \vdots \\ y_n \end{pmatrix} \qquad (6.1.5)$$

---

[*] **内積の満たす関係**　複素数 $x = a + ib$ にたいし $x^* = a - ib$ を複素共役という。実数を考えている限りこの記号「*」はないのと同じ。あとで複素ベクトルを扱うときのために付けてある。

[*] $x_1 y_1$　ここで、x_1, y_1 はベクトル $\boldsymbol{x}, \boldsymbol{y}$ の第一成分。もちろん、1次元ベクトルには第一成分しかない。

[*] x_1^*　複素数 $x_1 = a + ib$ に対し $x_1^* = a - ib$ を複素共役という。$x_1^* x_1 = a^2 + b^2 = |x_1|^2$ である。

6-1　ベクトル空間と関数空間

　内積が定義されているベクトル空間を**ユークリッド・ベクトル空間**と呼びます。内積の定義からわかるように、複素ベクトルの内積では、どちらを左に書くかで結果が違ってきます。

● **関数空間の内積**

　関数空間に対しても内積を定義しましょう。関数空間のベクトル $f(x)$ と $g(x)$ の内積を $\langle f(x) | g(x) \rangle$ と書くことにします。内積は、式（6.1.4）の i に関する和を x に関する積分に変えた次の式で定義[*]されます。

$$\langle f(x) | g(x) \rangle = \int_{-\infty}^{\infty} f^*(x) g(x) dx \qquad (6.1.6)$$

　関数を関数空間のベクトルと考えるとき、太文字で表す代わりに $|f(x)\rangle$ または $\langle f(x)|$ で表すことにします。内積で左側に書くベクトルは $\langle f(x)|$ と書いて**ブラ・ベクトル**[*]と呼び、内積で右側に書くベクトルは $|f(x)\rangle$ と書いて**ケット・ベクトル**[*]と呼びます。

---

[*] **次の式で定義**　積分範囲を $-\infty$ から ∞ としてあるが、関数の定義域が $-\infty$ から ∞ でない場合は、積分範囲は関数の定義域になる。
[*] **ブラ・ベクトルとケット・ベクトル**　カッコを意味するブラケットからきた名前。

6-2

フーリエ級数とフーリエ積分

関数空間のベクトルである関数も関数空間の基底を使って表すと、便利なことが多くあります。第4章で学んだテーラー級数はx、x^2、x^3……を基底としてベクトル（関数）を成分で表したものと見ることができますし、ここで学ぶフーリエ*級数*は三角関数を基底としてベクトル（関数）を成分で表したものと見ることができます。このような考え方を取り入れることにより、見通し良くフーリエ級数を理解することができます。

▶▶ フーリエ級数

第4章でテーラー級数展開を学びました。テーラー級数の式（4.1.1）で$a=0$としたマクローリン級数の式は、次のようになります。

$$f(x) = \sum_{n=0}^{\infty} \frac{f^{(n)}(0)}{n!} x^n$$

関数$f(x)$が無限個の関数$1, x, x^2, x^3$……で表されています。この状況はn次元ベクトルが式（6.1.2）によって、n個のベクトルで表されている状況と似ています。$\{\vec{e}_1, \vec{e}_2, \cdots, \vec{e}_n\}$を基底と呼ぶことに習って、$\{|1\rangle, |x\rangle, |x^2\rangle, |x^3\rangle, \cdots\}$を「関数空間の基底」と呼ぶことにします。ベクトル空間の基底の選び方*は一通りではありません。同じように関数空間の基底の選び方*も一通りではありません。

ベクトルの基底として、互いに直交している（互いの内積がゼロである）単位長さのベクトルの集合を基底として選ぶと都合の良いことが多くありました。そのような基底を**正規直交基底（ON基底）**と呼びます。べき関数*からなる基底はON基底ではありません。関数空間のON基底の例として、三角関数からなるON基底を次に考えましょう。

---

*フーリエ　ジャン・バティスト・ジョセフ・フーリエ（Jean Baptiste Joseph Fourier）。フランスの政治家、数学者（1768-1830年）。
*フーリエ級数　英語でFourier seriesと書く。
*ベクトル空間の基底の選び方　無限にある。
*関数空間の基底の選び方　無限にある。
*べき関数　べき関数は$1, x, x^2, x^3$、……のようにxのn乗の形で表される関数。

6-2 フーリエ級数とフーリエ積分

●基本領域$-\pi \leq \phi \leq \pi$のON基底

周期2πの関数を基本領域$-\pi \leq \phi \leq \pi$で定義された関数とみなします。関数が半径1の円周上で定義され、ϕは図6.2.1に示された角度を表していると考えてください。

図6.2.1：単位円周上の関数

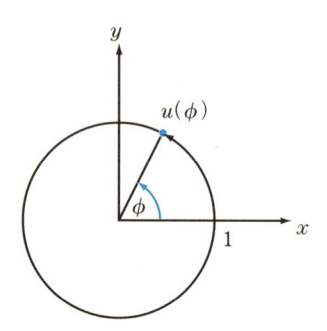

このような関数からなる関数空間において、三角関数*からなる次の一連の関数はON基底になっています。

$$\{\cdots\cdots, |e_{-2}(\phi)\rangle, |e_{-1}(\phi)\rangle, |e_0(\phi)\rangle, |e_1(\phi)\rangle, |e_2(\phi)\rangle, \cdots\cdots\}$$

ただし、$e_m(\phi) = \dfrac{1}{\sqrt{2\pi}} e^{im\phi}$と定義します。 (6.2.1)

基底であるということは、周期2πの任意の関数*は次のような級数で表される*ということです。

$$|f(\phi)\rangle = \sum_{m=-\infty}^{\infty} a_m |e_m(\phi)\rangle \qquad (6.2.2)$$

このことについて本書では証明をする代わりに*、後述する具体例の数値計算結果を見て納得していただく方針をとりました。

次にこの基底が正規直交基底であることを示しましょう。

これらが基本領域$-\pi \leq \phi \leq \pi$で定義された関数であると考え、**関数空間の内積**が、次のように定義されているとします。

---

*三角関数　関数$e^{im\phi}$は次のように三角関数で表されるから、「三角関数」と表記した。「指数関数」と呼べば$e^{m\phi}$を連想してしまう。

$$e^{im\phi} = \cos\phi + i\sin\phi$$

*周期2πの任意の関数　厳密にいえばすべての関数ではない。このような級数展開ができない関数を考えることはできる。しかし、物理で現れる関数はすべてこのような級数展開ができる。

*級数で表される　通常のベクトルとの対応を見るために、関数$f(\phi)$を、関数空間のベクトルを表す記号$|f(\phi)\rangle$で書く。

6-2 フーリエ級数とフーリエ積分

$$\langle f(\phi) | g(\phi) \rangle = \int_{-\pi}^{\pi} f^*(\phi) g(\phi) d\phi \qquad (6.2.3)$$

関数空間の基底が正規直交基底であるための条件式は、通常のベクトルの場合の条件式（6.1.3）の内積を関数空間の内積に置き換えた次の式になります。

$$\langle e_m(\phi) | e_n(\phi) \rangle = \int_{-\pi}^{\pi} e_m^*(\phi) e_n(\phi) d\phi = \delta_{mn} \qquad (6.2.4)$$

この式が成立していることは、積分を具体的に計算するとわかります。積分を計算した結果は、以下のようになります。

$$\begin{aligned}
\langle e_m(\phi) | e_n(\phi) \rangle &= \int_{-\pi}^{\pi} e_m^*(\phi) e_n(\phi) d\phi \\
&= \int_{-\pi}^{\pi} \frac{1}{\sqrt{2\pi}} e^{-im\phi} \frac{1}{\sqrt{2\pi}} e^{in\phi} d\phi \\
&= \frac{1}{2\pi} \int_{-\pi}^{\pi} e^{i(n-m)\phi} d\phi \\
&= \begin{cases} \dfrac{1}{2\pi} \left[\dfrac{e^{i(n-m)\phi}}{i(n-m)} \right]_{-\pi}^{\pi} = 0 & m \neq n \\ \dfrac{1}{2\pi} \int_{-\pi}^{\pi} 1 d\phi = 1 & m = n \end{cases}
\end{aligned}$$

式（6.2.4）が明らかに成立するので、この基底が正規直交系であることが確かめられました。

●展開係数

基底が正規直交系であり、式（6.1.3）を満たしているとすると、ベクトルを基底で展開した式（6.1.2）の各成分[*]は、次のように表されます。

$$V_i = \boldsymbol{e}_i \cdot \boldsymbol{V}$$

---

[*]**証明をする代わりに** なんとなくでもよいから納得したいという読者は、次のように考えてほしい。
関数 f が x, y の関数であれば、テーラー展開により f は $1, x, x^2, x^3, \cdots\cdots, y, y^2, y^3, \cdots\cdots$ によって表される。領域が図6.2.1の円周上であれば、$x = \cos\phi, y = \sin\phi$。関数 f は $1, \cos\phi, \cos^2\phi, \cos^3\phi, \cdots\cdots, \sin\phi, \sin^2\phi, \sin^3\phi, \cdots\cdots$ によって表される。一方、

$$\cos\phi = \frac{e^{i\phi} + e^{-i\phi}}{2}$$

$$\sin\phi = \frac{e^{i\phi} + e^{-i\phi}}{2i}$$

であるから、$\cos\phi, \cos^2\phi, \cos^3\phi, \cdots, \sin\phi, \sin^2\phi, \sin^3\phi, \cdots\cdots$ は $\cdots\cdots, e^{-2i\phi}, e^{-i\phi}, 1, e^{i\phi}, e^{2i\phi}, \cdots\cdots$ で表される。この結果、f は式（6.2.1）の基底を使って展開できる。

[*]**ベクトルを基底で展開した式（6.1.2）の各成分** 次のようにして確かめられる。

$$\boldsymbol{V} \cdot \boldsymbol{e}_i = \left(\sum_{j=1}^{n} V_j \boldsymbol{e}_j \right) \cdot \boldsymbol{e}_i = \sum_{j=1}^{n} V_j (\boldsymbol{e}_j \cdot \boldsymbol{e}_i) = \sum_{j=1}^{n} V_j \delta_{ij} = V_i$$

6-2 フーリエ級数とフーリエ積分

同様に、式 (6.2.2) の展開係数（基底 $|e_m(\phi)\rangle$ の成分）α_m [*] は、次のようになります。

$$\alpha_m = \langle e_m(\phi) | f(\phi) \rangle \tag{6.2.5}$$

● 基本領域の $-\pi \leq \phi \leq \pi$ フーリエ級数

式 (6.2.2) と式 (6.2.5) を（関数空間のベクトルの形ではなく）通常の関数の形で書き、$\dfrac{1}{\sqrt{2\pi}}\alpha_m = c_m$ と置く[*]と次の式が得られます。

$$f(\phi) = \sum_{m=-\infty}^{\infty} c_m e^{im\phi} \tag{6.2.6}$$

$$c_m = \frac{1}{2\pi} \int_{-\pi}^{\pi} f(\phi) e^{-im\phi} d\phi \tag{6.2.7}$$

式 (6.2.6) を**フーリエ級数**と呼び、フーリエ級数で表すことを**フーリエ展開**といいます。

係数 a_m, b_m を $a_m = c_{-m} + c_m$, $b_m = i(c_m - c_{-m})$ と定義し、関係式 $e^{im\phi} = \cos\phi + i\sin\phi$ を使うと、式 (6.2.6) と (6.2.7) から次式が得られます[*]。

$$f(\phi) = \frac{a_0}{2} + \sum_{m=1}^{\infty} (a_m \cos m\phi + b_m \sin m\phi) \tag{6.2.8}$$

$$a_0 = \frac{1}{\pi} \int_{-\pi}^{\pi} f(\phi) d\phi$$

$$a_m = \frac{1}{\pi} \int_{-\pi}^{\pi} f(\phi) \cos m\phi \, d\phi$$

$$b_m = \frac{1}{\pi} \int_{-\pi}^{\pi} f(\phi) \sin m\phi \, d\phi \tag{6.2.9}$$

これが、sin、cos で表した**フーリエ級数**です。

---

[*] **展開係数（基底 $|e_m(\phi)\rangle$ の成分）α_m**　次のようにして確かめることができる。

$$\langle e_m(\phi) | f(\phi) \rangle = \Big\langle e_m(\phi) \Big| \sum_{m=0}^{\infty} \alpha_n e_n(\phi) \Big\rangle = \sum_{m=0}^{\infty} \alpha_n \langle e_m(\phi) | e_n(\phi) \rangle = \sum_{m=0}^{\infty} \alpha_n \delta_{nm} = \alpha_m$$

[*] $\dfrac{1}{\sqrt{2\pi}}\alpha_m = c_m$ と置く　置き換えなくてもよいが、多くの公式集に載っている形に直すために置き換えた。

[*] **次式が得られます**　定義より、$a_0 = c_{-0} + c_0 = 2c_0$

6-2 フーリエ級数とフーリエ積分

▶▶ フーリエ級数展開の計算

例題1

図6.2.2（1）に示したような次の関数のフーリエ級数展開を計算してみましょう。

$$f(\phi) = -1 \qquad -\pi < \phi < 0$$
$$= 1 \qquad 0 < \phi < \pi$$
$$= 0 \qquad \phi = -\pi, 0, \pi$$

図6.2.2：フーリエ級数の例（その1）

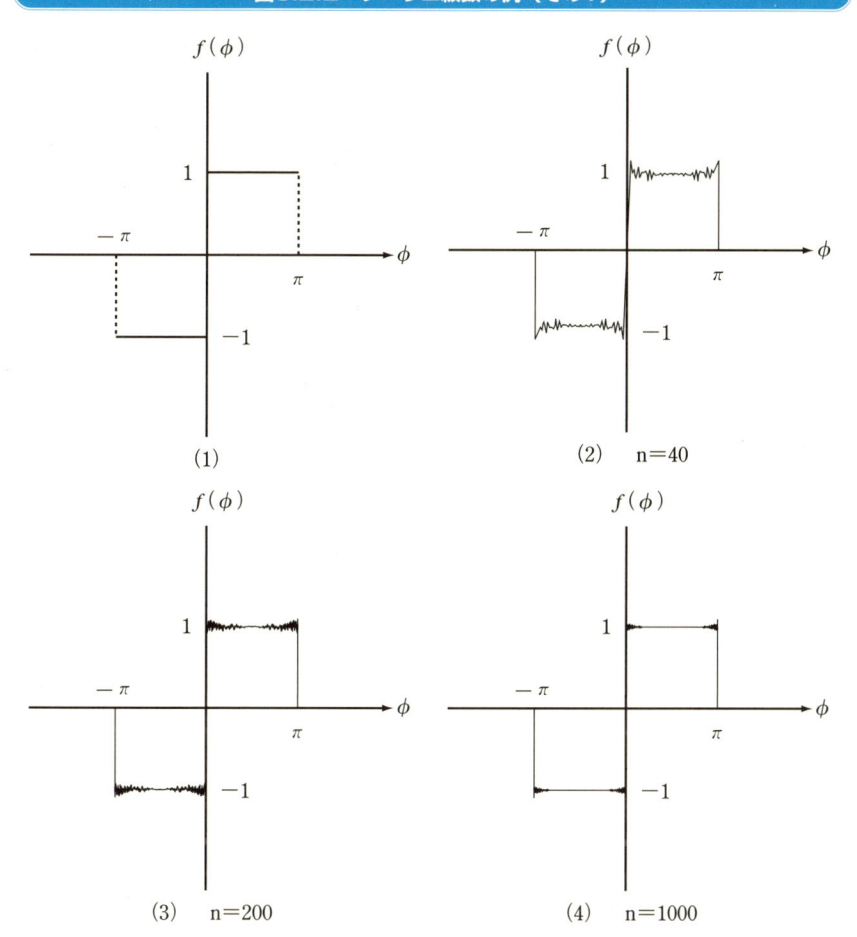

(1)

(2)　n＝40

(3)　n＝200

(4)　n＝1000

6-2 フーリエ級数とフーリエ積分

解答　フーリエ展開の係数は次のようになります。

$a_0 = 0$

$a_m = 0$

$b_m = 0$　　　　m が偶数

　　$= \dfrac{4}{m\pi}$　　m が奇数

この係数を使って、式（6.2.9）をパソコンによる数値計算した結果が図6.2.2 (2)、(3)、(4) です。それぞれ、$n = 40$、200、1000まで和をとった計算結果です。

上記係数のうち a_m については対称性からゼロになることは明らかですから、説明の必要はないと思います。係数 b_m の具体的な計算は次のとおりです。

$$b_m = \dfrac{1}{\pi}\int_{-\pi}^{\pi} f(\phi)\sin m\phi\, d\phi$$

$$= \dfrac{1}{\pi}\int_{-\pi}^{0} -\sin m\phi\, d\phi + \dfrac{1}{\pi}\int_{0}^{\pi} \sin m\phi\, d\phi$$

$$= \dfrac{1}{\pi}\left[\dfrac{\cos m\phi}{m}\right]_{-\pi}^{0} + \dfrac{1}{\pi}\left[\dfrac{-\cos m\phi}{m}\right]_{0}^{\pi}$$

$$= \begin{cases} 0 & m \text{ が偶数} \\ \dfrac{4}{m\pi} & m \text{ が奇数} \end{cases}$$

例題2

図6.2.3（1）に示したような次の関数のフーリエ級数展開を計算してみましょう。

$$f(\phi) = -1 - 2\frac{\phi}{\pi} \qquad -\pi \leq \phi \leq 0$$

$$= -1 + 2\frac{\phi}{\pi} \qquad 0 < \phi \leq \pi$$

図6.2.3：フーリエ級数の例（その2）

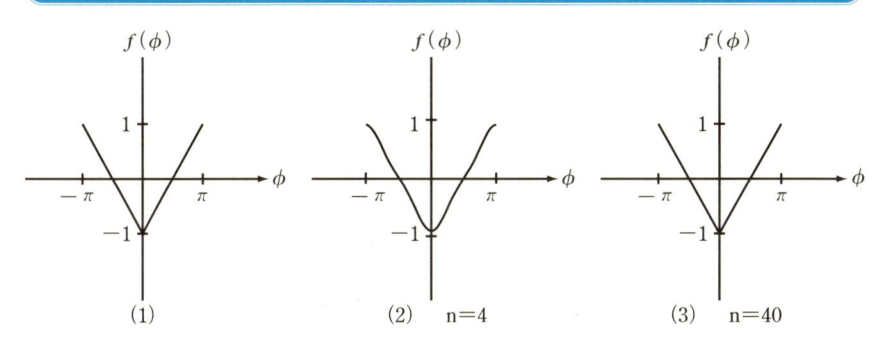

(1)　　　　　(2)　n=4　　　　　(3)　n=40

解答　フーリエ展開の係数は次のようになります。

$a_0 = 0$

$a_m = 0 \qquad m$ が偶数

$\quad = \dfrac{-8}{m^2 \pi^2} \qquad m$ が奇数

$b_m = 0$

この係数を使って、式（6.2.9）をパソコンによる数値計算した結果が図6.2.3（2）、（3）です。それぞれ、$n=4$、40まで和をとった計算結果です。

上記係数のうち b_m については対称性からゼロになることは明らかですから、説明の必要はないと思います。係数 a_m の具体的な計算は次のようになります。

$$a_m = \frac{1}{\pi}\int_{-\pi}^{0}\left(-1-2\frac{\phi}{\pi}\right)\cos m\phi \, d\phi + \frac{1}{\pi}\int_{0}^{\pi}\left(-1+2\frac{\phi}{\pi}\right)\cos m\phi \, d\phi$$

ここで、次の式を利用すると、答えが得られます。

$$\int_{-\pi}^{0} \cos m\phi \, d\phi = 0$$

$$\int_{-\pi}^{0} (-\phi) \cos m\phi \, d\phi = \int_{0}^{\pi} \phi \cos m\phi \, d\phi$$

$$= \left[\phi \frac{\sin m\phi}{m} \right]_{0}^{\pi} - \int_{0}^{\pi} \frac{\sin m\phi}{m} \, d\phi$$

$$= -\int_{0}^{\pi} \frac{\sin m\phi}{m} \, d\phi$$

$$= \left[\frac{\cos m\phi}{m^2} \right]_{0}^{\pi}$$

$$\begin{cases} = 0 & m\text{が偶数} \\ = \dfrac{-2}{m^2} & m\text{が奇数} \end{cases}$$

●領域$-L \leq x \leq L$のフーリエ級数

周期$2L$の関数$f(x)$が領域$-L \leq x \leq L$で定義された関数であるとしましょう。変数変換$\phi = \dfrac{\pi x}{L}$をすると$-\pi \leq \phi \leq \pi$となりますから、関数$f(\dfrac{L\phi}{\pi})$は領域$-\pi \leq \phi \leq \pi$で定義された関数となり、次のように展開できます。

$$f(\frac{L\phi}{\pi}) = \sum_{m=-\infty}^{\infty} c_m e^{im\phi}$$

$$c_m = \frac{1}{2\pi} \int_{-\pi}^{\pi} f(\frac{L\phi}{\pi}) e^{-im\phi} d\phi$$

この式に$\phi = \dfrac{\pi x}{L}$を代入して、$f(x)$は次のように**フーリエ展開**できます。

$$f(x) = \sum_{m=-\infty}^{\infty} c_m e^{im\frac{\pi}{L}x} \tag{6.2.10}$$

$$c_m = \frac{1}{2\pi} \int_{-L}^{L} f(x) e^{-im\frac{\pi}{L}x} \frac{\pi}{L} dx = \frac{1}{2L} \int_{-L}^{L} f(x) e^{-im\frac{\pi}{L}x} dx \tag{6.2.11}$$

この式をsin、cosで表すと次のようになります。

6-2 フーリエ級数とフーリエ積分

$$f(x) = \frac{a_0}{2} + \sum_{m=1}^{\infty} \{a_m \cos(m\frac{\pi}{L}x) + b_m \sin(m\frac{\pi}{L}x)\} \tag{6.2.12}$$

$$a_0 = \frac{1}{L}\int_{-L}^{L} f(x)dx$$

$$a_m = \frac{1}{L}\int_{-L}^{L} f(x)\cos(m\frac{\pi}{L}x)dx$$

$$b_m = \frac{1}{L}\int_{-L}^{L} f(x)\sin(m\frac{\pi}{L}x)dx \tag{6.2.13}$$

▶▶ フーリエ積分

式 (6.2.10) と (6.2.11) で L を無限大にしましょう。変数変換をして m に関する和を t に関する積分に直すことにより、$f(x)$ を次の式で表すことができます。

$$f(x) = \frac{1}{\sqrt{2\pi}}\int_{-\infty}^{\infty} g(t)e^{itx}dt \tag{6.2.14}$$

$$g(t) = \frac{1}{\sqrt{2\pi}}\int_{-\infty}^{\infty} f(x)e^{-itx}dx \tag{6.2.15}$$

これを**フーリエ積分**と呼び、このような変換をすることを**フーリエ変換***と呼びます。以下で、式 (6.2.10)、(6.2.11) から式 (6.2.14)、(6.2.15) を導きましょう。

式 (6.2.15) の t に $t_m = \frac{\pi}{L}m$ を代入すると、$\frac{1}{\sqrt{2\pi}}\frac{\pi}{L}g(t_m)$ は c_m と等しくなります*。そこで、式 (6.2.10) を次のように書き換えることができます。

$$f(x) = \sum_{m=-\infty}^{\infty} \frac{1}{\sqrt{2\pi}}\frac{\pi}{L}g(t_m)e^{it_m x}$$

ここで、$\frac{\pi}{L}$ が $\Delta t = t_{m+1} - t_m$ であることを使って、次のように書き換えます。

$$f(x) = \sum_{m=-\infty}^{\infty} \frac{1}{\sqrt{2\pi}}g(t_m)e^{it_m x}\Delta t$$

この式が式 (6.2.14) と一致することは、積分の定義より明らかです。こうして、式 (6.2.14) と (6.2.15) が示されました。

＊**フーリエ変換**　英語ではFourier transformationと書く。
＊$\frac{1}{\sqrt{2\pi}}\frac{\pi}{L}g(t_m)$ は c_m と等しくなります　積分範囲が違っているが、L を無限大にすることを考えれば、両者は一致する。

6-3

演算子

　この節では特に重要な一次演算子に的を絞って説明することにします。一次演算子は量子力学で重要な役目を果たします。また、本章第4節で学ぶように、線形常微分方程式の解法にも、この考え方が利用されています。

▶▶ ベクトル空間の演算子

　あるベクトルuから別のベクトルvを作り出す働きをするものを**演算子***といいます。ベクトル空間Uからベクトル空間Vへの写像*$f：U→V$があり、この写像によりUの元uがVの元vになるとしましょう。このことを$f：u\mapsto v$と書くことにします。これを$v=fu$と書いて*、uからvを作り出す働きをするfを演算子といいます。写像が実数から実数への写像$f：R→R（f：u\mapsto v）$であるとき、$v=f(u)$と書いて関数と呼ばれますが、これを$v=fu$と書いて演算子とみなすこともできます。

　まず最初に一次演算子の定義をしておきましょう。一次演算子*をLと書くとき、次の式が成り立つことが**一次演算子**の定義です。

$$L(au+bv)=aLu+bLv \tag{6.3.1}$$

ただし、u、vはベクトルをa、bは複素数を表します。

　ベクトル空間の基底がe_1、e_2、……、e_nであるとします。一次演算子Lにより、基底ベクトルe_kはベクトルLe_kに変換されます。ベクトルLe_kを基底e_1、e_2、……、e_nで表したときの成分をℓ_{1k}、ℓ_{2k}、……、ℓ_{nk}とすると、次のようになります。

$$Le_k=\ell_{1k}e_1+\ell_{2k}e_2+……+\ell_{nk}e_n=\sum_{i=1}^{n}\ell_{ik}e_i \tag{6.3.2}$$

***演算子**　ベクトルuから別のベクトルvを作り出す演算をするものという意味。英語でoperatorと書く。
***ベクトル空間Uからベクトル空間Vへの写像**　一般にはUとVは別々のベクトル空間でかまわない。しかし、この章ではUとVが同じベクトル空間である場合を取り扱う。
***$v=fu$と書いて**　演算子はベクトルの左に書く約束になっている。演算子は演算子の右にあるベクトルに作用して別のベクトルを作り出す。
***一次演算子**　一次演算子を英語でlinear operatorと書く。

6-3 演算子

一般に、ベクトル$\boldsymbol{u}$を変換したベクトル$\boldsymbol{v} = L\boldsymbol{u}$は、$L$が一次演算子であるという関係式（6.3.1）を使って、

$$\boldsymbol{v} = L\boldsymbol{u} = L\left(\sum_{k=1}^{n} u_k \boldsymbol{e}_k\right)$$

$$= \sum_{k=1}^{n} u_k L\boldsymbol{e}_k$$

$$= \sum_{k=1}^{n} u_k \left(\sum_{i=1}^{n} \ell_{ik} \boldsymbol{e}_i\right)$$

$$= \sum_{i=1}^{n} \sum_{k=1}^{n} \ell_{ik} u_k \boldsymbol{e}_i \tag{6.3.3}$$

となり、成分v_iは、

$$v_i = \sum_{k=1}^{n} \ell_{ik} u_k \tag{6.3.4}$$

となります。これを行列の形で書くと、次のようになります。

$$\begin{pmatrix} v_1 \\ v_2 \\ \vdots \\ v_n \end{pmatrix} = \begin{pmatrix} \ell_{11} & \ell_{12} & \ldots & \ell_{1n} \\ \ell_{21} & \ell_{22} & \ldots & \ell_{2n} \\ \vdots & \vdots & \ddots & \vdots \\ \ell_{n1} & \ell_{n2} & \ldots & \ell_{nn} \end{pmatrix} \begin{pmatrix} u_1 \\ u_2 \\ \vdots \\ u_n \end{pmatrix} \tag{6.3.5}$$

すなわち、n次元ベクトル空間からn次元ベクトル空間への一次演算子は$n \times n$の行列で表されます。一つの基底を定めると、ベクトルは成分を使って列ベクトル（または行ベクトル）で表され、**演算子Lは行列$\{\ell_{ij}\}$で表されます**。そのときの行列要素[*]は、次のようになります。

$$\ell_{ij} = \boldsymbol{e}_i \cdot (L\boldsymbol{e}_j) \tag{6.3.6}$$

例えば、図6.3.1のように、基底としてx、y方向の単位ベクトルを選んだ場合、θだけ回転した基底$\boldsymbol{e}'_1$、$\boldsymbol{e}'_2$は

$\boldsymbol{e}'_1 = \cos\theta\, \boldsymbol{e}_1 + \sin\theta\, \boldsymbol{e}_2$

$\boldsymbol{e}'_2 = -\sin\theta\, \boldsymbol{e}_1 + \cos\theta\, \boldsymbol{e}_2$

となります。これから計算すると、ベクトルをθ回転する演算子[*]を表す行列は次のようになり、第1章で学んだ結果と一致します[*]。

$$\begin{pmatrix} \cos\theta & -\sin\theta \\ \sin\theta & \cos\theta \end{pmatrix}$$

---

[*] **行列要素**　行列要素は、演算子が基底をどのように変換するかで決まる。別の基底を選ぶと、演算子を表す行列の行列要素も変化する。

[*] **回転する演算子**　回転を表す演算子も一次演算子の一種。

[*] **一致します**　ここではベクトルそのものをθ回転する。第1章は座標軸をθ回転した式であるからベクトルを$-\theta$回転したものに対応している。

6-3 演算子

図6.3.1：基底の変換

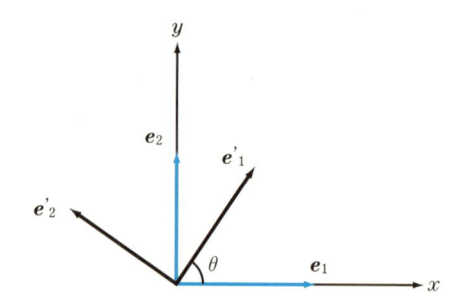

▶▶ 関数空間の演算子

一言でいうと、関数に作用して別の関数を作り出すものが演算子です。単に定数をかけるのも演算子の一種です。微分をする、積分をする、平行移動する、回転する――すべて演算子ということができます。

●微分演算子

微分をするという演算を表す $\dfrac{d}{dx}$、$\dfrac{\partial}{\partial x}$ などは演算子の一種であり、微分演算子と呼ばれます。言うまでもないことですが、微分演算子を関数に作用させた結果は、次に示したように、関数を微分したものです。

$$\frac{d}{dx}f(x) = \frac{df(x)}{dx}$$

$$\frac{\partial}{\partial x}f(x, y) = \frac{\partial f(x, y)}{\partial x}$$

微分演算子は、演算子の中でも特に大切なものです。微分演算子を応用して微分方程式を解く例は次の節で学びます。

●定数倍演算子、変数倍演算子

関数 $f(x)$ を定数 a 倍したり、変数 x 倍したりする演算子も一次演算子と考えることができます。この場合、a、x そのものが演算子です。変数 x が演算子であることを強

調したい場合、文字の上に「＾」（ハット）を付け$\hat{x}$と表すことにします。演算子$\hat{x}$の作用を示す式は次のようになります。

$$\hat{x}f(x) = xf(x)$$

● **演算子の積と和**

まず演算子の積について考えてみましょう。二つの演算子L_1、L_2の積$L_1 L_2$は次のように定義されます。

$$(L_1 L_2)f = L_1(L_2 f) \tag{6.3.7}$$

すなわち、積$L_1 L_2$はまず演算子L_2を作用させ、その結果の関数に演算子L_1を作用させるという演算子です。ですから、$L_1 L_2$と$L_2 L_1$は一般的には異なります。交換の法則は成り立つとは限らないということができます。この点でも、演算子の積は行列の積と似ています*。式（6.3.7）は結合の法則を表す式になっています。

> **COLUMN　演算子の積は行列の積と似ている**
>
> 関数空間の基底$\{|e_1\rangle, |e_2\rangle, |e_3\rangle, \cdots, |e_N\rangle\}$を使って、関数空間のベクトル$|f\rangle$が（積分ではなく）級数で、
>
> $$|f\rangle = f_1|e_1\rangle + f_2|e_2\rangle + \cdots + f_N|e_N\rangle$$
>
> と表される場合、関数空間のベクトルは成分を使ってN行一列の行列（列ベクトル）で表されます。
>
> $$\begin{pmatrix} f_1 \\ f_2 \\ \vdots \\ f_N \end{pmatrix}$$
>
> このとき、演算子Lは行列で表され、Lfを成分で表した列ベクトルは次のようになります。
>
> $$\begin{pmatrix} (Lf)_1 \\ (Lf)_2 \\ \vdots \\ (Lf)_N \end{pmatrix} = \begin{pmatrix} \ell_{11} & \ell_{12} & \cdots & \ell_{1N} \\ \ell_{21} & \ell_{22} & \cdots & \ell_{2N} \\ \vdots & \vdots & \ddots & \vdots \\ \ell_{N1} & \ell_{N2} & \cdots & \ell_{NN} \end{pmatrix} \begin{pmatrix} f_1 \\ f_2 \\ \vdots \\ f_N \end{pmatrix}$$
>
> ただし、ℓ_{jk}は、次の式で定義されます。
>
> $$L\boldsymbol{e}_k = \ell_{1k}\boldsymbol{e}_1 + \ell_{2k}\boldsymbol{e}_2 + \cdots + \ell_{nk}\boldsymbol{e}_n = \sum_{i=1}^{n} \ell_{ik}\boldsymbol{e}_i$$
>
> このような意味で、一次演算子と行列は同一視されることがよくあります。

6-3 演算子

次に演算子の和について考えてみましょう。二つの演算子L_1、L_2の和L_1+L_2は次のように定義されます。

$$(L_1+L_2)f=L_1f+L_2f \tag{6.3.8}$$

この式は、分配の法則を表す式になっています。6-3節の残りの部分では、演算子の量子力学への応用を学ぶことにしましょう。

▶▶ 量子力学への応用例

量子力学によれば、物理量は演算子で表されます。状態は関数空間のベクトルで表されます。ここでは、量子力学の記法にしたがって、演算子は文字の上に「^」(ハット)を付けて表すことにします。例えば、運動量pを表す運動量演算子は$\hat{p}$と書きます。

● 量子力学で現れる演算子

最初に、物理量を表す演算子についてまとめましょう。量子力学で出てくるいろいろな物理量を表す演算子は次のとおりです。

運動量　　　$\hat{p}_x = -i\hbar\dfrac{\partial}{\partial x}$ 　　　　　　　　　　(6.3.9)

　　　　　　$\hat{\boldsymbol{p}} = -i\hbar\nabla$ * 　　　　　　　　　　(6.3.10)

座標　　　　$\hat{x} = x$ 　　　　　　　　　　　　　　(6.3.11)

　　　　　　$\hat{\boldsymbol{r}} = \boldsymbol{r}$ 　　　　　　　　　　　　　　(6.3.12)

エネルギー　$\hat{H} = \dfrac{\hat{p}^2}{2m}+V(\hat{\boldsymbol{r}})$ 　(ハミルトニアンと呼ぶ)　(6.3.13)

角運動量　　$\hat{\boldsymbol{l}} = \hat{\boldsymbol{r}}\times\hat{\boldsymbol{p}}$ 　　　　　　　　　　　(6.3.14)

ただし、$\hbar$はプランク定数hを2πで割った定数です。

● 固有値方程式

ある物理量Aを表す演算子が$\hat{A}$であるとしましょう。関数空間のベクトル$|u_n\rangle$と実数a_nに対して、次の式が成り立つとき、$|u_n\rangle$を固有関数、a_nを固有値といいます。そして、この方程式を固有値方程式といいます。

$$\hat{A}|u_n\rangle = a_n|u_n\rangle \tag{6.3.15}$$

＊ ∇　ここで使う記号∇はナブラと呼ばれ、135ページで定義されている。

$$\nabla = \dfrac{\partial}{\partial x}\boldsymbol{i}+\dfrac{\partial}{\partial y}\boldsymbol{j}+\dfrac{\partial}{\partial z}\boldsymbol{k} \quad 再掲\;(3.4.1)$$

6-3 演算子

量子力学によれば、式 (6.3.15) が成り立つとき、固有関数 $|u_n\rangle$ は物理量 A が a_n という値をもつ状態を表しています。

例えば、物理量の例として x 方向の運動量を考えましょう。運動量の固有値を $\hbar k_n$ とすると、運動量演算子の固有値方程式は次のようになります。

$$-i\hbar \frac{\partial}{\partial x}|u_n\rangle = \hbar k_n |u_n\rangle \tag{6.3.16}$$

微分方程式を解くことにより、次式が得られます。

$$u_n = e^{ik_n x} \tag{6.3.17}$$

フーリエ展開したときの基底が運動量の固有関数になっています。運動量が $\hbar k_n$ である状態を表す関数 $e^{ik_n x}$ は、波長が $\lambda = \dfrac{2\pi}{k_n}$ である波を表しています。前期量子論において、波長が λ である光は運動量が $\dfrac{2\pi\hbar}{\lambda}$ の光子の集まりであるということは、ここに由来しています。

固有関数以外の関数 f はどういう状態を表しているのでしょう。関数 $|f\rangle$ が固有関数 $|e_n\rangle$ を使って次のように展開されるとしましょう。

$$|f\rangle = \sum_{n=1}^{N} f_n |e_n\rangle$$

一例として、$|e_n\rangle$ が運動量固有関数 $|e^{ik_n x}\rangle$ であるとしましょう。量子力学によれば、上のように展開される関数 f の表す状態は「**運動量を測定したとき、$\hbar k_n$ となる確率が $\dfrac{|f_n|^2}{\sum_{n=1}^{N}|f_n|^2}$ である状態**」です。

● **交換関係**

演算子の積では交換の法則が成り立たない場合があると述べました。そのような例を示しましょう。有名な例は $\hat{x}$ と $\dfrac{\partial}{\partial x}$ です。実際に計算して確かめましょう。

$$\left(\hat{x}\frac{\partial}{\partial x} - \frac{\partial}{\partial x}\hat{x}\right)f = \hat{x}\left(\frac{\partial}{\partial x}f\right) - \frac{\partial}{\partial x}(\hat{x}f) = x\frac{\partial f}{\partial x} - \left(f + x\frac{\partial f}{\partial x}\right) = -f$$

6-3 演算子

右辺の$-f$を$-1\cdot f$とみなして、演算子$\hat{x}$と$\dfrac{\partial}{\partial x}$に次のような関係があることがわかりました。

$$\left[\hat{x},\frac{\partial}{\partial x}\right]=-1 \tag{6.3.18}$$

なお、[,]は**交換関係**と呼ばれ、次のように定義されます。

$$[\hat{L}_1,\hat{L}_2]\stackrel{def}{=}\hat{L}_1\hat{L}_2-\hat{L}_2\hat{L}_1 \tag{6.3.19}$$

一方、運動量$\hat{p}_x$と運動量$\hat{p}_x$、または、運動量$\hat{p}_x$と運動エネルギー$\hat{H}_0=\dfrac{\hat{p}_x^2}{2m}$などが交換関係を満たす（交換する*といいます）ことは明らかです。

●単振動の例

単振動の例を考えましょう。位置エネルギーが$\dfrac{kx^2}{2}$ですから、ハミルトニアンは次のように書かれます。

$$\hat{H}=\frac{\hat{p}_x^2}{2m}+\frac{k\hat{x}^2}{2} \tag{6.3.20}$$

固有値方程式は、固有値をE_nとして、次のようになります。

$$\hat{H}u_n=E_n u_n \tag{6.3.21}$$

微分の記号を使って、微分方程式の形にすると、次のようになります。

$$\left(-\frac{\hbar^2}{2m}\frac{\mathrm{d}^2}{\mathrm{d}x^2}+\frac{kx^2}{2}\right)u_n=E_n u_n$$

この微分方程式は、単振動に対する**シュレーディンガー方程式**＊です。

＊**交換する**　二つの演算子$\hat{A},\hat{B}$が交換関係を満たす（あるいは、交換する）というのは、$[\hat{A},\hat{B}]=0$であることをいう。

＊**シュレーディンガー方程式**　量子力学の基礎方程式の一つ。エルヴィン・シュレーディンガー（Erwin Schrödinger：オーストリアの物理学者。1887～1961年）が発見した。

6-3 演算子

　ここでは微分方程式を解く代わりに、演算子の交換関係を使って固有値を求めてみましょう。次のようにして、新しい演算子*を定義します。

$$\hat{a}^\dagger = \frac{1}{\sqrt{\hbar\omega}}\left(\frac{1}{\sqrt{2m}}\hat{p}_x + i\sqrt{\frac{k}{2}}\hat{x}\right) \tag{6.3.22}$$

$$\hat{a} = \frac{1}{\sqrt{\hbar\omega}}\left(\frac{1}{\sqrt{2m}}\hat{p}_x - i\sqrt{\frac{k}{2}}\hat{x}\right) \tag{6.3.23}$$

ただし、$\omega = \sqrt{\dfrac{k}{m}}$ です。式 (6.3.18)、(6.3.22)、(6.3.23) を使うと、次の交換関係が導かれます。

$$\begin{aligned}
[\hat{a}^\dagger, \hat{a}] &= \frac{1}{\hbar\omega}\left(\frac{1}{\sqrt{2m}}\hat{p}_x + i\sqrt{\frac{k}{2}}\hat{x}\right)\left(\frac{1}{\sqrt{2m}}\hat{p}_x - i\sqrt{\frac{k}{2}}\hat{x}\right) \\
&\quad - \frac{1}{\hbar\omega}\left(\frac{1}{\sqrt{2m}}\hat{p}_x - i\sqrt{\frac{k}{2}}\hat{x}\right)\left(\frac{1}{\sqrt{2m}}\hat{p}_x + i\sqrt{\frac{k}{2}}\hat{x}\right) \\
&= \frac{1}{\hbar\omega}\left(\frac{1}{2m}\hat{p}_x^2 + i\sqrt{\frac{k}{4m}}\hat{x}\hat{p}_x - i\sqrt{\frac{k}{4m}}\hat{p}_x\hat{x} + \frac{k}{2}\hat{x}^2\right) \\
&\quad - \frac{1}{\hbar\omega}\left(\frac{1}{2m}\hat{p}_x^2 - i\sqrt{\frac{k}{4m}}\hat{x}\hat{p}_x + i\sqrt{\frac{k}{4m}}\hat{p}_x\hat{x} + \frac{k}{2}\hat{x}^2\right) \\
&= +i\frac{1}{\hbar\omega}\sqrt{\frac{k}{m}}\hat{x}\hat{p}_x - i\frac{1}{\hbar\omega}\sqrt{\frac{k}{m}}\hat{p}_x\hat{x} = -1 \tag{6.3.24}
\end{aligned}$$

---

* **新しい演算子** ここでは、$\hat{a}$ と $\hat{a}^\dagger$ は式 (6.3.23)、(6.3.22) で定義された別々の演算子と考える。一方を $\hat{a}$ 他方を $\hat{b}$ と書いても以下の議論に変更はない。あえて $\hat{a}^\dagger$ という記号を用いたのは以下の理由による。一般に、演算子 $\hat{A}$ に対し、$\langle \hat{B}u_n | u_m \rangle = \langle u_n | \hat{A} u_m \rangle$ が任意の u_n、u_m に対して成立するような演算子 $\hat{B}$ を $\hat{A}$ のエルミート共役な演算子と呼び、「†」を付けて $\hat{A}^\dagger$ と書く。式 (6.3.22) で定義される演算子が、$\hat{a}$ のエルミート共役な演算子となっているので、このような記号を用いた。

6-3 演算子

次に、ハミルトニアンを演算子 $\hat{a}^\dagger$ と $\hat{a}$ で表しましょう。

$$\hat{H} = \frac{\hat{p}_x^2}{2m} + \frac{k\hat{x}^2}{2}$$

$$= \hbar\omega \left(\frac{\hat{a}^\dagger + \hat{a}}{2}\right)^2 - \hbar\omega \left(\frac{\hat{a}^\dagger - \hat{a}}{2}\right)^2$$

$$= \hbar\omega \left(\frac{\hat{a}^\dagger\hat{a}^\dagger + \hat{a}^\dagger\hat{a} + \hat{a}\hat{a}^\dagger + \hat{a}\hat{a}}{4} - \frac{\hat{a}^\dagger\hat{a}^\dagger - \hat{a}^\dagger\hat{a} - \hat{a}\hat{a}^\dagger + \hat{a}\hat{a}}{4}\right)$$

$$= \frac{\hbar\omega}{2}(\hat{a}^\dagger\hat{a} + \hat{a}\hat{a}^\dagger) = \hbar\omega \left(\hat{a}^\dagger\hat{a} + \frac{1}{2}\right) \quad (6.3.25)^*$$

それでは、固有値方程式を新しい演算子で書き直してみましょう。

$$\hbar\omega \left(\hat{a}^\dagger\hat{a} + \frac{1}{2}\right)u_n = E_n u_n \quad (6.3.26)$$

ところで、$\hat{a}^\dagger u_n$ はどういう関数でしょう。この関数にハミルトニアンを作用させてみましょう。交換関係を使って、次のように変形できます。

$$\hbar\omega \left(\hat{a}^\dagger\hat{a} + \frac{1}{2}\right)(\hat{a}^\dagger u^n) = \hbar\omega\, \hat{a}^\dagger(\hat{a}\hat{a}^\dagger u_n) + \frac{\hbar\omega}{2}(\hat{a}^\dagger u_n)$$

$$= \hbar\omega\, \hat{a}^\dagger(1 + \hat{a}^\dagger\hat{a})u_n + \frac{\hbar\omega}{2}(\hat{a}^\dagger u_n)$$

$$= \hbar\omega\, \hat{a}^\dagger u_n + \hat{a}^\dagger\left(E_n - \frac{\hbar\omega}{2}\right)u_n + \frac{\hbar\omega}{2}(\hat{a}^\dagger u_n)$$

$$= (E_n + \hbar\omega)(\hat{a}^\dagger u_n) \quad (6.3.27)$$

関数 $\hat{a}^\dagger u_n$ は固有値が $E_n + \hbar\omega$ であるハミルトニアンの固有関数であることがわかります。演算子 $\hat{a}^\dagger$ は、エネルギー固有値を $\hbar\omega$ だけ増やした固有関数を作る演算子です。演算子 $\hat{a}^\dagger$ を次々に作用させると、次々に大きなエネルギー固有値をもつ固有関数を作ることができます。

同様に、関数 $\hat{a}u_n$ にハミルトニアンを作用させてみましょう。交換関係を使って次のように変形できます。

---

*(6.3.25) 最後の変形は、次のようにする。式 (6.3.24) より、$\hat{a}^\dagger\hat{a} - \hat{a}\hat{a}^\dagger = -1$ が成り立つ。故に、以下の式が成り立つ。
$$\hat{a}\hat{a}^\dagger = \hat{a}^\dagger\hat{a} + 1$$

$$\hbar\omega\left(\hat{a}^\dagger\hat{a}+\frac{1}{2}\right)(\hat{a}u_n)=\hbar\omega\,(\hat{a}^\dagger\hat{a})\,\hat{a}u_n+\frac{\hbar\omega}{2}(\hat{a}u_n)$$

$$=\hbar\omega\,(\hat{a}\hat{a}^\dagger-1)\,\hat{a}u_n+\frac{\hbar\omega}{2}(\hat{a}u_n)$$

$$=-\hbar\omega\hat{a}u_n+\hat{a}\left(E_n-\frac{\hbar\omega}{2}\right)u_n+\frac{\hbar\omega}{2}(\hat{a}u_n)$$

$$=(E_n-\hbar\omega)(\hat{a}u_n) \qquad (6.3.28)$$

関数 $\hat{a}u_n$ は固有値が $E_n-\hbar\omega$ であるハミルトニアンの固有関数であることがわかります。演算子 $\hat{a}$ は、エネルギー固有値を $\hbar\omega$ だけ減らした固有関数を作る演算子です。演算子 $\hat{a}$ を次々に作用させると、次々に小さなエネルギー固有値をもつ固有関数をつくることができます。しかし、単振動のエネルギー固有値が負になることは物理的にあり得ません。ということは、最小のエネルギー固有値をもつ固有関数 u_0 に対しては、$\hat{a}u_0=0$ でなければなりません。そうすると、次のようになります。

$$\hat{H}u_0=\hbar\omega\hat{a}^\dagger\hat{a}u_0+\frac{\hbar\omega}{2}u_0=\frac{\hbar\omega}{2}u_0$$

固有関数 u_0 の固有値は $\frac{\hbar\omega}{2}$ であることがわかりました。固有関数 u_n を u_0 に $\hat{a}^\dagger$ を n 個作用させて得られる固有関数とすると、次のようになります。

$$\hat{H}u_n=\left(n+\frac{1}{2}\right)\hbar\omega u_n \qquad (6.3.29)$$

これで、単振動の場合、エネルギー固有値は $\left(n+\frac{1}{2}\right)\hbar\omega$ であることが求まりました。この結果を図示したものが次ページの図6.3.2です。

6-3　演算子

図6.3.2：エネルギー準位

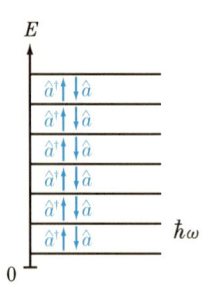

これは二つの点で興味深い結果です。

一つは、エネルギーが連続的ではないという点です。

もう一つは、最低エネルギーの状態のエネルギーがゼロになっておらず、振動している状態だという点です。いずれも量子力学に特有の興味ある事実です。

6-4 線形常微分方程式

線形常微分方程式は、いろいろなところで現れます。この節では交流回路を例にとって説明します。この節では、交換する演算子のみ扱いますから、演算子の上に「^」は付けないことにします。

▶▶ 同次方程式の場合

線形常微分方程式というのは、一般に次のような微分方程式です。

$$a_n\frac{\mathrm{d}^n}{\mathrm{d}t^n}y(t)+a_{n-1}\frac{\mathrm{d}^{n-1}}{\mathrm{d}t^{n-1}}y(t)+\cdots\cdots+a_0 y(t)=f(t) \qquad (6.4.1)$$

式 (6.4.1) で $f(t)=0$ である同次方程式の場合の解き方を最初に調べましょう。解くべき式は、次のようなものです。

$$a_n\frac{\mathrm{d}^n}{\mathrm{d}t^n}y(t)+a_{n-1}\frac{\mathrm{d}^{n-1}}{\mathrm{d}t^{n-1}}y(t)+\cdots\cdots+a_0 y(t)=0 \qquad (6.4.2)$$

この場合、$y=y_1$ と $y=y_2$ が共に解であれば、$y=y_1+y_2$ も解になります。ですから、$e^{\lambda t}$ の形の解を見つけ、それらの一次結合を取れば一般的な解が得られます。

そこで、$y=e^{\lambda t}$ を式 (6.4.2) に代入して成り立っているかどうかを調べましょう。代入した結果は、

$$a_n\lambda^n y(t)+a_{n-1}\lambda^{n-1}y(t)+\cdots\cdots+a_0 y(t)=0 \qquad (6.4.3)$$

となります。これが成立する必要充分条件は、

$$a_n\lambda^n+a_{n-1}\lambda^{n-1}+\cdots\cdots+a_0=0 \qquad (6.4.4)$$

です。この式を**特性方程式**といいます。

特性方程式が n 個の異なる解 λ_1、λ_2、……、λ_n をもつ場合、式 (6.4.2) の一般的な解（一般解）は、次のようになります。ただし、C_1、C_2、……、C_n は任意定数です。

$$y(t)=C_1 e^{\lambda_1 t}+C_2 e^{\lambda_2 t}+\cdots\cdots+C_n e^{\lambda_n t} \qquad (6.4.5)$$

特性方程式が二重根をもつ場合を考えましょう。例えば $\lambda_1=\lambda_2$ の場合を考えます。残りの解 λ_3、λ_4、……、λ_n は重根ではないとします。この場合、特性方程式は次のようになります。

6-4 線形常微分方程式

$$a_n(\lambda-\lambda_1)^2(\lambda-\lambda_3)(\lambda-\lambda_4)\cdots(\lambda-\lambda_n)=0 \qquad (6.4.6)$$

この場合、$y(t)=(C_1+C_2t)e^{\lambda_1 t}$ が式 (6.4.2) の解になること[*]が確かめられます。ですから、一般解は、次のようになります。

$$y(t)=(C_1+C_2t)e^{\lambda_1 t}+C_3e^{\lambda_3 t}+C_4e^{\lambda_4 t}+\cdots+C_ne^{\lambda_n t} \qquad (6.4.7)$$

● 減衰振動の例

図6.4.1の例を考えてみましょう。

図6.4.1：減衰振動

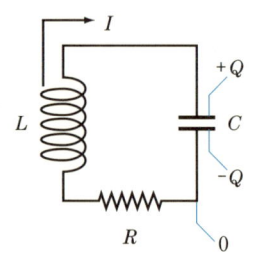

コンデンサーの両端の電圧 V_C とコンデンサーに蓄えられた電荷 Q の間の関係は、

$$Q=CV_C \qquad (6.4.8)$$

です。流れる電流 I とコイルの両端の電圧 V_L の関係は、

$$V_L=L\frac{dI}{dt} \qquad (6.4.9)$$

です。流れる電流 I と抵抗の両端の電圧 V_R の関係は、

$$V_R=RI \qquad (6.4.10)$$

です。電圧の和 $V_C+V_L+V_R$ がゼロになるという関係より、次式が得られます。

$$L\frac{dI}{dt}+RI+\frac{Q}{C}=0 \qquad (6.4.11)$$

---

[*] $y(t)=(C_1+C_2t)e^{\lambda_1 t}$ が式 (6.4.2) の解になること
関数 $y(t)=(C_1+C_2t)e^{\lambda_1 t}$ を式 (6.4.2) に代入する。左辺は、
$$(a_n\lambda^n+a_{n-1}\lambda^{n-1}+\cdots+a_0)(C_1+C_2t)e^{\lambda_1 t}+(a_n n\lambda^{n-1}+a_{n-1}(n-1)\lambda^{n-2}+\cdots+a_1)C_2e^{\lambda_1 t}$$
となる。第1項の係数 $(a_n\lambda^n+a_{n-1}\lambda^{n-1}+\cdots+a_0)$ は式 (6.4.4) の左辺と同じものだから $\lambda=\lambda_1$ のときゼロとなるのは明らか。第2項の係数 $(a_n n\lambda^{n-1}+a_{n-1}(n-1)\lambda^{n-2}+\cdots+a_1)$ は、第1項の係数を λ で微分したもの。式 (6.4.4) の左辺を微分する代わりに式 (6.4.6) の左辺を微分しても同じ結果になるから、第2項の係数は、
$$2a_n(\lambda-\lambda_1)(\lambda-\lambda_3)(\lambda-\lambda_4)\cdots(\lambda-\lambda_n)+a_n(\lambda-\lambda_1)^2\frac{d}{d\lambda}[(\lambda-\lambda_3)(\lambda-\lambda_4)\cdots(\lambda-\lambda_n)]$$
となる。この結果、$\lambda=\lambda_1$ のときゼロとなる。

一方、電流と電荷には次に関係があります。

$$I = \frac{dQ}{dt} \tag{6.4.12}$$

式 (6.4.11) に (6.4.12) を代入すると、次式が得られます。

$$L\frac{d^2Q}{dt^2} + R\frac{dQ}{dt} + \frac{Q}{C} = 0 \tag{6.4.13}$$

式 (6.4.13) の特性方程式は、次のようになります。

$$L\lambda^2 + R\lambda + \frac{1}{C} = 0 \tag{6.4.14}$$

三つの場合に分けて考えてみましょう。

(1) 実数の二根をもつ場合 ($R^2 - \frac{4L}{C} > 0$)

二根を次のようにおいて考えます。

$$\lambda_1 = \frac{-R + \sqrt{R^2 - \frac{4L}{C}}}{2L} < 0$$

$$\lambda_2 = \frac{-R - \sqrt{R^2 - \frac{4L}{C}}}{2L} < 0$$

式 (6.4.13) の一般解は、$y(t) = C_1 e^{\lambda_1 t} + C_2 e^{\lambda_2 t}$ となります。これは、指数関数的に減少する解です。

(2) 重根をもつ場合 ($R^2 - \frac{4L}{C} = 0$)

重根を $\lambda_1 = \frac{-R}{2L} < 0$ とおくと、式 (6.4.13) の一般解は、$y(t) = (C_1 + C_2 t)e^{\lambda_1 t}$ となります。これも、指数関数的に減少する解です。

(3) 複素数の二根をもつ場合 ($R^2 - \dfrac{4L}{C} < 0$)

二根を次のようにおきます。

$$\lambda_1 = \frac{-R + i\sqrt{-R^2 + \dfrac{4L}{C}}}{2L}$$

$$\lambda_2 = \frac{-R - i\sqrt{-R^2 + \dfrac{4L}{C}}}{2L}$$

式 (6.4.13) の一般解は、以下のようになります。

$$y(t) = C_1 e^{\lambda_1 t} + C_2 e^{\lambda_2 t}$$

$$= e^{-\frac{R}{2L}t}\left((C_1 + C_2)\cos\frac{\sqrt{-R^2 + \dfrac{4L}{C}}}{2L}t + i(C_1 - C_2)\sin\frac{\sqrt{-R^2 + \dfrac{4L}{C}}}{2L}t\right)$$

これは、振動しながら指数関数的に減少する解です。当然のことながら、任意定数は $(C_1 + C_2)$ と $i(C_1 - C_2)$ が実数であるように選びます。

▶▶ 非同次方程式の特解

非同次方程式のうち、簡単な方程式の解き方だけを学びます。パソコンの発達したいま、微分方程式は数値計算により簡単に解くことができますから、複雑な非同次方程式を解くテクニックの必要性は小さくなっていると考えられます。

次の形の**非同次方程式の解法**を学びましょう。

$$a_n \frac{d^n}{dt^n}y(t) + a_{n-1}\frac{d^{n-1}}{dt^{n-1}}y(t) + \cdots\cdots + a_0 y(t) = a e^{i\omega_e t} \quad (6.4.15)$$

このパラグラフで学ぶ解法は**記号法**と呼ばれていますが、先に学んだ演算子の考え方を利用しています。

ここでは、微分演算子を D と書くことにします。すなわち、次のように定義します。

$$D = \frac{d}{dt} \quad (6.4.16)$$

式 (6.4.15) は次のように書けます。

$$\phi(D)y(t) = (a_n D^n + a_{n-1} D^{n-1} + \cdots\cdots + a_0)y(t) = a e^{i\omega_e t} \quad (6.4.17)$$

ここで、逆演算子 $\dfrac{1}{\phi(D)}$ を次の式で定義します。

$$\frac{1}{\phi(D)}\phi(D)f(t)=f(t) \tag{6.4.18}$$

例えば、$\dfrac{1}{D}$ は、次のようになります。

$$\frac{1}{D}f(t)=\int f(t)\,\mathrm{d}t$$

この式の $f(t)$ を $Df(t)$ に置き換えたとき、右辺が $f(t)$ となることを確かめてください。

面倒なことは省いて、次へ進みましょう、定数と演算子は常に交換可能ですから、次式が成り立ちます。

$$\frac{1}{\phi(i\omega_e)}\frac{1}{\phi(D)}\phi(D)e^{i\omega_e t}=\frac{1}{\phi(i\omega_e)}\frac{1}{\phi(D)}\phi(i\omega_e)e^{i\omega_e t}$$

$$=\frac{1}{\phi(i\omega_e)}\phi(i\omega_e)\frac{1}{\phi(D)}e^{i\omega_e t}$$

$$=\frac{1}{\phi(D)}e^{i\omega_e t} \tag{6.4.19}$$

一方、逆演算子の定義より、次式が成り立ちます。

$$\frac{1}{\phi(D)}\phi(D)e^{i\omega_e t}=e^{i\omega_e t} \tag{6.4.20}$$

式（6.4.19）に（6.4.20）を代入して左辺と右辺を入れ替えると、

$$\frac{1}{\phi(D)}e^{i\omega_e t}=\frac{1}{\phi(i\omega_e)}e^{i\omega_e t} \tag{6.4.21}$$

が成り立ちます。

これで準備ができました。式（6.4.17）に逆演算子 $\dfrac{1}{\phi(D)}$ を左から掛けると、次の式が得られます。

$$y(t)=\frac{1}{\phi(D)}ae^{i\omega_e t}=\frac{1}{\phi(i\omega_e)}ae^{i\omega_e t} \tag{6.4.22}$$

6-4 線形常微分方程式

こうして式（6.4.17）の解が一つ見つかりました。これを**特解**といいます。一般解は、特解に $\phi(D)y(t)=0$ となる解を加えてやればいいのです。すなわち、式（6.4.17）の特解と式（6.4.17）の右辺をゼロとした同次方程式の一般解の和が、式（6.4.17）の一般解になります。特性方程式が重根をもたない場合について具体的に書くと、次のようになります。

$$y(t) = \frac{1}{\phi(i\omega_e)} a e^{i\omega_e t} + C_1 e^{\lambda_1 t} + C_2 e^{\lambda_2 t} + \cdots\cdots + C_n e^{\lambda_n t} \quad (6.4.23)$$

●強制振動の例

図6.4.2のように、回路に交流電圧 $V_e \sin \omega_e t$ が加えられたときどうなるかを考えましょう。

図6.4.2：強制振動

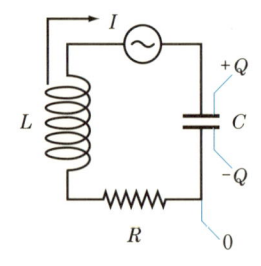

$V_C + V_L + V_R = V_e \sin \omega_e t$ ですから、式（6.4.13）の右辺を $V_e \sin \omega_e t$ として、次式が成り立ちます。

$$L \frac{d^2 Q}{dt^2} + R \frac{dQ}{dt} + \frac{Q}{C} = V_e \sin \omega_e t \quad (6.4.24)$$

次の式（6.4.25）の解を $\dot{Q}$ とすると、式（6.4.24）の解 Q は、$\dot{Q}$ の虚数部分 $\mathrm{Im}\dot{Q}$ に一致します。ただし、この節では、$\dot{Q}$ の「˙」は微分を表しているのではありません。複素電荷を表しています。

$$L \frac{d^2 \dot{Q}}{dt^2} + R \frac{d\dot{Q}}{dt} + \frac{\dot{Q}}{C} = V_e e^{i\omega_e t} \quad (6.4.25)$$

式（6.4.22）で$\phi(D)=LD^2+RD+\dfrac{1}{C}$と置くことにより、式（6.4.25）の特解は次のようになります。

$$\dot{Q}=\dfrac{1}{L(i\omega_e)^2+Ri\omega_e+\dfrac{1}{C}}V_e e^{i\omega_e t} \tag{6.4.26}$$

一般解は、この特解に式（6.4.13）の一般解を加えたものになりますが、(6.4.13)の一般解は時間と共に減衰しますから、充分時間が経過したあとの解は、式（6.4.26）で与えられます。

▶▶ ラプラス変換と演算子法

ラプラス変換と演算子法は、初期条件が与えられたときの非同次線形微分方程式の解を求めるのに適しています。パソコンの発達したいま、初期条件の与えられた微分方程式は、数値計算により簡単に解くことができますから、複雑な微分方程式をラプラス変換と演算子法のテクニックで解く必要性は昔に比べ小さくなっていると考えられます。ですから、この節の内容は簡単な微分方程式に絞って説明します。

● ラプラス変換

ラプラス変換[*]はフーリエ変換の複素数版みたいなものです。独立変数[*] s を複素数として、

$$\mathcal{L}[f](s)=\int_0^\infty e^{-sx}f(x)\,\mathrm{d}x \tag{6.4.27}$$

で定義される関数 $\mathcal{L}[f](s)$ を $f(x)$ の**ラプラス変換**といいます。独立変数 $s=\alpha+i\beta$ の変域は $\mathrm{Re}(s)>0$ です。関数 $f(x)$ を**オリジナル関数（原関数**[*]）、複素関数 $\mathcal{L}[f](s)$ を**イメージ関数（像関数**[*]）といいます。いくつかの簡単な関数のラプラス変換を計算しましょう。

---

[*] **ラプラス変換**　英語ではLaplace Transformationと書く。
[*] **独立変数**　変数 x と変数 s が独立した変数であることを強調するために独立変数という言葉を使った。
[*] **原関数**　英語ではoriginalと書く。
[*] **像関数**　英語ではimageと書く。

6-4 線形常微分方程式

$$\mathcal{L}[x](s) = \int_0^\infty e^{-sx} x \mathrm{d}x = \frac{1}{s^2} \qquad (6.4.28)^*$$

$$\mathcal{L}[x^n](s) = \int_0^\infty e^{-sx} x^n \mathrm{d}x = \frac{n!}{s^{n+1}} \qquad (6.4.29)$$

$$\mathcal{L}[e^{ax}](s) = \int_0^\infty e^{-sx} e^{ax} \mathrm{d}x = \frac{1}{s-a} \qquad (6.4.30)^*$$

$$\mathcal{L}\left[\frac{\mathrm{d}f}{\mathrm{d}x}\right](s) = \int_0^\infty e^{-sx} \frac{\mathrm{d}f}{\mathrm{d}x} \mathrm{d}x = s\mathcal{L}[f](s) - f(0) \qquad (6.4.31)$$

$$\mathcal{L}\left[\frac{\mathrm{d}^2 f}{\mathrm{d}x^2}\right](s) = \int_0^\infty e^{-sx} \frac{\mathrm{d}^2 f}{\mathrm{d}x^2} \mathrm{d}x = s^2 \mathcal{L}[f](s) - sf(0) - f'(0) \qquad (6.4.32)$$

● 演算子法による微分方程式の解法の例

ラプラス変換の応用例として、次の微分方程式を**演算子法**を使って解いてみましょう。ただし、$-R^2 + 4\frac{L}{C} > 0$ であるとします。

$$L\frac{\mathrm{d}^2 Q}{\mathrm{d}t^2} + R\frac{\mathrm{d}Q}{\mathrm{d}t} + \frac{Q}{C} = V_e e^{i\omega_e t} \qquad (6.4.33)$$

ここで、

$$a = \frac{-R + i\sqrt{-R^2 + 4\frac{L}{C}}}{2L} \qquad \mathrm{Re}(a) < 0$$

$$b = \frac{-R - i\sqrt{-R^2 + 4\frac{L}{C}}}{2L} \qquad \mathrm{Re}(b) < 0$$

$$c = i\omega_e$$

$$A = \frac{V_e}{L}$$

とおくと、式 (6.4.33) は次のようになります。

$$\frac{\mathrm{d}^2 Q}{\mathrm{d}t^2} - (a+b)\frac{\mathrm{d}Q}{\mathrm{d}t} + abQ = Ae^{ct} \qquad (6.4.34)$$

---

*(**6.4.28**) 例えば、最初の式の積分は次のように実行する。
$$\int_0^\infty e^{-sx} x \mathrm{d}x = \left[-\frac{1}{s} e^{-sx} x\right]_0^\infty + \int_0^\infty \frac{1}{s} e^{-sx} \mathrm{d}x = \left[-\frac{1}{s^2} e^{-sx}\right]_0^\infty = \frac{1}{s^2}$$
ここで、$\mathrm{Re}(s) > 0$ により、$\lim_{x \to \infty} e^{-sx} = 0$ であることを使う。

*(**6.4.30**) 三番目の式では、$\mathrm{Re}(s-a) > 0$ として、$\lim_{x \to \infty} e^{-(s-a)x} = 0$ という関係を使った。

6-4 線形常微分方程式

この微分方程式を初期条件 $Q(0)=0$、$\dfrac{dQ}{dt}(0)=0$ のもとで解くことにします。なお、変数が x から t に変わっていることに注意してください。

ラプラス変換の公式 (6.4.31)(6.4.32) を使って、式 (6.4.34) をラプラス変換します。

$$s^2 \mathcal{L}[Q](s) - sQ(0) - \frac{dQ}{dt}(0) - (a+b)s\mathcal{L}[Q](s) + (a+b)Q(0) + ab\mathcal{L}[Q](s)$$

$$= A\frac{1}{s-c}$$

初期条件を考慮すると、次のようになります。

$$s^2 \mathcal{L}[Q](s) - (a+b)s\mathcal{L}[Q](s) + ab\mathcal{L}[Q](s) = A\frac{1}{s-c} \quad (6.4.35)$$

この式を因数分解すると、次のようになります。

$$(s-a)(s-b)\mathcal{L}[Q](s) = A\frac{1}{s-c} \quad (6.4.36)$$

これを解いて整理すると次式が得られます[*]。

$$\begin{aligned}
\mathcal{L}[Q](s) &= \frac{A}{(s-a)(s-b)(s-c)} \\
&= \frac{A}{a-b}\left(\frac{1}{(s-a)(s-c)} - \frac{1}{(s-b)(s-c)}\right) \\
&= \frac{A}{a-b}\left[\frac{1}{a-c}\left(\frac{1}{s-a} - \frac{1}{s-c}\right) - \frac{1}{b-c}\left(\frac{1}{s-b} - \frac{1}{s-c}\right)\right] \\
&= \frac{-A}{(a-b)(b-c)(c-a)}\left(\frac{b-c}{s-a} + \frac{c-a}{s-b} + \frac{a-b}{s-c}\right) \quad (6.4.37)
\end{aligned}$$

---

[*] **次式が得られます** 式の変形において、次のような変形を用いている。

$$\frac{1}{s-a} - \frac{1}{s-b} = \frac{a-b}{(s-a)(s-b)}$$

より、

$$\frac{1}{(s-a)(s-b)} = \frac{1}{a-b}\left(\frac{1}{s-a} - \frac{1}{s-b}\right)$$

という変形ができる。

6-4 線形常微分方程式

公式 (6.4.30) を使って、$\dfrac{1}{s-a}$、$\dfrac{1}{s-b}$、$\dfrac{1}{s-c}$ のオリジナル関数が e^{at}、e^{bt}、e^{ct} であることがわかります。これらの関係を使って式 (6.4.37) のオリジナル関数 $Q(t)$ を求めると、次のようになります。

$$Q(t) = \frac{-A}{(a-b)(b-c)(c-a)}\left((b-c)e^{at} + (c-a)e^{bt} + (a-b)e^{ct}\right)$$

この関数が初期条件 $Q(0)=0$ を満たしている*ことはすぐにわかります。

次に時間が充分経過したとき*、前に求めた式 (6.4.26) に一致するかどうか確かめてみましょう。

$$\lim_{t \to \infty} Q(t) = \frac{-A}{(a-b)(b-c)(c-a)}(a-b)e^{ct}$$

$$= \frac{A}{c^2 - c(a+b) + ab} e^{ct}$$

$$= \frac{A}{-\omega_e^2 - i\omega_e \dfrac{-R}{L} + \dfrac{1}{LC}} e^{i\omega_e t}$$

確かに一致しています。

このように、ラプラス変換を使った演算子法は、初期条件が与えられた微分方程式を解くことに威力を発揮します。前の記号法の場合、一般解と特解の和を取り、初期条件から任意定数を決める必要がありました。演算子法では一気に解が求まります。

＊初期条件 $Q(0)=0$ を満たしている　実際、$Q(0) = \dfrac{-1}{(a-b)(b-c)(c-a)}((b-c)+(c-a)+(a-b)) = 0$ となる。

＊時間が充分経過したとき　定数 a、b の実数部分が負である事から、$\lim\limits_{t \to \infty} e^{at} = 0$、$\lim\limits_{t \to \infty} e^{bt} = 0$。

索引

索 引
I N D E X

■ 数字、アルファベット
∇ ······································· 135
div ····································· 122
grad ···································· 114
ON基底 ······················· 250、253
rot ······································ 131

■ あ行
アンペールの法則 ················ 151
アンペールの法則の積分形 ···· 151
アンペールの法則の微分形 ···· 151
一次演算子 ·························· 262
一階微分 ······························· 48
一致の定理 ·························· 193
一般化運動量 ······················ 228
イメージ関数 ······················ 279
演算子 ······················· 54、262
演算子（積と和）················· 265
演算子（量子力学）·············· 266
演算子法 ···················· 279、280
オイラーの方程式 ··············· 213
主な関数の積分公式 ··············· 75
主な関数の微分公式 ··············· 74
オリジナル関数 ··················· 279

■ か行
外積 ···························· 12、16
回転 ···································· 131
回転軸の方向 ························· 14
ガウスの定理 ······················ 140
ガウスの法則の積分形 ········· 145
ガウスの法則の微分形 ········· 145
加速度 ··································· 10
関数空間 ····························· 250
関数空間の演算子 ··············· 264
関数空間の内積 ··················· 255
記号法 ································ 276
基底 ··································· 249

■
逆関数 ································ 170
逆行列 ······················ 24、25、28
強制振動 ···························· 278
行列 ···························· 18、20
行列式 ································· 28
行列式の覚え方 ····················· 32
行列の積 ···················· 21、23
極 ······································ 196
虚軸 ··································· 157
クロネッカーのデルタ ············ 26
ケット・ベクトル ················ 252
原関数 ································ 279
原始関数 ······················ 72、185
減衰振動 ···························· 274
高階微分 ······························ 54
高階偏微分 ··························· 60
交換関係 ···························· 267
合成関数の積分公式（置換積分）····· 75
合成関数の微分公式 ··············· 74
勾配 ·································· 114
勾配の大きさ ······················ 116
項別微分 ···························· 179
コーシー・リーマンの微分方程式 ····· 180
コーシーの積分公式 ··········· 188
コーシーの積分定理 ··········· 186
固有振動数 ··························· 35
固有振動のモード ················· 44
固有値 ·································· 37
固有値方程式 ············· 38、266
固有ベクトル ······················· 37

■ さ行
最小作用の原理 ··········· 219、223
最速降下線の問題 ········ 211、216
座標の回転 ··························· 18
作用 ··································· 220
三角関数 ···················· 156、161
指数関数 ···················· 155、161

指数関数の積と微分	161
実軸	157
磁場	10
写像	168
集合の元	250
商の微分公式	74
数値積分法	89
スカラー	15
スカラー関数	114
スカラー積	10
ストークスの定理	149
正規直交基底	250、253
正準方程式	232
正則関数	173、179
正則関数による写像	175
成分	10
積の微分公式	74
積の微分公式（部分積分）	74
絶対値	158
線形二階微分方程式	104
線積分	76
全微分	58
線密度	50
像関数	279
速度	10

た行

体積積分	86
体積積分（曲線座標による）	95
楕円の極座標表示	110
単位行列	25
単位ベクトルを時間で微分	65
力	10
直接積分型	99
定数倍演算子	264
定数倍の微分公式	73
定積分	68
停留点	205
テーラー級数	155,192,195
テーラーの定理	192

電気力線	176、178、183
電場	10
等角写像	175
導関数	49、174
同次方程式	273
等電位面	176、178、183
特解	278
特性方程式	273

な行

内積	11、16、250
ナブラ	135
二階微分	54
二階偏微分	59
二価関数	170
二重積分	81

は行

配置行列	30
発散	122
発散（曲線座標）	127
ハミルトニアン	229
汎関数	205、210
光路程最小の原理	210、213
微小面積	134
非同次方程式	276
微分	52
微分演算子	264
微分係数	174
微分商	52
微分方程式	98
フーリエ級数	254、256、260
フーリエ積分	261
フーリエ展開	256
フーリエ変換	261
複素インピーダンス	167
複素関数の微分	173
複素共役	251
複素数の極座標表示	158
複素数の積	159

複素積分	184
複素電圧	167
複素電流	167
複素平面	157
複素ベクトルの内積	251
不定積分	73
ブラ・ベクトル	252
べき関数	155、253
べき級数	179
べき級数展開	155
ベクトル	10、248
ベクトル解析	113
ベクトル空間	248
ベクトル積	10
ベクトルの積	19
ベクトルの微分	61
ベクトルの微分（極座標）	64
ベクトル場	121
変位	10
偏角	158
変数倍演算子	264
変数分離型	100
偏微分	56、58
偏微分商	58
変分	205
変分の直接的な方法	208
変分法	205
保存力	79、133

ま行

マクスウェルの方程式	137
無限回微分可能	192
無限次元ベクトル	249
面積積分（曲線座標による）	92
面積速度一定の法則	108
面積分	80
モーメント	13

や行

ヤコビアン	94、97
ヤコビ行列	94
ユークリッド・ベクトル空間	252
余因子	29
余因子行列	30

ら行

ラグランジアン	221
ラグランジュの運動方程式	223
ラグランジュの未定係数法	235
ラプラシアン	137
ラプラスの方程式	176
ラプラス変換	279
リーマン面	171
離心率	110
留数	198
留数の定理	197
流線	178
連立方程式	20
ローレンツ力	15

わ行

惑星の軌道	109
和の微分公式	73

参考文献

1. 「解析概論」（高木貞治　著、岩波書店）
2. 「線型代数入門」（斎藤雅彦　著、東京大学出版会）
3. 「微分方程式」（東京大学応用物理学教室　編、東京大学出版会）
4. 「数理物理学の方法」（クーラン・ヒルベルト　著、東京図書）
5. 「物理数学」（山内恭彦　著、岩波書店）
6. 「物理数学へのガイド」（山内恭彦　著、サイエンス社）
7. 「函数論入門」（一松信　著、培風館）
8. 「ベクトル解析」（岩堀長慶　著、裳華房）
9. 「電磁気学（I）」（金原寿郎　著、裳華房）
10. 「道具としての物理数学」（一石賢　著、日本実業出版社）
11. 「計算物理I」（夏目雄平・小川建吾　著、朝倉書店）
12. 「計算物理II」（夏目雄平・植田毅　著、朝倉書店）
13. 「計算物理III」（夏目雄平・小川建吾・鈴木敏彦　著、朝倉書店）

■著者プロフィール

潮　秀樹（うしお　ひでき）

1947年	東京都に生まれる
1970年	東京大学理学部物理学科卒業
1977年	東京大学大学院理学系研究科 博士課程単位取得退学
1993年	国立東京工業高等専門学校教授（現在に至る）
1998年	理学博士（東京大学）

●主な著書

(1) 潮秀樹、上村洸　共著「やさしい基礎物理」（森北出版）
(2) 潮秀樹著「図解入門　よくわかる　物理数学の基本と仕組み」（秀和システム）
(3) 潮秀樹著「図解入門　よくわかる　量子力学の基本と仕組み」（秀和システム）
(4) 潮秀樹、大野秀樹、小池清之　共著「実験でわかる物理のキホン！」（秀和システム）
(5) H. Kamimura, H. Ushio, S. Matsuno, T. Hamada; Theory of Copper Oxide Superconductors (Springer) ISBN 3-540-25189-8

●主要論文

(1) Theoretical Exploration of Electronic Structure in Cuprates from Electronic Entropy;
H. Kamimura, T. Hamada and Hideki Ushio
Phys. Rev. B　66 (2002), pp.054504
(2) Occurrence of d-wave pairing in the phonon-mediated mechanism of high temperature superconductivity in cuprates;
Hiroshi Kamimura, Shunichi Matsuno, Yuji Suwa and Hideki Ushio, Phys. Rev. Lett. 77 (1996) p723-276 136.

●趣味

囲碁、テニス、スキー、バレエ鑑賞、など

カバーデザイン	株式会社アサヒ・エディグラフィ
組版・フィルム出力	株式会社明昌堂
編集協力	有限会社ヤーバ　山本将史

図解入門　よくわかる
物理数学の基本と仕組み

発行日	2004年　2月　23日	第1版第1刷
	2007年　7月　1日	第1版第6刷

著者　潮　秀樹

発行者　斉藤　和邦
発行所　株式会社　秀和システム
　　　　〒107-0062　東京都港区南青山1-26-1 寿光ビル5F
　　　　Tel 03-3470-4947(販売)
　　　　Fax 03-3405-7538

印刷所　三松堂印刷株式会社　　　Printed in Japan

ISBN4-7980-0698-X　C3042

定価はカバーに表示してあります。
乱丁本・落丁本はお取りかえいたします。
本書に関するご質問については、ご質問の内容と住所、氏名、電話番号を明記のうえ、当社編集部宛FAXまたは書面にてお送りください。お電話によるご質問は受け付けておりませんのであらかじめご了承ください。

「図解入門」シリーズ

よくわかる最新時間論の基本と仕組み
著者：竹内薫　　定　価：（本体1300円＋税）　ISBNコード：4-7980-1232-7　2006/01/25刊

よくわかる生理学の基本としくみ
著者：當瀬規嗣　　定　価：（本体1800円＋税）　ISBNコード：4-7980-1222-X　2006/01/18刊

よくわかる高校世界史の基本と流れ
著者：浅野典夫　　定　価：（本体1500円＋税）　ISBNコード：4-7980-1215-7　2005/12/16刊

外国為替の基本とカラクリがよ〜くわかる本
著者：松田哲　　定　価：（本体1500円＋税）　ISBNコード：4-7980-1206-8　2005/12/15刊

よくわかる最新組み込みシステムの基本と仕組み
著者：藤広哲也　　定　価：（本体1600円＋税）　ISBNコード：4-7980-1214-9　2005/12/14刊

よくわかる物理化学の基本と仕組み
著者：潮秀樹　　定　価：（本体1800円＋税）　ISBNコード：4-7980-1211-4　2005/12/13刊

よくわかる線形代数の基本と仕組み
著者：小林道正　　定　価：（本体1800円＋税）　ISBNコード：4-7980-1186-X　2005/11/22刊

よくわかる最新自動車の基本と仕組み
著者：玉田雅士、藤原敬明　　定　価：（本体1300円＋税）　ISBNコード：4-7980-1190-8　2005/11/10刊

よくわかる最新DVD技術の基本と仕組み
著者：勝浦寛治（監修）　　定　価：（本体1600円＋税）　ISBNコード：4-7980-1171-1　2005/10/27刊

よくわかる光学とレーザーの基本と仕組み
著者：潮秀樹　　定　価：（本体1900円＋税）　ISBNコード：4-7980-1149-5　2005/10/07刊

よくわかる最新ITスペシャリストのための業務知識の基本と極意
著者：経営情報研究会（Mint：ミント）　　定　価：（本体2000円＋税）　ISBNコード：4-7980-1151-7　2005/09/29刊

よくわかる最新機械工学の基本
著者：小峯龍男　　定　価：（本体1800円＋税）　ISBNコード：4-7980-1137-1　2005/08/26刊

よくわかる相対性理論の基本
著者：水崎拓　　定　価：（本体1800円＋税）　ISBNコード：4-7980-1114-2　2005/07/29刊

よくわかる最新 エンタープライズ・アーキテクチャの基本と仕組み
著者：NTTソフトウェア株式会社ほか　　定　価：（本体1800円＋税）　ISBNコード：4-7980-1133-9　2005/07/28刊

よくわかる 最新無線ICタグの基本と仕組み
著者：日本電気（株）　　定　価：（本体1600円＋税）　ISBNコード：4-7980-1132-0　2005/07/27刊

「図解入門」シリーズ

図解入門よくわかる 最新ネットワークデザインの基本と極意
著者：佐々木耕三　　定　価：（本体1600円＋税）　ISBNコード：4-7980-1118-5　2005/07/26刊

よくわかる 最新 システム開発者のための 要求定義の基本と仕組み
著者：佐川博樹　　定　価：（本体1800円＋税）　ISBNコード：4-7980-1122-3　2005/07/26刊

よくわかる最新プラスチックの仕組みとはたらき
著者：桑嶋幹、木原伸浩、工藤保広　　定　価：（本体1400円＋税）　ISBNコード：4-7980-1108-8　2005/07/05刊

[増補改訂版] よくわかる最新Oracleデータベースの基本と仕組み
著者：水田巴　　定　価：（本体2000円＋税）　ISBNコード：4-7980-1088-X　2005/06/16刊

よくわかる ナノテクノロジーの基本と仕組み
著者：水谷亘　　定　価：（本体1400円＋税）　ISBNコード：4-7980-1089-8　2005/06/08刊

よくわかる最新飛行機の基本と仕組み
著　者：中山直樹、佐藤晃　　定　価：（本体1400円＋税）　ISBNコード：4-7980-1068-5　2005/05/10刊

よくわかる航空力学の基本
著　者：國竹泰夫、海野義政ほか　　定　価：（本体2200円＋税）　ISBNコード：4-7980-1020-0　2005/04/29刊

よくわかる高校生物の基本と仕組み
著　者：鈴木惠子　　定　価：（本体1400円＋税）　ISBNコード：4-7980-1057-X　2005/04/14刊

よくわかる最新暗号技術の基本と仕組み
著　者：若林宏　　定　価：（本体1500円＋税）　ISBNコード：4-7980-0999-7　2005/04/09刊

よくわかる 微分積分の基本と仕組み
著　者：小林道正　　定　価：（本体1600円＋税）　ISBNコード：4-7980-1040-5　2005/03/31刊

よくわかる最新宇宙論の基本と仕組み
著　者：竹内薫　　定　価：（本体1500円＋税）　ISBNコード：4-7980-1035-9　2005/03/29刊

よくわかる最新オブジェクト指向の基本と仕組み 増補改訂版
著　者：近藤博次　　定　価：（本体2000円＋税）　ISBNコード：4-7980-1037-5　2005/03/23刊

よくわかる最新レンズの基本と仕組み
著　者：桑嶋幹　　定　価：（本体1400円＋税）　ISBNコード：4-7980-1028-6　2005/03/12刊

よくわかる最新電池の基本と仕組み
著者：監修　松下電池工業株式会社　　定　価：（本体1400円＋税）　ISBNコード：4-7980-0967-9　2005/02/18刊

よくわかる最新通信の基本と仕組み
著　者：谷口功　　定　価：（本体1300円＋税）　ISBNコード：4-7980-0980-6　2005/01/21刊